An Introduction to Complex Analysis

入門
複素関数

川平友規 著
Kawahira Tomoki

裳華房

An Introduction to Complex Analysis

by

Tomoki Kawahira

SHOKABO

TOKYO

はじめに

「方程式 $x^2 = 2$ を解け」
と問われたら，反射的に
「$\pm\sqrt{2}$」
と答えてしまうだろう．しかし，「$\sqrt{2}$」とは「$x^2 = 2$ をみたす正の数 x」を表す記号である．もとの方程式から，ほとんど前進していない．この方程式は，本当に解けたといえるのだろうか．そもそも，そのような x は存在するのだろうか．

整数や有理数の世界から見ると，「2乗したら2になる数」の存在はかなり曖昧である．実際，かのピタゴラス[*1]ですら，有理数以外の数の存在を否定していたという．それでも，文字式の要領で

$$\left(1+\sqrt{2}\right)^2 - 2\left(1+\sqrt{2}\right) - 1$$
$$= 1 + 2\sqrt{2} + \left(\sqrt{2}\right)^2 - 2 - 2\sqrt{2} - 1 \quad \Longleftarrow \text{2で置き換え}$$
$$= 0$$

といった計算は矛盾なくできてしまう(すなわち，$1+\sqrt{2}$ は方程式 $x^2 - 2x - 1 = 0$ の解になっている)．このような計算も，$\sqrt{2}$ という数の存在自体も，有理数に無理数を加えた**実数**という数の体系が導入されて，はじめて正当化できたのであった[*2]．

同様に，方程式 $x^2 = -1$ の解(の1つ)として，記号 $\sqrt{-1}$ を導入してみよう．$\sqrt{-1}$ は「2乗して負になる数」であり，実数ではありえない．それでも，

$$\left(1+\sqrt{-1}\right)^2 - 2\left(1+\sqrt{-1}\right) + 2$$
$$= 1 + 2\sqrt{-1} + \left(\sqrt{-1}\right)^2 - 2 - 2\sqrt{-1} + 2 \quad \Longleftarrow \text{-1で置き換え}$$
$$= 0$$

といった計算は矛盾なくできる(すなわち，$1+\sqrt{-1}$ は方程式 $x^2 - 2x + 2 = 0$ の解になっている)．この計算を正当化するには，有理数を拡張して実数を考え

[*1] Pythagoras(B.C. 582 – B.C. 496)，ギリシャの数学者．
[*2] 19世紀後半の出来事である．裏を返すと，厳密な定義が与えられる以前の無理数とは「存在すると仮定すると万事説明がつくもの」であった．ある意味，物理学における「エーテル」，化学における「熱素」，果ては「幽霊」，「UFO」，「神様」とかわらない．

たように，何らかの方法で実数を拡張しなくてはならない．それを実現するのが，<u>複素数</u>とよばれる数の体系である．

本書の目標は，大学初年級で学習する実数の微分積分学を土台として，<u>複素数の微分積分学の理論をわかりやすく解説すること</u>である．まずは実数を含む新たな数の体系として，複素数の存在を保証することから始める．その後の流れについては，各章の冒頭にある「あらまし」をざっと眺めていただくとよいだろう．大学の教程で標準的な「留数定理」と「実関数の積分への応用」までは，ほとんど寄り道をせず，第4章までに完結する．残りの第5章は，重要であり魅力的だが，大学の半期15回の講義ではなかなか教えられない内容である．

本書は実数の微分積分学（最低限の必要事項は付録Aにまとめた）を既知として書かれているので，いわゆる ε-δ 論法を表に出すことなく，ほぼすべての定理に厳密かつ丁寧な証明がつけられている．唯一の例外は複素線積分の存在に関する定理で，その証明だけは付録Bに回さざるを得なかった．そのほか，見かけに反してデリケートな議論を要する「べき級数」の一般論を避けながらも，理論的に完結している点は本書の特徴かもしれない．なお，ε-δ 論法が必要な発展的内容は付録Bに，「べき級数」の一般論は付録Cにまとめられている．

第5章までの各章の最後には，章末問題をつけた．とくに発展的な問題には *をつけ区別してある．*がついていない問題に対しては，本文中の例や例題が十分参考になるだろう．

(株)裳華房編集部の久米大郎氏には，企画の段階からさまざまな形でサポートしていただいた．氏と教科書作りへの熱意を共有できたことを，心から嬉しく思う．石谷常彦氏には，本書のもとになった講義ノートの段階から原稿を通読していただき，有益なコメントを数多くいただいた．本書の作成にあたりお世話になったすべての方々に，この場を借りて感謝の意を表したい．

2019年1月

著　者

目　次

はじめに……………………………… iii

1　複素数と指数関数

1.1　複素数と複素平面……………… 1
1.2　オイラーの公式と指数関数 … 9
1.3　対数と複素数べき……………… 19
1.4　三角関数………………………… 24
　　　章末問題………………………… 26

2　複素関数の微分

2.1　複素平面内の集合……………… 30
2.2　複素関数の極限………………… 37
2.3　複素関数の連続性……………… 40
2.4　複素関数の微分………………… 42
2.5　正則関数………………………… 49
2.6　コーシー・リーマン
　　　の方程式………………………… 51
2.7　微分係数とヤコビ行列
　　　（定理 2.8 の証明）…………… 59
　　　章末問題………………………… 63

3　複素線積分

3.1　複素関数の積分………………… 66
3.2　複素線積分の計算……………… 76
3.3　コーシーの積分定理…………… 86
3.4　コーシーの積分公式…………… 94
3.5　リューヴィルの定理
　　　と代数学の基本定理…………… 100
　　　章末問題………………………… 103

4　留数定理

4.1　テイラー展開…………………… 105
4.2　ローラン展開…………………… 112
4.3　留数定理………………………… 120
4.4　実関数の積分への応用………… 130
　　　章末問題………………………… 139

5　正則関数の諸性質

5.1　モレラの定理と原始関数 … 142
5.2　一致の定理……………………… 150
5.3　最大値原理……………………… 154
5.4　偏角の原理
　　　とルーシェの定理……………… 157
5.5　リーマン球面と
　　　メビウス変換…………………… 167
　　　章末問題………………………… 171

付録 A　微分積分学の重要事項

A.1　連続関数と最大値・最小値
　　　の存在定理……………………… 173
A.2　2 次元写像の
　　　偏微分・ヤコビ行列…………… 174

付録 B　ε-δ 論法による複素関数論

B.1　数列と級数の極限 ………… 178

B.2　関数の極限，連続性，積分の存在 ………… 186

B.3　関数の一様収束と微分・積分 ………… 190

B.4　項別微分と項別積分 ……… 196

付録 C　べき級数と正則関数の局所理論

C.1　べき級数の収束性と微分・積分 ………… 201

C.2　テイラー展開とローラン展開 ………… 205

C.3　正則関数の局所的性質 …… 207

章末問題の解答 ………………… 213

索　引 ……………………… 232

本書で用いられる記号

- 実数 a, b に対し，$a < b$, $a > b$ はそれぞれ $a \leqq b$, $a \geqq b$ と同じ．
- 有限個の実数 $a_1, a_2, \cdots, a_n$ に対し，その最大値を

$$\max\{a_1, a_2, \cdots, a_n\} \quad \text{もしくは} \quad \max_{1 \leq k \leq n} a_k$$

と表す．また，最小値を

$$\min\{a_1, a_2, \cdots, a_n\} \quad \text{もしくは} \quad \min_{1 \leq k \leq n} a_k$$

と表す．

- 集合 X, Y に対し，$X \subset Y$ は $X \subseteq Y$ と同じ．
- 式（もしくは文字）A, B に対し，$A := B$ は「A を B で定義する」，という意味．たとえば，$e := \lim_{n \to \infty} \left(1 + \dfrac{1}{n}\right)^n$．
- 命題（もしくは等式，不等式）P, Q に対し，$P \Longrightarrow Q$ は「P ならば Q」という意味．また，$P \Longleftrightarrow Q$ は「P ならば Q」かつ「Q ならば P」という意味．すなわち，P と Q は互いに必要十分条件（同値）．

1 複素数と指数関数

本章のあらまし

- まず，高校で学んだ複素数と複素（数）平面に対して，**厳密な定義**を与え，その存在を確認しよう．また，基本的な計算規則も復習しておく．
- つぎに，有名な**オイラーの公式**

$$e^{i\theta} = \cos\theta + i\sin\theta \quad (\theta \text{ は実数})$$

をヒントにして，複素数 z の**指数関数** e^z を定義する．
- 複素数の指数関数が定義されたのだから，複素数の**対数関数**も考えるのが自然だろう．たとえば $\log(-1)$ や $\log i$ に数学的な意味づけを与える．
- 指数関数はさらに，オイラーの公式を経由して三角関数と密接に関わっている．その関係を利用して複素数の**三角関数**も定義する．

1.1 複素数と複素平面

「はじめに」で述べたように，本書ではまず複素数の存在を正当化することから始めたい．

実数の存在を前提として複素数を構成する方法はいくつか知られている．ここではハミルトン[*1]による，平面ベクトルを用いた直観的でわかりやすい定義を採用しよう．基本的なアイディアは，「ベクトル (a,b) を改名し，複素数 $a+bi$ とよぶ」，ただそれだけである．

[*1] William Rowan Hamilton(1805 – 1865)，アイルランドの数学者．

複素数の定義　以下，実数全体の集合を $\mathbb{R}$ と表す[*2]．また，2 つの実数の組 (a,b) 全体からなる集合を $\mathbb{R}^2$ と表し xy 平面とみなすことにする[*3]．すなわち，
$$\mathbb{R}^2 := \{(a,b) \mid a,b \in \mathbb{R}\}.$$
また，$\mathbb{R}^2$ の元を平面ベクトルという．

実数 a,b に対し，複素数 $a+bi$ を平面ベクトル (a,b) を表す別の記号として定義する．記号 $a+bi$ は文字 i の文字式とみなし，$a+ib$，$bi+a$ といった表記も許す．また，複素数全体の集合を複素平面もしくは複素数平面といい，$\mathbb{C}$ と表す．すなわち，
$$\mathbb{C} := \{a+bi \mid a,b \in \mathbb{R}\}.$$
これは平面ベクトル全体の集合 $\mathbb{R}^2$ と同じもので，単に記号を替えて，「改名」をしただけである．「複素数」のことを（複素平面上の）「点」ともいう．

例1　平面ベクトル $(a,0)$ は複素数 $a+0i$ と同じものである．これを単に a と表し，実数 a とみなす．　　□

例2　平面ベクトル $(0,1)$ は複素数 $0+1i$ と同じものである．これを単に i と表し，虚数単位という．より一般に，0 でない実数 b に対し，平面ベクトル $(0,b)$ に対応する複素数 $0+bi$ を単に bi もしくは ib と表し，純虚数という．　　□

実部と虚部・実軸と虚軸　複素数 $z=a+bi$ に対し，a を z の実部といい，$\mathrm{Re}\,z$ と表す．b を z の虚部といい，$\mathrm{Im}\,z$ と表す[*4]．これらは，平面ベクトル (a,b) の x 座標と y 座標にあたる言葉である．また，実数全体の集合 $\mathbb{R}$ がなす複素平面上の直線を実軸という．実部が 0 である複素数全体がなす直線を虚軸といい，$\mathbb{R}i$ と表す．これらは $\mathbb{R}^2$ の x 軸と y 軸にあたるものである．

複素平面 $\mathbb{C}$ において，実軸と虚軸の交点は 0（ゼロ）である．これを原点という．

[*2]　太字のボールド体で $\mathbf{R}$ のように表すこともある．
[*3]　$\mathbb{R}^2$ は「2 次元ユークリッド空間」，「2 次元数空間」ともよばれる．
[*4]　$\mathrm{Im}\,z = b$ はつねに実数であり，$\mathrm{Im}\,z = bi$（0 または純虚数）ではない．

複素数の四則演算

複素数の実体は平面ベクトルであるが，四則演算（和差積商）を定義することで計算可能な「数」としての機能が備わる．まずは平面ベクトルに四則を定義し，それを複素数の言葉で表現すればよい．

高校で学んだように，2つの平面ベクトル (a,b), (c,d) に対して，その「和」と「差」は

和 $(a,b) + (c,d) := (a+c,\ b+d)$

差 $(a,b) - (c,d) := (a-c,\ b-d)$

と定義されるのであった．これに追加するかたちで，「積」と「商」にあたる演算をつぎのように定義する．

積 $(a,b) \cdot (c,d) := (ac - bd,\ ad + bc)$

商 $(c,d) \neq (0,0)$ のとき，$\dfrac{(a,b)}{(c,d)} := \left(\dfrac{ac+bd}{c^2+d^2},\ \dfrac{-ad+bc}{c^2+d^2} \right)$

例 3 虚数単位 i の別名である平面ベクトル $(0,1)$ は，「積」の定義により

$$(0,1) \cdot (0,1) = (-1, 0) \tag{1.1}$$

をみたす．すなわち，虚数単位の基本性質 $i \cdot i = -1$ が実現された． □

上の四則演算によって，平面ベクトルたちの間には式 (1.1) のような関係式が無数に成立することになる．私たちは，こうした関係式によるネットワークを兼ね備えた平面ベクトルたちを複素数として解釈するのである．

改めて，この四則演算を複素数の言葉で表現しておこう．実数 a, b, c, d から定まる複素数 $z = a + bi$ と $w = c + di$ に対し，和差積商の四則演算をつぎで定める．

和　　$z + w := (a + c) + (b + d)i$

差　　$z - w := (a - c) + (b - d)i$

積　　$z \cdot w := (ac - bd) + (ad + bc)i$

商　　$w \neq 0$ のとき，$\dfrac{z}{w} := \dfrac{ac + bd}{c^2 + d^2} + \dfrac{-ad + bc}{c^2 + d^2}i$

記号の約束　複素数の積 $z \cdot w$ は単に zw とも表し，商 $\dfrac{z}{w}$ は z/w とも表す．以下，とくに断らない限り，a, b, u, v, x, y は実数，z, w は複素数と約束する．

複素数の性質　複素数には実数とまったく同じ計算規則が適用できる．念のため定理としてまとめておこう（証明は実部と虚部に分けて実数の計算に帰着すればよい）．

定理 1.1

任意の複素数 z_1, z_2, z_3 に対し，以下が成り立つ．

(1) 複素数 0 は $z_1 + 0 = z_1$ をみたす（ゼロの存在）．

(2) z_1 に対して $-z_1 = (-1) \cdot z_1$ は $z_1 + (-z_1) = 0$ をみたす（反数の存在）．

(3) $z_1 + z_2 = z_2 + z_1$ （和の可換性）．

(4) $(z_1 + z_2) + z_3 = z_1 + (z_2 + z_3)$ （和の結合法則）．

(5) 複素数 1 は $z_1 \cdot 1 = z_1$ をみたす（1 の存在）．

(6) $z_1 \neq 0$ に対して $1/z_1$ は $z_1 \cdot (1/z_1) = 1$ をみたす（逆数の存在）．

(7) $z_1 z_2 = z_2 z_1$ （積の可換性）．

(8) $(z_1 z_2) z_3 = z_1 (z_2 z_3)$ （積の結合法則）．

(9) $(z_1 + z_2) z_3 = z_1 z_3 + z_2 z_3$ （分配法則）．

複素数のべき乗と逆数　n を自然数とする．複素数 z に対し，z を n 回掛けたものを z^n で表す．たとえば $z^1 = z,\ z^2 = z \cdot z,\ z^3 = z \cdot z \cdot z$ など．

0 でない複素数 z に対し，z の逆数 $1/z$ を n 回掛けた $(1/z)^n$ は z^n の逆数である．これを z^{-n} で表す．すなわち，

$$\left(\frac{1}{z}\right)^n = \frac{1}{z^n} = z^{-n}.$$

例 4　0 でない複素数 z と整数 m, n に対し，$z^m \cdot z^n = z^{m+n},\ z^m/z^n = z^{m-n}$ が成り立つ． □

共役複素数　複素数 $z = a + bi$ に対し，複素数 $a - bi$ を z の**共役複素数**といい，$\overline{z}$ で表す．共役複素数に関する公式をまとめておこう（章末問題 1.2）．

公式 1.2（共役複素数）
$z = a + bi, w$ を複素数とするとき，以下が成り立つ．

(1) $\overline{(\overline{z})} = z$ 　　　　　　　　(2) $\overline{z + w} = \overline{z} + \overline{w}$

(3) $\overline{z\,w} = \overline{z}\,\overline{w}$ 　　　　　　　(4) $\overline{\left(\dfrac{z}{w}\right)} = \dfrac{\overline{z}}{\overline{w}}$

(5) $\mathrm{Re}\,z = \dfrac{z + \overline{z}}{2}$ 　　　　(6) $\mathrm{Im}\,z = \dfrac{z - \overline{z}}{2i}$

(7) $z\,\overline{z} = a^2 + b^2\ \ (\geq 0)$

例 5　公式 1.2 の (3) と (4) より，n が整数のとき $\overline{z}^n = \overline{(z^n)}$ が成り立つ．たとえば，(2) も合わせるとつぎのような計算ができる．

$$\overline{z^3 - i z^2} = \overline{z^3 + (-i)\,z^2} = \overline{z^3} + \overline{(-i) \cdot z^2} = \overline{z}^3 + i\,\overline{z}^2.$$ □

絶対値と偏角　複素数 $z = a + bi$ と原点 0 の複素平面上での距離（すなわち xy 平面上の直線距離）は $\sqrt{a^2 + b^2}$ である．これを z の**絶対値**もしくは**長さ**といい，$|z|$ で表す．公式 1.2(7) より，

$$|z| := \sqrt{a^2 + b^2} = \sqrt{z\,\overline{z}}. \tag{1.2}$$

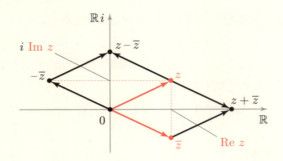

また，0でない複素数 z と 0 を結ぶ線分が実軸の正の方向となす角度を z の**偏角**といい，**arg z** と表す*5（下図左）．偏角はふつうラジアンで測る．

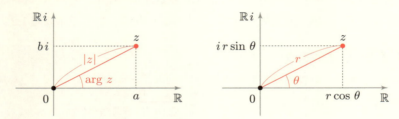

例6 右のような図を描けば，つぎのことがわかる．

$|i| = 1, \quad \arg i = \pi/2,$
$|1+i| = \sqrt{2}, \quad \arg(1+i) = \pi/4.$ □

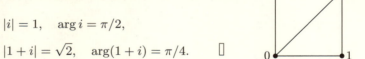

極形式 0ではない複素数 $z = a + bi$ において，$r = |z| > 0$, $\theta = \arg z$ とすれば，$a = r\cos\theta$, $b = r\sin\theta$ が成り立つ（本ページ中央の図右）．複素数 z を

$$z = r(\cos\theta + i\sin\theta) \tag{1.3}$$

と表したものを，z の**極形式**という．$r = 1$ のときは単に $z = \cos\theta + i\sin\theta$ とも表す（次節でオイラーの公式を用いた，より簡潔な極形式を導入する）．

---

*5 $z = 0$ の偏角 $\arg 0$ は考えない．また，偏角は必要に応じて 2π の整数倍を加減する．たとえば，$\arg i = \pi/2$ だけではなく，$\arg i = 5\pi/2$ や $\arg i = -3\pi/2$ も認める．そのような自由度を残しておくほうがあとで都合がよいのである．

例 7 いくつか極形式の例を挙げておこう（図示して確認せよ）．

$$1 = \cos 0 + i\sin 0 \qquad\qquad i = \cos\frac{\pi}{2} + i\sin\frac{\pi}{2}$$
$$-1 = \cos\pi + i\sin\pi \qquad\qquad -i = \cos\frac{3\pi}{2} + i\sin\frac{3\pi}{2}$$
$$1+i = \sqrt{2}\left(\cos\frac{\pi}{4} + i\sin\frac{\pi}{4}\right) \quad -\sqrt{3}+i = 2\left(\cos\frac{5\pi}{6} + i\sin\frac{5\pi}{6}\right)\ □$$

複素数の積の視覚化　複素数の積の幾何学的な意味を考えてみよう．

複素数 $z = a + bi$ に対し $z \cdot i = (a+bi)i = -b + ai$ を図示してみると，z を原点中心に $\pi/2$ 回転したものだとわかる（下図左）．$z \cdot i$ にさらに i を掛けると，$(z \cdot i) \cdot i = -z = -a - bi$ であるから，z から合計 π 回転したものとなる．すなわち，<u>複素数に i を掛けると原点中心に $\pi/2$ 回転し，$-1 = i^2$ を掛けると原点中心に π 回転する</u>．

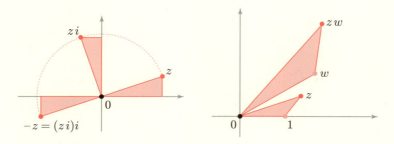

この「掛け算」と「回転」の関係は，極形式を用いて一般化することができる．ともに 0 でない複素数 z と w を

$$z = r(\cos\theta + i\sin\theta), \qquad w = r'(\cos\theta' + i\sin\theta')$$

と極形式で表すとき，三角関数の加法定理により

$$\begin{aligned}zw &= rr'(\cos\theta + i\sin\theta)(\cos\theta' + i\sin\theta') \\ &= rr'\{(\cos\theta\cos\theta' - \sin\theta\sin\theta') + i(\sin\theta\cos\theta' + \cos\theta\sin\theta')\} \\ &= rr'\{\cos(\theta+\theta') + i\sin(\theta+\theta')\}. \end{aligned} \qquad(1.4)$$

したがって，

$$|zw| = rr' = |z||w| \quad \text{かつ} \quad \arg zw = \theta + \theta' = \arg z + \arg w$$

が成り立つ（前ページの図右）．標語的にいえば，複素数において「積の絶対値は，絶対値の積」であり，「積の偏角は，偏角の和」である．

例 8 式 (1.4) で $w = i$ とおく．$r' = 1, \theta' = \pi/2$ より

$$zi = r\{\cos(\theta + \pi/2) + i\sin(\theta + \pi/2)\}.$$

すなわち，「zi は z を原点中心に $\pi/2$ 回転したもの」だとわかる． □

例 9 $|z| = r > 0$, $\arg z = \theta$ のとき，共役複素数 $\bar{z}$ は $|\bar{z}| = r$, $\arg \bar{z} = -\theta$ をみたす．よって，式 (1.4) より $z\bar{z} = rr\{\cos(\theta - \theta) + i\sin(\theta - \theta)\} = r^2 = |z|^2$（ふたたび式 (1.2) が得られた）． □

同様に極形式での計算を行えば，以下の公式が示される（章末問題 1.6 も参照）．

公式 1.3（絶対値と偏角）
複素数 z と $w \neq 0$ に対し，つぎが成り立つ．

(1) $|zw| = |z||w|$ (2) $\arg zw = \arg z + \arg w$

(3) $\left|\dfrac{z}{w}\right| = \dfrac{|z|}{|w|}$ (4) $\arg \dfrac{z}{w} = \arg z - \arg w$

(5) $|\bar{z}| = |z|$ (6) $\arg \bar{z} = -\arg z$

とくに，n を整数とするとき，

(7) $|z^n| = |z|^n$ (8) $\arg z^n = n \arg z$

公式 1.3 の (7) と (8) から，つぎの「ド・モアヴル[*6]の公式」が得られる．

公式 1.4（ド・モアヴルの公式）
$z = r(\cos\theta + i\sin\theta)$ とするとき，任意の整数 n に対し，

$$z^n = r^n(\cos n\theta + i\sin n\theta).$$

[*6] Abraham de Moivre (1667 – 1754)，フランス出身だがイギリスで活動した数学者．

証明は練習問題としよう（章末問題 1.7）．

> **例題 1.1（絶対値と偏角の計算）**
> $A = 1 + \sqrt{3}\,i$, $B = 1 - i$ とするとき，以下の数を計算せよ．
>
> (1) A^{10} (2) $\dfrac{1}{B^4}$ (3) $\left|2i\,A\,\overline{A}^2 B^2\right|$ (4) $\arg\left(-i\,A^3 B^2 \overline{B}\right)$

解答 (1) $1 + \sqrt{3}\,i = 2\left(\cos\dfrac{\pi}{3} + i\sin\dfrac{\pi}{3}\right)$ であるから，ド・モアブルの公式（公式 1.4）より

$$A^{10} = 2^{10}\left(\cos\dfrac{10\pi}{3} + i\sin\dfrac{10\pi}{3}\right) = 1024\left(\cos\dfrac{4\pi}{3} + i\sin\dfrac{4\pi}{3}\right) = \underline{-512 - 512\sqrt{3}\,i}.$$

(2) $1 - i = \sqrt{2}\left\{\cos\left(-\dfrac{\pi}{4}\right) + i\sin\left(-\dfrac{\pi}{4}\right)\right\}$ であるから，ド・モアブルの公式（公式 1.4）より

$$B^{-4} = \left(\sqrt{2}\right)^{-4}(\cos\pi + i\sin\pi) = \dfrac{1}{4}\cdot(-1) = \underline{-\dfrac{1}{4}}.$$

(3) 公式 1.3 より，$|2i| = 2$, $|A| = 2$, $|\overline{A}^2| = |A|^2 = 2^2$, $|B^2| = |B|^2 = \left(\sqrt{2}\right)^2 = 2$ より，

$$\left|2i\,A\,\overline{A}^2 B^2\right| = 2\cdot 2\cdot 2^2\cdot 2 = 2^5 = \underline{32}.$$

(4) 公式 1.3 より，$\arg(-i) = -\pi/2$, $\arg A^3 = 3\arg A = \pi$, $\arg B^2 = 2\arg B = -\pi/2$, $\arg\overline{B} = -\arg B = \pi/4$ を足し合わせて，

$$\arg\left(-i\,A^3 B^2 \overline{B}\right) = -\dfrac{\pi}{2} + \pi - \dfrac{\pi}{2} + \dfrac{\pi}{4} = \underline{\dfrac{\pi}{4}}.$$ ∎

1.2 オイラーの公式と指数関数

オイラーの公式　微分積分学で学んだマクローリン展開によれば，任意の実数 x に対し，等式

$$e^x = 1 + \dfrac{x}{1!} + \dfrac{x^2}{2!} + \dfrac{x^3}{3!} + \cdots$$

が成り立つのであった[*7].

ここで発想を柔軟にして，x に複素数 $i\theta$ (θ は実数) を代入してみると，

$$e^{i\theta} = 1 + (i\theta) + \frac{(i\theta)^2}{2!} + \frac{(i\theta)^3}{3!} + \frac{(i\theta)^4}{4!} + \cdots$$
$$= \left(1 - \frac{\theta^2}{2!} + \frac{\theta^4}{4!} - \cdots\right) + i\left(\theta - \frac{\theta^3}{3!} + \frac{\theta^5}{5!} - \cdots\right)$$

を得る．三角関数のマクローリン展開

$$\cos x = 1 - \frac{x^2}{2!} + \frac{x^4}{4!} - \cdots, \qquad \sin x = x - \frac{x^3}{3!} + \frac{x^5}{5!} - \cdots$$

(x は実数) より，つぎの有名な「オイラー[*8]の公式」を得る．

公式 1.5（オイラーの公式）
実数 θ に対し，
$$e^{i\theta} = \cos\theta + i\sin\theta. \qquad (1.5)$$

ただし，左辺の表す「$e^{i\theta}$」がきちんと定義されていないので，上の議論はオイラーの公式の証明とはいえない．それでも，「$e^{i\theta}$ という複素数が存在するならば，単位円上にある偏角 θ の複素数となるべきだ」と示唆している（右図）．

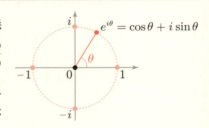

指数関数の定義　「複素数 $x+yi$ の指数関数 e^{x+yi}」を定義しよう．任意の実数 x と y に対し「指数法則」$e^{x+y} = e^x \cdot e^y$ が成り立つことから，$e^{x+yi} = e^x \cdot e^{iy}$ が成り立つことが期待される．さらに「オイラーの公式」からの啓示に従えば，

$$e^{x+yi} = e^x \cdot e^{iy} = e^x \cdot (\cos y + i\sin y)$$

[*7] たとえば，x に実数 7 を代入した等式 $e^7 = 1 + \frac{7}{1!} + \frac{7^2}{2!} + \frac{7^3}{3!} + \cdots$ は，「右辺の無限級数は収束し，その値は $e = 2.718\cdots$ の 7 乗と一致する」という意味．

[*8] Leonhard Euler(1707 – 1783)，スイスに生まれ，ドイツ，ロシアで活動した数学者，物理学者．

が成り立つべきであろう．そこで，複素数 $x+yi$ に対し，
$$e^{x+yi} := e^x(\cos y + i\sin y)$$
と定義する*9．すなわち，絶対値 e^x，偏角 y の複素数を記号 e^{x+yi} で表すのである．複素数 z に対し，複素数 e^z（を対応させる関数）を z の**指数関数**という*10．指数関数 e^z は **exp z** とも表される．

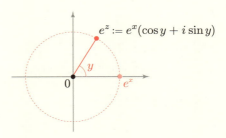

注意！ $|e^z| = e^x > 0$ より，指数関数 e^z は決して 0 とならない．

注意！ 複素数 z に対し，「指数関数 e^z」と「e の z 乗」は区別される．後者はまたあとで定義する．

例 10 $z = 3 + \dfrac{\pi}{4}i$ のとき，
$$e^{3+\pi i/4} := e^3\left(\cos\frac{\pi}{4} + i\sin\frac{\pi}{4}\right) = e^3\left(\frac{1}{\sqrt{2}} + \frac{1}{\sqrt{2}}i\right).$$
□

例 11（実数での値） 実数 x を複素数 $x+0i$ とみなした場合，その指数関数は $e^{x+0i} = e^x(\cos 0 + i\sin 0) = e^x$．すなわち，複素数の指数関数は実数の指数関数の拡張になっている． □

例 12 θ を実数とするとき，$e^{i\theta} = e^{0+\theta i} := e^0(\cos\theta + i\sin\theta) = \cos\theta + i\sin\theta$．すなわち，複素数の指数関数は「オイラーの公式が成り立つように」定義されている． □

新しい極形式 絶対値 $r > 0$，偏角 θ の複素数 $z = r(\cos\theta + i\sin\theta)$ は，オイラーの公式 (1.5) を用いて，

---

*9 テイラー展開を用いた定義も広く用いられる（第 4 章，例 1 参照）．

*10 第 2 章では「指数関数」を実際に「関数」として扱うが，ここでは記号 e^z の便宜的な呼称として「指数関数」を用いた（記号 e^z はふつう「e の z 乗」と読まれるが，本ページの「注意！」にあるように，この呼称はあまり適切ではない）．

$$z = re^{i\theta} \quad \text{もしくは} \quad z = r\exp(i\theta)$$

とも表される．これも複素数 z の**極形式**という．

例 13 $1+\sqrt{3}i = 2e^{\pi i/3}, \quad 1-i = \sqrt{2}e^{-\pi i/4}, \quad -5 = 5e^{\pi i}$ など． □

指数関数の性質 複素数の指数関数は実数のときと同様の「指数法則」をみたす．

定理 1.6（指数法則）
すべての複素数 z, w に対し，つぎが成り立つ．

(1) $e^z \cdot e^w = e^{z+w}$ (2) $\dfrac{e^z}{e^w} = e^{z-w}$

証明 (1) $z = x+yi, w = x'+y'i$ とおくと，$z+w = (x+x')+(y+y')i$ より，$e^{z+w} := e^{x+x'}\{\cos(y+y')+i\sin(y+y')\}$．一方，三角関数の加法定理を用いると

$$e^z \cdot e^w = e^x(\cos y + i\sin y) \cdot e^{x'}(\cos y' + i\sin y')$$
$$= e^{x+x'}\{\cos(y+y') + i\sin(y+y')\}.$$

(2) (1) より $e^z = e^{(z-w)+w} = e^{z-w} \cdot e^w$．よって $e^z/e^w = e^{z-w}$． ∎

つぎの性質は指数関数のもっとも重要な性質である．

定理 1.7（周期性）
すべての複素数 z に対し，

$$e^{z+2\pi i} = e^z.$$

すなわち，**指数関数は周期 $2\pi i$ をもつ**[*11]．よって，すべての複素数 z に対し，

$$\cdots = e^{z-4\pi i} = e^{z-2\pi i} = e^z = e^{z+2\pi i} = e^{z+4\pi i} = \cdots$$

[*11] 一般に，0 でない複素数 L が関数 $f(z)$ の**周期**であるとは，$f(z) = f(z+L)$ がすべての複素数 z について成り立つことをいう．指数関数の場合，周期となりうる複素数は $2\pi i$ の整数倍に限る（例題 1.2）．

証明 $e^{2\pi i} = \cos 2\pi + i \sin 2\pi = 1$ であるから，指数法則(定理 1.6)より，$e^{z+2\pi i} = e^z \cdot e^{2\pi i} = e^z$. ∎

> **例題 1.2（指数関数の周期性）** つぎを示せ．
> (1) 方程式 $e^z = 1$ の複素数解は $z = 2m\pi i$（m は整数）．
> (2) 複素数 L がすべての複素数 z について $e^z = e^{z+L}$ をみたすことの必要十分条件は，L が $2\pi i$ の整数倍となることである．

解答 (1) $z = x + yi$ とおく．方程式 $e^z = e^x(\cos y + i \sin y) = 1$ の絶対値をとって比較すれば，$e^x = 1$，すなわち $x = 0$．よって $\cos y + i \sin y = 1$ が成り立つ．実部と虚部を比較して $\cos y = 1$ かつ $\sin y = 0$，すなわち y は 2π の整数倍．よって z は $2\pi i$ の整数倍である．

(2) $e^z = e^{z+L}$ の両辺を $e^z \neq 0$ で割ると $1 = e^L$ となる．(1) より，そのような L は $2\pi i$ の整数倍である．逆に L が $2\pi i$ の整数倍であれば，定理 1.7 より $e^{z+L} = e^z$ がすべての z で成り立つ．∎

指数関数の逆数と整数乗 指数法則(定理 1.6)を用いれば，実数の指数関数のときと同様にして，つぎを示すことができる．

> **公式 1.8（指数関数の逆数と整数乗）**
> すべての複素数 z に対し，つぎが成り立つ．
> (1) e^z の逆数は e^{-z} である．すなわち，$\dfrac{1}{e^z} = e^{-z}$.
> (2) 任意の整数 m に対し，$(e^z)^m = e^{mz}$．とくに n を自然数とするとき，
> $$\frac{1}{(e^z)^n} = (e^z)^{-n} = e^{-nz}.$$

例 14（ド・モアヴルの公式再訪） 上の公式 1.8 より，極形式で表現された複素数 $z = re^{i\theta}$ を m 乗（m は整数）すると，

$$z^m = (re^{i\theta})^m = r^m e^{m\theta i}. \tag{1.6}$$

これはド・モアヴルの公式（公式 1.4）を指数関数を用いて書き換えたものである．　□

複素数の N 乗根　複素数 A と自然数 N に対し，$z^N = A$ をみたす複素数 z を **A の N 乗根**という．すなわち，A の N 乗根とは「方程式 $z^N = A$ の複素数解」のことである．

ド・モアヴルの公式の応用として，つぎの例題を解いてみよう．

例題 1.3　1 の 5 乗根をすべて求めよ．

解答　0 は明らかに 1 の 5 乗根ではない．よって，求めたい 1 の 5 乗根を $re^{i\theta}$ $(r > 0, 0 \leq \theta < 2\pi)$ とおき，$(re^{i\theta})^5 = 1$ をみたす r と θ をすべて求めよう．式 (1.6) より $r^5 e^{5\theta i} = 1$ が成り立つから，絶対値を比較して $r^5 = 1$．$r > 0$ なので，$r = 1$．よって $e^{5\theta i} = 1$．一方，例題 1.2 より $1 = e^{2m\pi i}$（m は整数）が成り立つから，偏角を比較して $5\theta = 2m\pi$．$m = j + 5k$（$0 \leq j \leq 4$ かつ k は整数）と表現すると，$\theta = 2j\pi/5 + 2k\pi$．$0 \leq \theta < 2\pi$ という条件から，相異なる $e^{i\theta}$ を与える θ は $\theta = 2j\pi/5$ $(j = 0, 1, 2, 3, 4)$．すなわち，求める 1 の 5 乗根は $1 = e^0, e^{2\pi i/5}, e^{4\pi i/5}, e^{6\pi i/5}, e^{8\pi i/5}$ の 5 個．　■

同様に計算すれば，一般につぎが成り立つことがわかる．

定理 1.9（1 の N 乗根）

N を自然数とするとき，1 の N 乗根は

$$\omega_k = \exp\left(\frac{2\pi k}{N} i\right)$$

$(k = 0, 1, \cdots, N-1)$ の N 個である．$\omega_0 = 1, \omega_1, \cdots, \omega_{N-1}$ は単位円周を N 等分する．

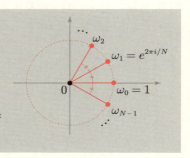

$\omega_k = (\omega_1)^k$ であることに注意しよう．つぎの図は 1 の 3 乗根，4 乗根，5 乗根を図示したものである．

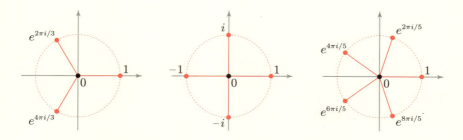

> **定理 1.10（複素数の N 乗根の求め方）**
>
> 0 でない複素数 A の N 乗根は，以下の手順で求められる．
>
> (1) 極形式で $A = r\,e^{i\theta}$ と表す．
> (2) $\alpha = \sqrt[N]{r}\,e^{\theta i/N}$，$\omega = e^{2\pi i/N}$ とおく．
> (3) このとき，A の N 乗根は
>
> $$\alpha,\ \alpha\omega,\ \alpha\omega^2,\ \cdots,\ \alpha\omega^{N-1} \tag{1.7}$$
>
> であり，原点中心，半径 $\sqrt[N]{r}$ の円を N 等分する．

指数関数による像 複素数 z が複素平面上を動くとき，指数関数 $w = e^z$ がどのように動くかを考える．z と w はそれぞれ別の複素平面にあるものとし，z が動く平面を **z 平面**，$w = e^z$ が動く平面を **w 平面** とよぶことにする．また，z 平面上の集合 S に対し，w 平面上の集合

$$S' := \{e^z \in \mathbb{C} \mid z \in S\}$$

を集合 S の指数関数による**像**という[*12]．すなわち，像 S' とは「z が S 上のすべての点を動くとき，複素数 $w = e^z$ が取りうる値」のなす集合である．

> **例題 1.4（実部一定の直線の像）**
>
> 実部が a である複素数全体のなす直線を R_a とする．すなわち，

[*12] 第 2 章ではより一般の複素関数による像についても考える．

$$R_a := \{z \in \mathbb{C} \mid \operatorname{Re} z = a\}.$$

このとき，直線 R_a の指数関数による像 R_a' を求めよ．

解答 直線 R_a 上の点は実数全体を動くパラメーター y を用いて $z = a + yi$ と表される．指数関数の定義より，

$$w = e^z = e^{a+yi} = e^a(\cos y + i \sin y).$$

これは絶対値 e^a，偏角 y の複素数である．y が実数全体を動くことから $w = e^z$ は原点中心，半径 e^a の円上を動く．すなわち，

$$R_a' = \{w \in \mathbb{C} \mid |w| = e^a\}.$$

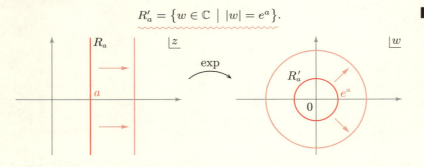

注意! 直線 R_a を定める a の値が増加すると，像である円 R_a' の半径 e^a も増加する．また，$a \to -\infty$ のとき円 R_a' の半径は 0 に近づく．

例題 1.5（虚部一定の直線の像）

虚部が b である複素数全体のなす直線を I_b とする．すなわち，

$$I_b := \{z \in \mathbb{C} \mid \operatorname{Im} z = b\}.$$

このとき，直線 I_b の指数関数による像 I_b' を求めよ．

解答 直線 I_b 上の点は実数全体を動くパラメーター x を用いて $z = x + bi$ と表される．指数関数の定義より，

$$w = e^z = e^{x+bi} = e^x(\cos b + i \sin b).$$

これは絶対値 e^x, 偏角 b の複素数である. x が実数全体を動くとき絶対値 e^x は正の実数全体を動くから, $w = e^z$ は偏角が b の複素数全体がなす, 原点から伸びる半直線上を動く. すなわち,

$$I'_b = \{w \in \mathbb{C} \mid \arg w = b\}. \tag{1.8}$$

ただし, I'_b に原点は含まれない.

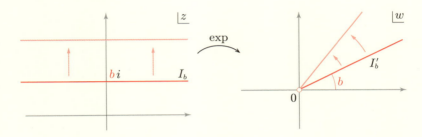

注意! 直線 I_b の b の値が増加すると半直線 I'_b は反時計回りに回転する. とくに, b が 2π 増加すると半直線 I'_b はちょうど1周する. すなわち, $I'_b = I'_{b+2\pi}$ が成り立つ.

例題 1.6（指数関数による像）

つぎで与えられる z 平面内の集合 S_k $(k = 1, 2, 3, 4)$ の指数関数による像 S'_k を図示せよ.

(1) $S_1 = \{z \in \mathbb{C} \mid 0 < \operatorname{Re} z \leq \log 2\}$

(2) $S_2 = \{z \in \mathbb{C} \mid \operatorname{Re} z < 0\}$

(3) $S_3 = \{z \in \mathbb{C} \mid 0 < \operatorname{Im} z \leq \pi\}$

(4) $S_4 = \{z \in \mathbb{C} \mid |\operatorname{Im} z| \leq \pi/4\}$

解答 (1) 例題 1.4 における R'_a を $0 < a \leq \log 2$ の範囲で動かしたものが S'_1 である ($a = \log 2$ のとき, $R'_{\log 2}$ の半径は $e^{\log 2} = 2$ となることに注意).

(2) 同様に R'_a を $-\infty < a < 0$ の範囲で動かしたものが S'_1 である ($a \to -\infty$ のとき, R'_a の半径は $e^a \to +0$ となることに注意).

(3) 例題 1.5 における I'_b を $0 < b \leq \pi$ の範囲で動かしたものが S'_3 である (原点は

含まれない).

(4) 同様に I'_b を $-\pi/4 \leq b \leq \pi/4$ の範囲で動かしたものが S'_4 である(原点は含まれない).

以上を図示するとつぎのようになる(境界の点線部分は含まれない).

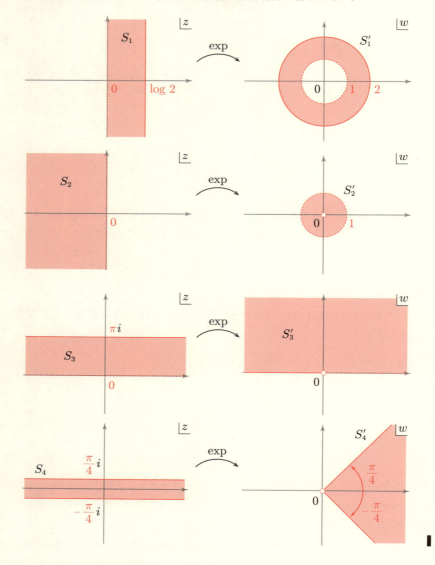

指数関数の基本領域　実数の三角関数 ($y = \sin x$ や $y = \cos x$) は周期 2π をもつので，グラフも $-\pi < x \leq \pi$ の部分の単純な繰り返しであった．複素数の指数関数 $w = e^z$ も周期 $2\pi i$ をもつ (定理 1.7) ので，z を $-\pi < \operatorname{Im} z \leq \pi$ をみたすものに制限することは，実数の三角関数の変域を $-\pi < x \leq \pi$ に制限することと同じ意味がある．そのような複素数 z の集合

$$E_0 := \{z \in \mathbb{C} \mid -\pi < \operatorname{Im} z \leq \pi\}$$

を指数関数の**基本領域**という (下図)．

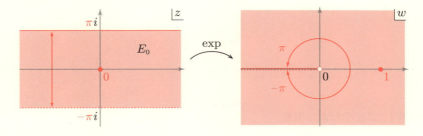

注意!　指数関数 $w = \exp(z) = e^z$ は，「基本領域 E_0」と「複素平面から原点を除いた集合」との間に 1 対 1 の対応を与える．

1.3　対数と複素数べき

複素数の対数　正の数 a に対し，$e^x = a$ をみたす実数 x がただ 1 つ定まる．これを「a の (自然) 対数」といい，$\log a$ と表すのであった．0 でない複素数 A に対しても，$e^z = A$ をみたす複素数 z を A の**対数**といい，$\log A$ で表す．実数の対数と区別するために，**複素対数**ともいう．

注意!　A の対数とは「方程式 $e^z = A$ の複素数解」のことである．すぐに確かめるように，そのような複素数は無限個存在する[*13]．記号 $\log A$ はその無限個の複素数のうち，任意の 1 つを表す特殊な記号である．

[*13] 0 でない複素数 A の N 乗根は「方程式 $z^N = A$ の複素数解」であり，そのような複素数 (解) はちょうど N 個存在した (定理 1.9)．これと同じ理屈である．

例15 $\log(-1)$ を求めてみよう．複素対数の定義より，これは「$e^z = -1$ をみたす複素数 z をすべて求める」ということである．

-1 は極形式で $e^{\pi i}$ と表されるが，指数関数の周期性（定理 1.7）より，任意の整数 m に対し
$$-1 = e^{\pi i} = e^{\pi i + 2m\pi i} = e^{(2m+1)\pi i}$$
が成り立つ．よって $e^z = -1$ をみたす複素数 z は $(2m+1)\pi i$ の形の複素数（$\pm \pi i, \pm 3\pi i, \pm 5\pi i, \cdots$）である．これらの複素数はすべて -1 の対数であり，このことを

$$\log(-1) = (2m+1)\pi i \quad (m \in \mathbb{Z})$$

と表す．ただし，記号 $\mathbb{Z}$ は整数全体の集合を表す． □

例題 1.7（複素対数の計算）
例 15 にならって，つぎの複素対数を求めよ．
(1) $\log(1+i)$　　　　(2) $\log 1$

解答 (1) 複素対数の定義より，$e^z = 1+i$ をみたす複素数 z をすべて求めればよい．任意の整数 m に対し，
$$1+i = \sqrt{2}\, e^{\pi i/4} = e^{\log \sqrt{2}} \cdot e^{\pi i/4 + 2m\pi i} = e^{\log \sqrt{2} + (\pi/4 + 2m\pi)i}.$$

よって $e^z = 1+i$ をみたす複素数 z は $(\log 2)/2 + (\pi/4 + 2m\pi)i$ の形である．すなわち，
$$\log(1+i) = \frac{\log 2}{2} + \left(\frac{\pi}{4} + 2m\pi\right)i \quad (m \in \mathbb{Z}).$$

(2) 複素対数 $\log 1$ と実数の対数 $\log 1 = 0$ は記号の上では区別されないが，これは複素対数を計算せよ，という問題である．

複素対数の定義より，$e^z = 1$ をみたす複素数 z をすべて求めればよい．例題 1.2 より，そのような複素数 z は，m を任意の整数として $z = 2m\pi i$ と表される．よって 1 の複素対数は $\log 1 = 2m\pi i\ (m \in \mathbb{Z})$． ■

複素対数の公式 　一般に 0 でない複素数 A が与えられたとき，$r = |A| > 0$，$\theta = \arg A$ とおけば A は極形式で $re^{i\theta}$ と表される．$r = e^{\log r}$（$\log r$ は実数の対数）より，

$$A = re^{i\theta} = e^{\log r} e^{i\theta} = e^{\log r + i\theta}.$$

すなわち，$z = \log r + \theta i$ は複素数 A の対数の 1 つである．さらに指数関数の周期性（定理 1.7）から，任意の整数 m に対して

$$A = re^{i\theta} = e^{\log r} e^{i\theta + 2m\pi i} = e^{\log r + (\theta + 2m\pi)i}.$$

よって，複素対数 $\log A$ はつぎの公式で与えられる．

> **公式 1.11（複素対数）**
>
> 0 でない複素数 A が極形式で $A = re^{i\theta}$ と表されるとき，
>
> $$\boldsymbol{\log A = \log r + (\theta + 2m\pi)i \quad (m \in \mathbb{Z}).}$$
>
> ただし，右辺の $\log r$ は実数の対数である．

したがって，複素数 A の対数は，実部が $\log r$ の複素数全体からなる直線上に，等間隔 $2\pi i$ で整然と並んでいるのである（下図左）．

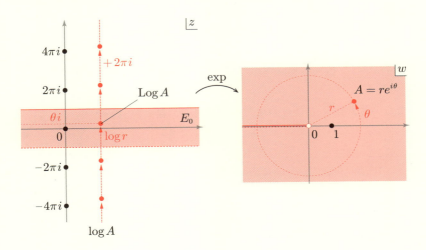

複素対数の主値　正の実数 a に対し実数 $\log a$ を対応づける関数は指数関数の逆関数であり，対数関数とよばれた．一方，0 でない複素数 A に対し，複素対数 $\log A$ とよばれる複素数は無限個存在する．「関数」とは「1 つの数に 1 つの数を対応づける」のが原則だから，実数のときのようにこれを複素対数「関数」というのは少し無理があるだろう[*14]．あたかも，「A さん」という人に対し，複数名いるであろう「A さんの友達」を漠然と対応させるような違和感がある．

しかし，「一番の友達」をひとりだけ選ぶ，という場合も考えられる．複素平面上で $\log A$ は $2\pi i$ 間隔で垂直に並んでいるから，その中から基本領域 E_0 に含まれているもの，すなわち $-\pi < \mathrm{Im}\,(\log A) \leq \pi$ をみたすものがひとつだけ定まる．これを対数 $\log A$ の**主値**といい，**$\mathrm{Log}\,A$** と表す[*15]．0 でない複素数 A に対し複素数 $\mathrm{Log}\,A$ を対応させるものはふつうの「関数」になっている．

例 16　例 15 と例題 1.7 で計算した対数 $\log(-1)$, $\log(1+i)$, $\log 1$ の主値はそれぞれ

$$\mathrm{Log}\,(-1) = \pi i, \qquad \mathrm{Log}\,(1+i) = \frac{\log 2}{2} + \frac{\pi}{4} i, \qquad \mathrm{Log}\,1 = 0.$$

□

注意！　正の実数 a に対し，$\mathrm{Log}\,a$ は実数の対数 $\log a$ と一致する．

注意！　主値であっても，0 でない複素数 A, B に対し $\mathrm{Log}\,A + \mathrm{Log}\,B = \mathrm{Log}\,AB$ が成り立つとは限らない（章末問題 1.19）．

複素数べき　指数関数と複素対数を用いて，「複素数べき（複素数の複素数乗）」を定義しよう[*16]．

0 でない複素数 A と任意の複素数 α に対し，複素数 A^α を

$$A^\alpha := e^{\alpha \log A}$$

[*14] 1 つの数に複数の数を一斉に対応づけるものとして，**多価関数**という言葉がある．「複素対数関数」は多価関数の典型的な例である．反義語として，ふつうの関数は**一価関数**とよばれる．

[*15] このとき，$\mathrm{Log}\,A$ は考えうる $\log A$ の値の中でもっとも原点に近い．

[*16] 「複素数べき」の「べき」は「冪」と書く（常用漢字外）．

と定義し，**A の α 乗**という．ただし，$\log A$ は複素対数であり，取りうるすべての値を考える．

<u>$\log A$ は必ず無限個の複素数になるが，A^α は無限個になるとは限らない</u>．具体例で確認してみよう．

例17（無限個になる場合） まずは $(-1)^i$ を計算してみよう．複素数べきの定義と例 15 より

$$(-1)^i := e^{i\log(-1)} = e^{i(2m+1)\pi i} \quad (m \in \mathbb{Z})$$
$$= e^{-(2m+1)\pi} \quad (m \in \mathbb{Z}).$$

すなわち，「-1 の i 乗」とは，無限個の正の実数

$$\cdots, e^{-3\pi}, e^{-\pi}, e^{\pi}, e^{3\pi}, e^{5\pi}, \cdots$$

である． □

例18（1 つだけになる場合） 複素数の四則演算に従うと，$(1+i)^2$ は $(1+i)(1+i) = 2i$ と計算される．これを「複素数べき」の定義にもとづいて計算してみよう．例題 1.7(1) より，

$$(1+i)^2 := e^{2\log(1+i)} = e^{2\cdot\{(\log 2)/2 + (\pi/4 + 2m\pi)i\}} \quad (m \in \mathbb{Z})$$
$$= e^{\log 2 + (\pi/2 + 4m\pi)i} \quad (m \in \mathbb{Z})$$
$$= e^{\log 2} \cdot e^{\pi i/2} = 2 \cdot i = (1+i)(1+i).$$

ただし，式変形中の $\log 2$ は実数の対数である[*17]． □

> **注意！** 一般に，「複素数の整数乗」の値は「複素数べき」の意味でもただ 1 つに定まり，通常の四則演算に従って計算した整数乗と一致する（章末問題 1.21）．

例19（有限個になる場合） 「1 の 1/3 乗」は実数の場合 $1^{1/3} = \sqrt[3]{1} = 1$ と計算する．これを「複素数べき」の定義にもとづいて計算してみよう．例題 1.7(2)

[*17] $\mathrm{Log}\, 2$ と書けばそのように断る必要はない（前ページの注意を参照）．

より複素対数として $\log 1 = 2m\pi i \ (m \in \mathbb{Z})$ であることに注意すると,

$$
\begin{aligned}
1^{1/3} &= e^{(1/3)\cdot \log 1} \\
&= e^{(1/3)\cdot 2m\pi i} = e^{2m\pi i/3} \quad (m \in \mathbb{Z}) \\
&= 1,\ e^{2\pi i/3},\ e^{4\pi i/3}.
\end{aligned}
$$

すなわち,1 の 3 乗根がすべて得られる. □

注意! 一般に 0 でない複素数 A と自然数 N に対し,複素数べきの意味での「A の $1/N$ 乗」は A の N 乗根すべてを与える.

注意! z を複素数とするとき,「指数関数 e^z」と,複素数べきの意味での「自然対数の底 $e = 2.71828\cdots$ の z 乗」は記号の上では区別できない.これらは別物であるが,<u>とくに断らない限り,記号 e^z は指数関数と解釈する</u>のがならわしである.

注意! 複素数べきにおいて,一般には $(e^z)^w = e^{zw}$ は成り立たない.ふつう,左辺 $(e^z)^w$ は指数関数 e^z の複素数 w 乗,右辺 e^{zw} は指数関数の zw での値と解釈するからである.たとえば $z = \pi i,\ w = i$ とすると,左辺 $= (e^{\pi i})^i = (-1)^i$ は無限個の値をとる(例 17)が,右辺は $e^{\pi i \cdot i} = e^{-\pi}$ となり 1 つの値である.

1.4 三角関数

複素数の三角関数 θ が実数のとき,オイラーの公式 $e^{i\theta} = \cos\theta + i\sin\theta$ が成立するのであった(そのように複素数の指数関数を定義した).この式の θ に $-\theta$ を代入すると,$e^{-i\theta} = \cos(-\theta) + i\sin(-\theta) = \cos\theta - i\sin\theta$ となる.これら 2 つの式の和と差を考えることで,つぎの「公式」を得る.

$$
\cos\theta = \frac{e^{i\theta} + e^{-i\theta}}{2}, \quad \sin\theta = \frac{e^{i\theta} - e^{-i\theta}}{2i}.
$$

実数 θ の部分をそのまま複素数 z に変えて,複素数の三角関数を定義しよう.すなわち,複素数 z に対し,

$$\cos z := \frac{e^{iz} + e^{-iz}}{2}, \qquad \sin z := \frac{e^{iz} - e^{-iz}}{2i}$$

で定義される複素数をそれぞれ z の **余弦関数**，**正弦関数** といい，これらをあわせて **三角関数** という[*18]．

例 20 定義に従って $\cos i$ と $\sin i$ を計算してみると，

$$\cos i = \frac{e^{i \cdot i} + e^{-i \cdot i}}{2} = \frac{1}{2}\left(\frac{1}{e} + e\right),$$

$$\sin i = \frac{e^{i \cdot i} - e^{-i \cdot i}}{2i} = \frac{1}{2}\left(-\frac{1}{e} + e\right)i.$$

□

注意！ 複素数の三角関数は実数とは限らない．実際，$\sin i$ は純虚数である．

注意！ 実数の三角関数では $|\cos x| \leq 1$，$|\sin x| \leq 1$ が任意の実数 x で成り立つが，$|\cos z| > 1$ や $|\sin z| > 1$ をみたす複素数 z が存在する．実際，$\cos i$ は正の実数だが，$\cos i > e/2 > 1$ をみたす（章末問題 1.26）．

三角関数の周期性・加法定理 実数の三角関数がみたす「恒等式」は複素数の三角関数でも成立する．

公式 1.12（三角関数の性質）

すべての複素数 z と w に対し，つぎが成り立つ．

(1) **周期性**：$\cos z = \cos(z + 2\pi)$, $\quad \sin z = \sin(z + 2\pi)$．

(2) $\cos^2 z + \sin^2 z = 1$．

(3) **加法定理（複号同順）**：$\cos(z \pm w) = \cos z \cos w \mp \sin z \sin w$,

$\qquad\qquad\qquad\qquad\qquad \sin(z \pm w) = \sin z \cos w \pm \cos z \sin w$．

証明は章末問題 1.22 としよう．

三角方程式 方程式 $x^3 - 1 = 0$ の実数解は $x = 1$ のみだが，数の世界を広

[*18] もちろん **正接関数** $\tan z := \dfrac{\sin z}{\cos z}$ も定義できる（章末問題 1.25）が，本書で「三角関数」といった場合，$\sin z$ と $\cos z$ のみを指すものとする．

げ方程式 $z^3-1=0$ の複素数解を求めると，$z=1, e^{2\pi i/3}, e^{4\pi i/3}$ の 3 つの解を得る．一般に考える数の世界を広げると方程式の解は増えてしまうのだが，つぎの場合はどうだろうか．

例題 1.8 方程式 $\sin z = 0$ の複素数解を求めよ．

解答 三角関数の定義式より，

$$\frac{e^{iz}-e^{-iz}}{2i} = 0 \iff e^{iz} = e^{-iz} \iff e^{2iz} = 1.$$

例題 1.2 (1) より，m を任意の整数とするとき $1 = e^{2m\pi i}$ であるから，$2iz = 2m\pi i$，すなわち $z = m\pi$．よって，方程式 $\sin z = 0$ の解は π の整数倍のみである．∎

すなわち，複素数で考えても方程式 $\sin z = 0$ の解は実数解からまったく増えない．$\cos z$ についても同様である(章末問題 1.25)．

章末問題

1.1 $z = 2-i, w = -3+2i$ のとき，以下を計算し複素平面上に図示せよ．
 (1) $z+w$ (2) $z-w$ (3) zw (4) z/w

1.2（共役複素数） 公式 1.2 をすべて証明せよ．

1.3 公式 1.3 を応用して，つぎの複素数の絶対値を求めよ．
 (1) $(1+i)^5$ (2) $-2i(2+i)(2+4i)(1+i)$ (3) $\dfrac{(3+4i)(1-i)}{2-i}$

1.4 複素数 z, w に対し，$zw = 0$ となる必要十分条件は「$z=0$ または $w=0$」であることを示せ．

1.5 a, b, c, d をすべて実数とする．もし方程式 $az^3 + bz^2 + cz + d = 0$ が $z = \alpha$ を解に持てば，その共役複素数 $\overline{\alpha}$ も解となることを示せ．

1.6 $z = r(\cos\theta + i\sin\theta) \neq 0$ とするとき，以下を示せ．
 (1) $\overline{z} = r\{\cos(-\theta) + i\sin(-\theta)\}$ (2) $\dfrac{1}{z} = \dfrac{1}{r}\{\cos(-\theta) + i\sin(-\theta)\}$

1.7（ド・モアヴルの公式） 数学的帰納法を用いて公式 1.4 を示せ．

☐ **1.8** $z = 1 + \sqrt{3}i$ とするとき，z, z^2, z^3, z^4 をそれぞれ極形式で表せ．

☐ **1.9（逆数の作図）** 複素数 z が $|z| > 1$ をみたすと仮定する．z から単位円へ 2 本接線を引き，それらの接点を結んだ線分と z と原点を結ぶ線分が交わる点を w とすると，$\overline{w} = 1/z$ となることを示せ[*19].

☐ **1.10（正三角形）** 0 でない複素数 α, β と 0 がある正三角形の 3 頂点となるための必要十分条件は，$\alpha^2 - \alpha\beta + \beta^2 = 0$ であることを証明せよ．

☐ **1.11（アポロニウスの円）** 複素平面上で $|z+1| : |z-2| = 3 : 1$ となる z の軌跡は円になることを証明せよ．

☐ **1.12（極形式）** つぎの値を求めよ．
 (1) $e^{2+\pi i/4}$ (2) $e^{-3+\pi i}$ (3) $e^{\log 3 - 3\pi i/2}$

☐ **1.13（指数関数と複素共役）** 指数関数の定義と指数法則（定理 1.6）を用いて，以下の公式を示せ．
 (1) 任意の複素数 z に対し，$\overline{(e^z)} = e^{\overline{z}}$．
 (2) 任意の複素数 z と w に対し，$\overline{e^{z+w}} = \overline{(e^z)} \cdot \overline{(e^w)}$．

☐ **1.14（べき根）** 例題 1.3 を参考にして，つぎの方程式の解を極形式で表し，図示せよ．
 (1) $z^4 = 16i$ (2) $z^4 + z^3 + z^2 + z + 1 = 0$

☐ **1.15（複素数の N 乗根）** 定理 1.10 を証明せよ．

☐ **1.16（指数関数による像）** 以下の複素平面上の集合に対し，その指数関数 $w = e^z$ による像を図示せよ．
 (1) $S_1 = \{x + yi \in \mathbb{C} \mid x \leq 1,\ 0 \leq y \leq \pi/2\}$
 (2) $S_2 = \{x + yi \in \mathbb{C} \mid |x| \leq \log 2,\ |y| \leq \pi/6\}$

☐ **1.17（指数関数による像）** 集合 T' が

$$T' = \{u + vi \in \mathbb{C} - \{0\} \mid 0 < u \leq 1,\ v = 0\}$$

[*19] これは逆数 $1/z$ を作図により求める方法を与えている．$0 < |z| < 1$ のときはこの方法を逆にたどればよく，$|z| = 1$ のときは $1/z = \overline{z}$ である．

で与えられているとき，e^z が T' に属するような複素数 z 全体からなる集合 T を図示せよ．

☐ **1.18（複素対数）** つぎの複素対数としての値を求めよ．

(1) $\log(1+\sqrt{3}\,i)$ (2) $\log(-2)$ (3) $\log i$ (4) $\log e$

☐ **1.19*（複素対数の和）** 0 でない複素数 A, B について，$\mathrm{Log}\,A + \mathrm{Log}\,B = \mathrm{Log}\,AB$ は成り立つか．より一般に，$\log A + \log B = \log AB$ という等式が成り立つかどうか考察せよ．

☐ **1.20（複素数べき）** つぎの値の複素数べきとしての値を求めよ．

(1) $(1+\sqrt{3}\,i)^i$ (2) $(-2)^{1+i}$ (3) $i^{1/3}$

☐ **1.21（複素数の整数乗）** 0 でない複素数 A と整数 m に対し，「複素数べき」の意味での A^m とふつうの整数乗の意味での A^m は一致することを示せ．

☐ **1.22（三角関数の性質）** 三角関数の定義にもとづき，公式 1.12 をすべて証明せよ．

☐ **1.23（三角関数のその他の性質）** 三角関数の定義にもとづき，つぎの公式を示せ．

(1) $\cos\left(\dfrac{\pi}{2}-z\right)=\sin z$ (2) $\sin\left(\dfrac{\pi}{2}-z\right)=\cos z$ (3) $\overline{\cos z}=\cos\overline{z}$

(4) $\overline{\sin z}=\sin\overline{z}$ (5) $e^{iz}=\cos z+i\sin z$

☐ **1.24（三角関数の値）** (1) $\sin\left(\dfrac{\pi}{4}+i\right)$ の値を求めよ．

(2) 一般に x, y を実数とするとき，つぎを示せ．

$$\cos(x+yi)=\cos x\cosh y - i\sin x\sinh y,$$

$$\sin(x+yi)=\sin x\cosh y + i\cos x\sinh y.$$

ただし，$\cosh y=(e^y+e^{-y})/2$, $\sinh y=(e^y-e^{-y})/2$ である．とくに，$x=0$ のとき

$$\boldsymbol{\cos yi = \cosh y, \quad \sin yi = i\sinh y}.$$

☐ **1.25（正接関数）** (1) 方程式 $\cos z=0$ を解け．

(2) $\cos z\neq 0$ となる z に対し $\tan z:=\dfrac{\sin z}{\cos z}$ と定義するとき，つぎを示せ．

(a) $\tan(z+\pi)=\tan z$ (b) $i\tan i=\dfrac{1-e^2}{1+e^2}$

☐ **1.26**[*]（三角関数の非有界性） 任意に大きな $M > 0$ に対し，ある複素数 z が存在して，$|\sin z| \geq M$ かつ $|\cos z| \geq M$ とできることを示せ[*20]．

[*20] したがって，三角関数は有界な関数(第 3 章，3.5 節)ではない．

2 複素関数の微分

本章のあらまし

- まず，複素平面内の**開集合**，**閉集合**，**領域**といった言葉を定義する．
- 複素関数の微分を考えるための準備として，実関数と同様に**極限**や**連続性**の概念を整備する．
- 実関数の微分可能性をまねて，**複素関数の微分可能性**を定義する．その幾何学的な意味を理解するために，$w = Az$ の形の**比例関数**がどんなものかを確認する．
- 複素関数の微分可能性に少しだけ条件を加えて，**正則性**とよばれる条件を定義する．
- さらに複素関数の正則性をその実部と虚部がみたす**コーシー・リーマンの方程式**によって特徴づける．応用として指数関数 e^z の導関数がやはり e^z であることを示す．

2.1 複素平面内の集合

複素平面の部分集合に関する用語と記号を準備しよう．ここではとくに，複素数のことを「点」と表現する．

円と円板　点 z と点 α の複素平面における直線距離は $|z - \alpha|$ で与えられる．したがって，正の数 r に対し，集合

$$\{z \in \mathbb{C} \mid |z - \alpha| = r\}$$

は中心 α, 半径 r の**円**であり，これを $C(\alpha, r)$ と表す[*1]．たとえば，集合 $C(0, 1)$ は原点中心半径 1 の円，すなわち**単位円**のことである．また，集合

$$\{z \in \mathbb{C} \mid |z - \alpha| < r\}$$

を中心 α, 半径 r の**円板**もしくは**開円板**といい，$D(\alpha, r)$ と表す．とくに $D(0, 1)$ を**単位円板**といい，特別に記号 $\mathbb{D}$ で表す．

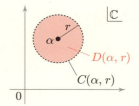

注意! もし $|A - B| < r$ という形の不等式を見たら，$A \in D(B, r)$, すなわち「点 A は点 B を中心とする半径 r の円板内にある」と図形的に解釈するとよい．$|A + B| < r$ の形でも，$|A - (-B)| < r$ と読み替えて同様に解釈できる．

補集合 以下，X, Y を複素平面 $\mathbb{C}$ の部分集合とする．X に属さない点全体からなる集合を X の**補集合**といい，$\mathbb{C} - X$ と表す[*2]．また，X には属するが，Y には属さない点からなる集合を $X - Y$ と表す．すなわち，

$$X - Y = X \cap (\mathbb{C} - Y).$$

内点・外点・境界点 与えられた集合 X に対し，複素平面上の点はつぎの 3 種類に分類される．

- 点 α が集合 X の**内点**であるとは，ある十分小さな正の数 ε に対し，円板 $D(\alpha, \varepsilon)$ 全体が X に含まれることをいう（この ε は α に応じて取り替えてよい）．
- 点 α が集合 X の**外点**であるとは，α が X の補集合 $\mathbb{C} - X$ の内点であることをいう．
- 点 α が集合 X の内点でも外点でもないとき，X の**境界点**という．すな

[*1] 円を「曲線（動点の軌跡）」とみなすときには，とくに断らない限り反時計回りの「向き」を考える（第 3 章，3.1 節参照）．

[*2] X の補集合は $\mathbb{C} \setminus X$, X^c とも表される．

わち，どんなに小さな正の数 ε に対しても，円板 $D(\alpha,\varepsilon)$ は X に属する点と X に属さない点の両方を含むことをいう．

X の境界点全体からなる集合を X の**境界**といい，**∂X** で表す．

注意! 境界 ∂X が X に含まれるとは限らない（例題 2.1 参照）．また，一般に X とその補集合 $\mathbb{C}-X$ は同じ境界をもつ．すなわち，$\partial X = \partial(\mathbb{C}-X)$ （章末問題 2.1）．

例 1 単位円板 $\mathbb{D} = D(0,1)$ に対し，0 と $i/2$ は $\mathbb{D}$ の内点，$2i$ は外点，i や 1 は境界点である．また，単位円板の境界 $\partial \mathbb{D}$ は円 $C(0,1)$ である． □

例 2 中心 α，半径 r の円 $C(\alpha,r)$ に属する点はすべて $C(\alpha,r)$ の境界点である．すなわち，$\partial C(\alpha,r) = C(\alpha,r)$． □

開集合と閉集合 集合 X が**開集合**であるとは，X に属するすべての点が X の内点であることをいう．また，X が**閉集合**であるとは，その補集合 $\mathbb{C}-X$ が開集合となるときをいう．

例 3 複素平面 $\mathbb{C}$，単位円板 $\mathbb{D}$ などは開集合である（例題 2.1）． □

例題 2.1（円板と円環領域）
複素数 α に対し，つぎの集合は開集合であることを示せ．また，その境界を求めよ．
(1) $D(\alpha,r)$ （ただし，$r > 0$）．
(2) $A = \{z \in \mathbb{C} \mid r < |z-\alpha| < R\}$ （ただし，$0 \leq r < R \leq \infty$）．

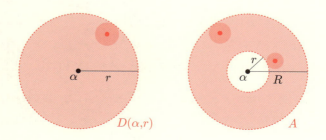

解答 (1) 円板 $D(\alpha, r)$ の任意の点 z に対し, $\varepsilon := r - |z - \alpha|$ とおけば $D(z, \varepsilon) \subset D(\alpha, r)$ をみたすので, z は $D(\alpha, r)$ の内点である. よって $D(\alpha, r)$ は開集合である. その境界 $\partial D(\alpha, r)$ は円 $C(\alpha, r)$ である(とくに, $D(\alpha, r)$ は境界を含まない).

(2) 同様に, 集合 A の任意の点 z に対し, $\varepsilon := \min\{|z - \alpha| - r, R - |z - \alpha|\}$ (ただし, $R = \infty$ のときは $\varepsilon := |z - \alpha| - r$)とすれば, $D(z, \varepsilon) \subset A$ をみたす[*3]. よって A は内点のみからなる集合であり, 開集合である. その境界 ∂A は, r, R の値に応じてつぎのようになる(A も境界を含まない).

- $0 < r < R < \infty$ のとき $\partial A = C(\alpha, r) \cup C(\alpha, R)$ (前ページ図右).
- $r > 0$, $R = \infty$ のとき $\partial A = C(\alpha, r)$.
- $r = 0$, $R < \infty$ のとき $\partial A = \{\alpha\} \cup C(\alpha, R)$.
- $r = 0$, $R = \infty$ のとき $\partial A = \{\alpha\}$. ∎

例題 2.1(2) の A のような開集合を α を中心とする**円環領域**もしくは**円環**という[*4]. とくに, $r = 0$ かつ $R < \infty$ のとき $A = D(\alpha, R) - \{\alpha\}$ であり, これを α を中心とする**穴あき円板**という. また, $r = 0$ かつ $R = \infty$ のとき A は複素平面 $\mathbb{C}$ から 1 点 α を除いたものである. これを**穴あき平面**という.

例 4 1 点からなる集合 $\{\alpha\}$ は閉集合である. 実際, その補集合 $\mathbb{C} - \{\alpha\}$ は円環領域(穴あき平面)であり, 開集合となる. □

例 5 円 $C(\alpha, r)$ は閉集合である. 実際, その補集合 $\mathbb{C} - C(\alpha, r)$ は α を中心とする円板と円環領域の和集合であり, 開集合となる. □

> **注意!** 標語的にいうと, 開集合とは「境界点をまったく含まない集合」であり, 閉集合とは「境界点をすべて含む集合」のことである.

連結性と領域 複素平面内の開集合 X が**連結**(もしくは**弧状連結**)であるとは, X 内の任意の 2 点が X 内の点

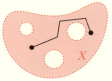

[*3] 有限個の実数 $a_1, a_2, \cdots, a_n$ に対し, その中で最小のものを $\min\{a_1, a_2, \cdots, a_n\}$, 最大のものを $\max\{a_1, a_2, \cdots, a_n\}$ と表す.

[*4] **アニュラス**ともいう. 直観的には, α を中心とするさまざまな半径の円たちを束ねて得られる領域である. 穴あき円板, 穴あき平面は第 4 章以降で重要となる.

だけを通る折れ線で結ばれることをいう．ここで「折れ線」とは，有限個（いくつでもよい）の複素数を線分で結んだものである．連結な開集合を，とくに領域という．

> **注意！** 複素平面内の領域とは，いわば「ひとつながりの開集合」であり，数直線における「開区間」に相当する概念である．2.4 節以降は，おもに領域上で定義された複素関数を扱う．

例 6 複素平面 $\mathbb{C}$ は明らかに連結な開集合なので領域である．開円板 $D(\alpha, r)$ や円環領域（例題 2.1）も領域である． □

例 7（領域ではない例） 2 つの開円板の和集合 $X = D(i, 1/2) \cup D(-i, 1/2)$ は開集合だが領域ではない．中心点 i と $-i$ を結ぶ折れ線は必ず実軸 $\mathbb{R}$（これは X に含まれない）を通ってしまうからである． □

有界な集合（第 3 章以降） 集合 X が有界であるとは，ある正の数 R が存在して，X 全体が円板 $D(0, R)$ に含まれることをいう．有界な閉集合をコンパクト集合という．

孤立点と集積点（第 5 章以降） α を集合 X（下図の黒い点または線）の内点もしくは境界点とする．このとき，つぎのいずれか一方のみが成り立つ．

- 十分に小さな $r > 0$ が存在し，
$$D(\alpha, r) \cap X = \{\alpha\}$$
が成り立つ．このとき，点 α は集合 X の孤立点であるという．
- すべての $r > 0$ に対し，集合

$$D(\alpha, r) \cap X$$

は α 以外の点を少なくとも 1 つ含む．このとき，点 α は集合 X の**集積点**であるという．

標語的にいえば，α のまわりに α 以外の X の点が「存在しない」のが孤立点であり，「無限個存在する」のが集積点である．

注意！ 集合 X の孤立点は X に属するが，集積点は X に属さなくてもよい．

例 8 任意の整数は整数全体の集合 $\mathbb{Z}$ の孤立点である． □

例 9 $X := \{1, 1/2, 1/3, \cdots\}$ とするとき，X の各点は孤立点である[*5]．また，原点 0 は X の集積点であるが，X には属していない． □

例 10 点 i は単位円板 $\mathbb{D} = D(0, 1)$ の集積点であるが，$\mathbb{D}$ には属していない． □

三角形と不等式 平面上の三角形は「二辺の長さの和は残りの一辺の長さよりも大きい」という性質をみたす．これを複素数で表現してみよう．

命題 2.1

任意の複素数 z, w に対し，つぎの**三角不等式**が成り立つ．

$$|z| - |w| \leq |z + w| \leq |z| + |w|. \tag{2.1}$$

証明（直観的には次ページの図で説明される）や等号成立条件の確認は章末問題 2.2 としよう．

例 11 点 z が円 $C(\alpha, r)$ もしくは円板 $D(\alpha, r)$ 上にあるとき，

$$|\alpha| - r \leq |z| \leq |\alpha| + r$$

が成り立つ．図を描くとほとんど明らかだが，三角不等式 (2.1) において z, w にそれぞれ $\alpha, z - \alpha$（このとき $|z - \alpha| \leq r$）を代入することで確かめられる． □

[*5] 実際，自然数 n に対し $1/n$ と $1/(n+1)$ の距離を r_n とするとき，円板 $D(1/n, r_n)$ と X の共通部分は 1 点 $1/n$ のみである．

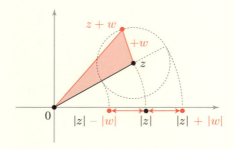

平面上の直角三角形は「斜辺は直角を挟む二辺より長い」という性質をもつから，つぎを得る．

> **命題 2.2**
> 任意の複素数 $z = x + yi$ は不等式
> $$\max\{|x|, |y|\} \leq |z| \leq |x| + |y| \qquad (2.2)$$
> をみたす．より一般に，任意の複素数 $z = x + yi$ と $\alpha = a + bi$ に対し，
> $$\max\{|x-a|, |y-b|\} \leq |z-\alpha| \leq |x-a| + |y-b|. \qquad (2.3)$$

z を α の近似値だとみなしたとき，$|z-\alpha|$ はその「誤差」(絶対誤差)とみなすことができる．その大きさを，実部と虚部の誤差で評価*6 したのが不等式 (2.3) である．幾何学的には明らか(下図)だが，念のために三角不等式を用いた証明を与えておく．

証明 三角不等式より，$|z| = |x + yi| \leq |x| + |yi| = |x| + |y|$．また，$|z| = \sqrt{x^2 + y^2} \geq \sqrt{x^2} = |x|$．同様にして $|z| \geq |y|$ を得る．

不等式 (2.3) は不等式 (2.2) の z を $z - \alpha$ に置き換えただけである． ∎

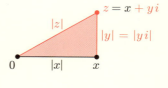

---

*6 「評価する」というのは，「その量が取りうる値の範囲を限定する」という意味である．たとえば $16 < 19 < 25$ より $4 < \sqrt{19} < 5$ が成り立つが，これは $\sqrt{19}$ という量が 4 と 5 の間だと評価する不等式である．

2.2 複素関数の極限

複素関数　微分積分学では，実数 x を実数 y に対応させる

$$y = f(x)$$

という形の関数を扱った．これを **実関数** という*7．同様に，複素関数論では複素数 z に複素数 w を対応させる

$$w = f(z)$$

という形の関数を扱う．本書ではこれを **複素関数** もしくは単に **関数** という．関数 $f(z)$ がある集合 D に属する複素数に対してのみ定義されているとき，これを **D 上の関数** といい，集合 D を関数 $f(z)$ の **定義域** という．D に属する複素数 α に対し，複素数 $f(\alpha)$ を関数 $f(z)$ の α における **値** という．定義域 D の部分集合 S に対し，集合

$$\{f(z) \in \mathbb{C} \mid z \in S\}$$

を S の関数 $f(z)$ による **像** といい，**$f(S)$** と表す．定義域の像 $f(D)$ を関数 $f(z)$ の **値域** という．

例 12　指数関数 $w = e^z = \exp z$，三角関数 $w = \sin z$, $w = \cos z$ は複素平面 $\mathbb{C}$ 上の関数である．　　□

例 13　$f(z) = z^7 - 3z + i$ などの多項式は，複素平面 $\mathbb{C}$ 上の関数を定める．これを **多項式関数** という．また，有理式(互いに素な多項式の商*8)は，複素平面から分母が 0 になるような複素数を除いた領域上の関数を定める．これを **有理関数** という．たとえば，有理関数 $g(z) = \dfrac{8z+3}{z^2+1}$ の定義域は複素平面から 2 点 $-i, i$ を除いた集合 $\mathbb{C} - \{-i, i\}$ である．　　□

---

*7 「実 1 変数関数」ともいう．同様に，実数の組 (x,y) に実数 u を対応させる $u = f(x,y)$ の形の関数は「実 2 変数関数」という．

*8 複素数を係数とする多項式(関数) $P(z)$ と $Q(z)$ が「互いに素」であるとは，$P(\alpha) = Q(\alpha) = 0$ となる複素数 α が存在しないことをいう．

関数の極限　実関数の極限の定義をまねて，複素関数の極限を定義しよう．
$f(z)$ を集合 D 上の複素関数とし，複素数 z は D に属するものとする．また，複素数 α は D もしくはその境界 ∂D に属するものとする．いま，ある複素数 A に対し，

(∗)　<u>z が $z \neq \alpha$ をみたしながら α に限りなく近づくとき，
$f(z)$ は A に限りなく近づく</u>

という性質があるとき，$z \to \alpha$ のとき $f(z)$ は A に収束するといい，これを

$$f(z) \to A \quad (z \to \alpha)$$

もしくは

$$\lim_{z \to \alpha} f(z) = A$$

と表す．複素数 A を，関数 $f(z)$ の $z \to \alpha$ のときの極限という．文中では「$z \to \alpha$ のとき $f(z) \to A$」，「$z \to \alpha$ のとき $f(z)$ は極限 A をもつ」とも表現する．

注意!　複素数 α が関数 $f(z)$ の定義域に属さなくても，極限 $\lim_{z \to \alpha} f(z)$ が存在する場合がある．たとえば，関数 $\dfrac{e^z - 1}{z}$ は $z = 0$ で分子・分母とも 0 となり定義されないが，極限 $\lim_{z \to 0} \dfrac{e^z - 1}{z}$ は存在する (値は 1)．このような極限は，指数関数 e^z の $z = 0$ における微分係数を定義する際に必要となる．

注意!　「$z(\neq \alpha)$ が α に限りなく近づく」とは，「距離 $|z - \alpha|$ が 0 にいくらでも近くなる」ことを標語的に述べたものであり，その「近づき方」には右図のようにさまざまな経路が考えられる．(∗) においては，そのすべての可能性を考慮しなくてはならない．

$\varepsilon\text{-}\delta$ 論法による厳密な表現　より厳密かつ定量的な議論を必要とする場合は，(∗) をいい換えて

(∗∗) 任意の正の数 ε に対し，ある正の数 δ が存在して，
$0 < |z - \alpha| < \delta$ のとき $|f(z) - A| < \varepsilon$ をみたす

と表現する．このような表現にもとづいた極限の取り扱いは **ε-δ 論法** とよばれる．本書で ε-δ 論法が必要になる部分は付録 B でまとめて扱う．

極限の基本性質　実関数のときと同様にして，つぎを示すことができる．

公式 2.3（極限の性質）

$\lim_{z \to \alpha} f(z) = A$, $\lim_{z \to \alpha} g(z) = B$ であるとき，つぎが成り立つ．

(1) $\lim_{z \to \alpha} \{f(z) + g(z)\} = A + B$　　(2) $\lim_{z \to \alpha} f(z)\,g(z) = AB$

(3) $B \neq 0$ のとき，$\lim_{z \to \alpha} \dfrac{f(z)}{g(z)} = \dfrac{A}{B}$

例題 2.2（関数の収束と極限）

つぎの極限が存在するときはその値を求め，存在しないときはその理由を述べよ．

(1) $\lim_{z \to 0} e^z$　　(2) $\lim_{z \to 0} e^{1/z}$　　(3) $\lim_{z \to 0} \dfrac{\overline{z}}{z}$

解答　(1) $z = x + yi$ と表すと，命題 2.2 の不等式 (2.2) より $z \to 0$ のとき $x \to 0$ かつ $y \to 0$ であることに注意する．また，$e^0 = 1$ であるから，求める極限は 1 であると予想される．$e^z = e^x \cos y + i\,e^x \sin y$ と不等式 (2.3) より，

$$|e^z - 1| \leq |e^x \cos y - 1| + |e^x \sin y - 0|.$$

いま $e^x \cos y$ と $e^x \sin y$ を x と y の 2 変数関数とみなせば，$(x, y) \to (0, 0)$ のとき

$$e^x \cos y \to 1, \qquad e^x \sin y \to 0$$

が成り立つから，$z \to 0$ のとき $|e^z - 1| \to 0$．よって，極限は存在し，$\lim_{z \to 0} e^z = 1$．

(2) 正の実数 t に対し $z = 1/t$ とおく．$t \to +\infty$ のとき $z \to 0$ となるが，このとき $e^{1/z} = e^t \to +\infty$ となるので発散する．よって，極限は存在しない．

(3) 正の実数 t に対し, $z = t$ とおくと, $\dfrac{\bar{z}}{z} = \dfrac{t}{t} = 1$ となるが, $z = ti$ とおくと, $\dfrac{\bar{z}}{z} = \dfrac{-ti}{ti} = -1$ となる. いずれの場合も $t \to +0$ のとき $z \to 0$ であるが, 関数 $\dfrac{\bar{z}}{z}$ が同一の複素数に近づくことはない. よって, 極限は存在しない. ∎

2.3 複素関数の連続性

連続関数 実関数の場合と同様に, 関数の極限を用いて「連続関数」の概念を定義しよう.

集合 D 上の関数 $f(z)$ が D 上の点 α で連続であるとは, $z \to \alpha$ のとき $f(z)$ が $f(\alpha)$ に収束することをいう. すなわち

$$\lim_{z \to \alpha} f(z) = f(\alpha) \tag{2.4}$$

が成り立つことをいう. 関数 $f(z)$ が定義域 D 上のすべての点で連続であるとき, 関数 $f(z)$ は D 上で連続もしくは D 上の連続関数であるという.

例 14（定数関数） 複素平面上の定数関数 $f(z) = C$ は連続関数である. 実際, 複素数 α を任意にとるとき,

$$\lim_{z \to \alpha} f(z) = \lim_{z \to \alpha} C = C = f(\alpha).$$ ∎

例 15（恒等関数） 複素平面上の恒等関数 $f(z) = z$ は連続関数である. 実際, 複素数 α を任意にとるとき,

$$\lim_{z \to \alpha} f(z) = \lim_{z \to \alpha} z = \alpha = f(\alpha).$$ ∎

連続関数の生成 複数の連続関数を四則や合成で組み合わせれば, 新しい連続関数を生成することができる.

> **命題 2.4（連続関数の四則と合成）**
> 与えられた連続関数 $f(z), g(z)$ に対し, $f(z) \pm g(z), f(z)g(z), f(z)/g(z)$ および合成関数 $f(g(z))$ は, その値が定義可能な z において連続である.

証明は実関数の場合と同様で，公式 2.3 を用いればよい．

例 16（多項式関数） 複素平面上の 2 次関数 $f(z) = z^2 - 1$ は連続関数であることを確認してみよう．例 14 と例 15 より恒等関数 $g(z) = z$ と定数関数 $h(z) = -1$ は連続関数であり，

$$f(z) = z^2 - 1 = g(z) \cdot g(z) + h(z)$$

と表される．よって，命題 2.4 を繰り返し適用することで，$f(z)$ は複素平面上の連続関数だとわかる．同様に，<u>多項式関数は複素平面上の連続関数である</u>． □

例 17（有理関数） 有理関数 $f(z) = \dfrac{z}{z^2-1}$ は $g(z) = z$ と $h(z) = z^2 - 1$ を用いて $f(z) = g(z)/h(z)$ と商で表され，分母が 0 となる $z = \pm 1$ 以外で値が定義可能である．命題 2.4 より，$f(z)$ は定義域 $\mathbb{C} - \{-1, 1\}$ 上で連続である．一般に，<u>有理関数は定義域（複素平面から分母が 0 となる点を除いた領域）上で連続である</u>． □

例題 2.3（連続関数）
以下の関数はその値が定義される集合上で連続となることを示せ．

(1) 指数関数 $\exp(z) = e^z$　　(2) $f(z) = \exp(z^2 - 1)$

(3) $f(z) = \dfrac{1}{e^z - 1}$

解答 (1) 例題 2.2 (1) より，$\lim\limits_{z \to 0} e^z = 1$ であったことに注意する．複素数 α を任意に選ぶと，指数法則より

$$e^z = e^{z-\alpha+\alpha} = e^{z-\alpha} \cdot e^\alpha \to 1 \cdot e^\alpha = e^\alpha \quad (z \to \alpha)$$

となるから，指数関数 $\exp(z) = e^z$ は α で連続である．よって，複素平面上の連続関数である．

(2) $g(z) = z^2 - 1$ とおくと,$f(z)$ は $g(z)$ に指数関数 $\exp(z)$ を合成した関数であり,任意の複素数で定義されている.また,例 16 と上の (1) より $g(z)$ と $\exp(z)$ は連続関数である.命題 2.4 より,その合成 $f(z) = \exp(g(z))$ は複素平面上の連続関数である.

(3) 定数関数 $g(z) = 1$ と $h(z) = e^z - 1$ を用いると,$f(z) = g(z)/h(z)$ と表される.これは $h(z) \neq 0$,すなわち $e^z \neq 1$ となる複素数 z に対して定義される.例題 1.2(1) より,$f(z)$ の定義域は $\mathbb{C} - \{2m\pi i \mid m \in \mathbb{Z}\}$ である.例 14 より $g(z)$ は連続.$h(z)$ も $h(z) = e^z - g(z)$ と連続関数の差で表されるから,命題 2.4 より連続.同様に,$f(z)$ は連続関数の商で表されるから,定義域上で連続である. ∎

例 18(**三角関数**) 命題 2.4 と指数関数の連続性から $e^{\pm iz}$ も連続であり,$\sin z = (e^{iz} - e^{-iz})/(2i)$,$\cos z = (e^{iz} + e^{-iz})/2$ も複素平面上の連続関数だとわかる. ∎

例 19(**実部・虚部・絶対値・共役複素数**) 関数 $\mathrm{Re}\, z$,$\mathrm{Im}\, z$,$|z|$,$\overline{z}$ はそれぞれ複素平面上の連続関数である(定義にもとづき確認せよ). ∎

2.4 複素関数の微分

実関数における微分係数と比例関数 まずは実関数における「微分可能性」の幾何学的な意味を思い出しておこう.

 実関数 $y = f(x)$ のグラフから適当な点 $(a, f(a))$ を選び,その点を中心に顕微鏡でグラフを拡大してみる.倍率を上げていくとき,関数がその点で微分可能であれば,グラフの曲がり具合は次第にやわらぎ,ほとんど直線のように見えるであろう(下図).

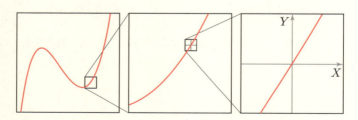

そこで見えている「直線」の傾き A が, 関数 $y = f(x)$ の a における微分係数であり, これを $A = f'(a)$ と表すのであった. 顕微鏡の視野に XY 座標系を書いておくと, その「直線」の方程式は $Y = AX$ と表現される. すなわち, 顕微鏡の中で観察されるのは, 「比例定数」$A = f'(a)$ をもつ「比例関数」にほかならない.

以上を念頭におきつつ, 複素関数の微分可能性を定義していこう.

比例関数　複素関数の微分を幾何学的に理解するために, 比例関数

$$w = Az$$

について完全に理解しておこう[*9]. ここで A は複素数の定数(比例定数)である. $A = 0$ のときは単なる定数関数なので, $A \neq 0$ と仮定する. さらに極形式で

$$A = re^{i\theta} = r(\cos\theta + i\sin\theta)$$

と表されるとしよう. このとき, $w = Az$ の絶対値と偏角を計算すると,

$$|w| = |A||z| = r|z|$$

$$\arg w = \arg A + \arg z = \theta + \arg z$$

であるから, $w = Az$ とは「z を原点中心に r 倍拡大し[*10], θ ラジアン回転さ

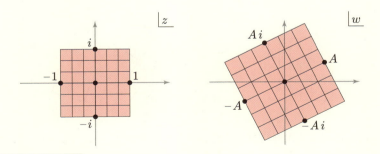

[*9] 比例関数 $w = f(z) = Az$ はすべての複素数 k に対し「比例関係」$f(kz) = kf(z)$ をみたす. 逆に, そのような性質をみたす関数は比例関数に限る(章末問題 2.3).

[*10] $0 < r < 1$ のときは縮小だが「r 倍拡大」ということにする.

せて得られる複素数」だとわかる．複素数の比例関数とは，複素平面 $\mathbb{C}$ 全体を原点中心に「拡大と回転」する相似変換なのである．

微分可能性　実関数のときと同様にして，複素関数の微分可能性を定義しよう．

関数 $w = f(z)$ はある領域 D で定義されているものとする[*11]．関数 $f(z)$ が D 内の点 α で微分可能であるとは，極限

$$\lim_{z \to \alpha} \frac{f(z) - f(\alpha)}{z - \alpha} = A \tag{2.5}$$

が存在することをいう．この極限 A を $f(z)$ の α における微分係数といい，$f'(\alpha)$ と表す．関数 $f(z)$ が D 内のすべての点で微分可能であるとき，$f(z)$ は D 上で微分可能であるという．このとき，D の各点 α に微分係数 $f'(\alpha)$ を対応させる関数を $f(z)$ の導関数といい

$$f'(z), \quad \{f(z)\}', \quad \frac{df}{dz}(z), \quad \frac{d}{dz}f(z)$$

などと表す．

比例関数による近似　標語的にいうと，複素関数が微分可能であるとは，「局所的に比例関数とみなせる」ことであり，微分係数とは「比例定数」にあたる量である．以下でこれを確認しよう．

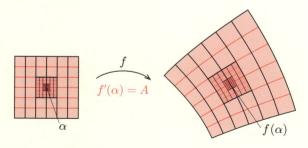

まずは大雑把に「比例関数」を導いてみよう．関数 $w = f(z)$ が $z = \alpha$ で微分可能であるとき，極限の式 (2.5) より z が α に十分近ければ近似式

[*11] すなわち，D は連結な開集合である．とくに，D に属する点はすべて内点である．

$$\frac{f(z)-f(\alpha)}{z-\alpha} \approx A \quad \Longleftrightarrow \quad f(z)-f(\alpha) \approx A(z-\alpha) \qquad (2.6)$$

が成り立つ[*12]．ここで，

$$Z = z - \alpha, \qquad W = f(z) - f(\alpha)$$

とおく．Z と W はそれぞれ α と $f(\alpha)$ のまわりを拡大する顕微鏡内の座標である．このとき，式 (2.6) は Z と W の間に近似的な比例関係

$$W \approx AZ$$

が成り立つことを意味している．顕微鏡の中ではほとんど比例関数 $W = AZ$ に見えるわけである．

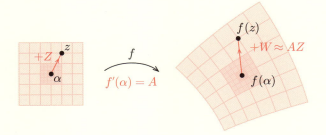

もう少し正確に述べるとつぎのようになる．いま，商 $\dfrac{f(z)-f(\alpha)}{z-\alpha}$ と微分係数 A の「誤差」を測る関数として，$D - \{\alpha\}$ 上の関数

$$\eta_\alpha(z) := \frac{f(z)-f(\alpha)}{z-\alpha} - A \qquad (2.7)$$

を考える．このとき，式 (2.5) は $z \to \alpha$ のとき $\eta_\alpha(z) \to 0$ であることといい換えられる．式 (2.7) の両辺に $z - \alpha \neq 0$ を掛けて整理し

$$f(z) - f(\alpha) = \bigl(A + \eta_\alpha(z)\bigr)(z - \alpha)$$

[*12] 記号 $X \approx Y$ は「X は Y で近似される」程度の意味で使われるが，同時に「誤差 $|X-Y|$ が，私たちが要求する精度内に入っている」というポジティブな感覚を含んでいる．厳密な数式ではなく，数式の形をまねた文章だと解釈するのが妥当であろう．

と見れば，顕微鏡内の座標 Z から W への変化は

$$W = \bigl(A + \eta_\alpha(z)\bigr) Z$$

と表される．これは，比例関数 $W = AZ$ の比例定数 A の部分にわずかな誤差 $\eta_\alpha(z)$ が加わったのだと解釈できる．あるいは，展開して

$$W = AZ + \underline{\eta_\alpha(z)\,Z} \tag{2.8}$$

とすれば，比例関数からの誤差部分（下線部）は明白である．たとえば $A \neq 0$ のとき，$z \to \alpha$ とすれば（$\eta_\alpha(z) \to 0$ より），誤差 $\eta_\alpha(z) Z$ は AZ に比べ相対的に速く 0 に収束する．顕微鏡の拡大率を上げ視野をより狭めることで，誤差部分は知覚できないほどに小さくなるであろう[*13]．

例 20 多項式関数 $w = f(z) = z^2$ と $\alpha = i$ の場合を考えてみよう．2 つの顕微鏡内の座標 $Z = z - i$ と $W = f(z) - f(i)$ の関係は，

$$\begin{aligned}
W = f(z) - f(i) &= z^2 - i^2 \\
&= (i + Z)^2 - (-1) \\
&= 2iZ + \underline{Z^2}
\end{aligned}$$

と表される．これは比例関数 $2iZ$ に対し相対的に小さな誤差 Z^2 を加えたものとみなされる．「比例定数」$2i$ は $2e^{\pi i/2}$ と極形式で表されるから，「W は Z の 2 倍拡大・90 度回転」で近似されるということである．□

つぎの図は一辺 0.4 の正方形の $f(z) = z^2$ による像をコンピューターで描画したものである．$z = i$（左上の赤い点）を中心とした正方形の像に注目せよ．

例 21 例 20 を微分可能性の定義に沿って書き直してみよう．関数 $f(z) = z^2$ と任意の複素数 α に対し，微分係数を定義式 (2.5) にもとづいて計算すると，

$$\frac{f(z) - f(\alpha)}{z - \alpha} = \frac{z^2 - \alpha^2}{z - \alpha} = z + \alpha \to 2\alpha \qquad (z \to \alpha)$$

[*13] $A = 0$ のときは少し特殊である．たとえば第 4 章で学ぶテイラー展開を用いれば，関数の局所的な性質をより精密に調べることができる（⇨ 付録 C，命題 C.8）．

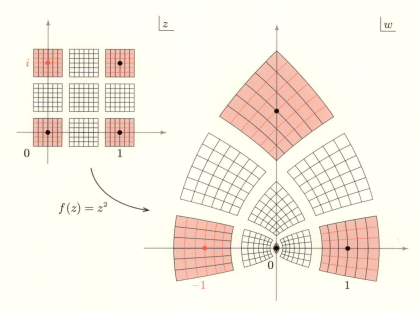

となる．したがって，関数 $f(z) = z^2$ は微分可能な関数であり，導関数は $f'(z) = 2z$ で与えられる．とくに $\alpha = i$ のときは $f'(i) = 2i$ となり，例20の考察とつじつまが合っている． □

> **例題 2.4（導関数）**
> 以下の関数の導関数を求めよ．
>   (1) 定数関数 $f(z) = C$ (2) $f(z) = z^n$（n は自然数）

解答 (1) 任意の複素数 α に対し，$z \neq \alpha$ のとき $\dfrac{f(z) - f(\alpha)}{z - \alpha} = \dfrac{C - C}{z - \alpha} = 0$ となるので，$f'(\alpha) = \lim_{z \to \alpha} \dfrac{f(z) - f(\alpha)}{z - \alpha} = 0$．すなわち，定数関数 $f(z) = C$ の導関数は定数関数 $f'(z) = 0$ である[*14]．

(2) 任意の複素数 α に対し，$z \neq \alpha$ のとき
$$\frac{f(z) - f(\alpha)}{z - \alpha} = \frac{z^n - \alpha^n}{z - \alpha} = z^{n-1} + z^{n-2}\alpha + \cdots + \alpha^{n-1} \to n\alpha^{n-1} \quad (z \to \alpha)$$
が成り立つ．よって，$f(z) = z^n$ の導関数は $f'(z) = nz^{n-1}$ である． ∎

[*14] 逆に，導関数が 0 となる関数は定数関数に限る（命題 2.10）．

導関数の性質　複素関数の導関数に対しても，実関数の導関数と同様の公式が成り立つ．証明も同様である．

> **公式 2.5**
> 関数 $f(z), g(z)$ が微分可能であるとき，（左辺の関数が定義できる範囲で）つぎが成り立つ．
>
> (1) $\{f(z) + g(z)\}' = f'(z) + g'(z)$.
> (2) $\{f(z)\,g(z)\}' = f'(z)\,g(z) + f(z)\,g'(z)$.
> (3) $g(z) \neq 0$ であれば $\left\{\dfrac{f(z)}{g(z)}\right\}' = \dfrac{f'(z)\,g(z) - f(z)\,g'(z)}{\{g(z)\}^2}$.
> (4) $\{g(f(z))\}' = g'(f(z)) \cdot f'(z)$.
>
> とくに，微分可能な関数の和差積商と合成は，定義可能な範囲で微分可能である．

(4) には幾何学的な意味がある．微分係数とは，関数を顕微鏡で観測したときの「比例定数」，すなわち局所的な拡大量と回転量を表すものであった．いま，関数 $f(z)$ が点 α を $f(\alpha)$ に写し，関数 $g(z)$ が点 $f(\alpha)$ を $g(f(\alpha))$ に写すものとしよう．3点 $\alpha, f(\alpha), g(f(\alpha))$ に顕微鏡をおいて観測すると，最初のステップで微分係数 $f'(\alpha)$ が「比例定数」として現れ，つぎのステップで微分係数 $g'(f(\alpha))$ が「比例定数」として現れる．これらを合成すると，結果として積 $g'(f(\alpha)) \cdot f'(\alpha)$ が「比例定数」として現れるのである．

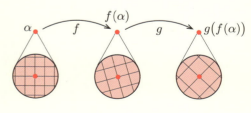

例 22　公式 2.5(3) において $f(z) = 1$ （定数関数），$g(z) = z^n$ （n は自然数）とおけば，例題 2.4 より $z \neq 0$ のとき

$$\left\{\frac{1}{z^n}\right\}' = \frac{0 \cdot z^n - 1 \cdot (nz^{n-1})}{z^{2n}} = -\frac{n}{z^{n+1}}.$$

よって，任意の整数 m に対して $\{z^m\}' = mz^{m-1}$ が成り立つ． □

例 23 公式 2.5 を繰り返し適用すれば，実関数の微分と同様の計算が正当化できる．たとえば，1 次関数 $f(z) = Az + B$ ($A \neq 0$, B は複素数)の導関数は定数関数 $f'(z) = A$ であり，さらに $g(z) = z^m$ (m は整数)とおけば，例 22 と公式 2.5(4) より

$$\{(Az+B)^m\}' = m(Az+B)^{m-1} \cdot A = mA(Az+B)^{m-1}.$$

ただし，$m < 0$ の場合は $z \neq -B/A$ とする． □

微分可能性と連続性　つぎの性質も，実関数と同様に成り立つ．

> **命題 2.6（微分可能なら連続）**
> 関数 $f(z)$ が点 α で微分可能であれば，その点で連続である．とくに，微分可能な関数は連続関数である．

証明　$f'(\alpha) = A$ とおく．式 (2.5) より，$z \neq \alpha$ のとき

$$|f(z) - f(\alpha)| = \left|\frac{f(z) - f(\alpha)}{z - \alpha}\right| \cdot |z - \alpha| \to A \cdot 0 = 0 \quad (z \to \alpha).$$

よって，$\lim_{z \to \alpha} f(z) = f(\alpha)$ が成り立つ． ∎

2.5　正則関数

　技術的な理由により，複素関数の微分可能性に少し条件を加えた「正則性」という性質を導入する．いわゆる複素関数論とは，正則な関数の理論にほかならない．多項式関数，指数関数，三角関数はすべてこの「正則性」をもっている．

正則性 関数 $f(z)$ が領域 D 上で**正則**である，もしくは D 上の**正則関数**であるとは，つぎの 2 条件をみたすことをいう[*15]．

(1) $f(z)$ は領域 D 上で微分可能であり，
(2) その導関数 $f'(z)$ は D 上で連続．

> **注意!** 関数の連続性と微分可能性は点ごとに決まる性質であり，「点 α で連続（微分可能）」といった言葉が意味をもつ．一方，関数の正則性は「広がり」をもった領域（連結な開集合）上での性質である．

例 24 関数 $f(z) = z^2$ は複素平面上で微分可能であり，導関数は $f'(z) = 2z$ であった（例 21）．この導関数は複素平面上で連続なので，$f(z)$ は複素平面上で正則である． □

正則関数の生成 命題 2.4 と公式 2.5 より，つぎがわかる．

命題 2.7（正則関数の四則と合成）
与えられた正則関数 $f(z), g(z)$ に対し，$f(z) \pm g(z), f(z)g(z), f(z)/g(z)$ および合成関数 $f(g(z))$ は，その値が定義可能な領域において正則である．

この命題の趣旨は命題 2.4 と同じで，複数の正則関数を四則と合成を用いて組み合わせれば，新しい正則関数が生成できる，ということである．

例 25（初等関数） 例題 2.4 と公式 2.5 より，多項式関数は複素平面上で正則である．有理関数も定義域（複素平面から分母の多項式関数が 0 となる点を除いた領域）上で正則である．つぎの 2.6 節では，指数関数 e^z，三角関数 $\sin z$，$\cos z$ も複素平面上で正則であることを確認する（公式 2.9）． □

例 26（正則でない関数） 次節でくわしく見るように，正則関数は複素関数の中でも特殊な存在で，むしろ正則でない複素関数のほうがたくさんある．たと

[*15] じつは，条件 (1) から条件 (2) を導くことができる（グルサの定理）．領域上の複素関数にとって，「微分可能性」と「正則性」は同じものなのである．ただし，その証明には第 3 章で扱う複素線積分が必要なので，話が複雑にならないよう条件 (2) を仮定することが多い．

えば複素数 z にその複素共役 $\bar{z}$,実部 Re z,虚部 Im z,絶対値 $|z|$ を対応させる関数は,いずれも複素平面上のすべての点 α で微分可能でない.したがって,いかなる領域の上でも正則ではない(章末問題 2.11). □

複素共役の非正則性　$g(z) := \bar{z}$ とおいてこれが正則関数でないことを確認してみよう.複素数 α を任意に固定し $Z = z - \alpha$ とおくと,

$$\frac{g(z) - g(\alpha)}{z - \alpha} = \frac{\bar{Z}}{Z}.$$

例題 2.2 (3) より,$Z \to 0$ としてもこの極限は存在しないのであった.よって,$g(z) = \bar{z}$ は任意の点において微分可能ではない.したがって,いかなる領域の上でも正則ではない.

もう少し幾何学的な解釈をしてみよう.もし点 α において微分可能であれば,関数 $g(z)$ は α の十分近くでほとんど「拡大と回転」に見えるはずである[*16].しかし,複素共役をとる操作は実軸に関して線対称に写すことだから,局所的にでも「拡大と回転」に見えることはありえない(例 31 も参照).

注意!　一般に,$\bar{z}$ を含む多項式は正則関数とならないことが知られている.たとえば,Re $z = (z + \bar{z})/2$,Im $z = (z - \bar{z})/(2i)$,$|z|^2 = z\bar{z}$ など.

2.6　コーシー・リーマンの方程式

2 変数ベクトル値関数としての複素関数　第 1 章でみたように,複素数 $z = x + yi$, $w = u + vi$ はそれぞれは平面ベクトル (x, y), (u, v) の別名である.複素関数 $w = f(z)$ が与えられているとき,これを

$$u + vi = f(x + yi)$$

と表せば,u と v はそれぞれ x と y の関数 $u = u(x, y)$, $v = v(x, y)$ とみなすことができる.このようにして定まる平面ベクトルを値にとる 2 変数関数 $(u, v) = (u(x, y), v(x, y))$ を,本節では便宜的に(f を大文字 F に変えて)

[*16] 上の計算から,もし微分係数 $g'(\alpha)$ が存在したとしても,0 にはならない.

$$(u, v) = F(x, y) = (u(x, y), v(x, y))$$

もしくは縦ベクトルで

$$\begin{pmatrix} u \\ v \end{pmatrix} = F \begin{pmatrix} x \\ y \end{pmatrix} = \begin{pmatrix} u(x, y) \\ v(x, y) \end{pmatrix}$$

と表すことにする．いわば，$w = f(z)$ の「別名」であり，<u>名前(表現)は違っても，平面の点を平面の点に写すその実体(機能)は同じである</u>．いくつか具体例を見てみよう．

例 27（2乗関数） 関数 $w = f(z) = z^2$ に $z = x + yi$ および $w = u + vi$ を代入すると

$$u + vi = f(x + yi) = (x^2 - y^2) + 2xyi$$

であるから，複素関数 $w = f(z)$ はベクトル値関数

$$(u, v) = F(x, y) = (x^2 - y^2, 2xy)$$

の「別名」である． □

例 28（指数関数） 関数 $w = f(z) = e^z$ に $z = x + yi$ および $w = u + vi$ を代入すると

$$u + vi = f(x + yi) = e^x (\cos y + i \sin y)$$

であるから，指数関数 $w = e^z$ はベクトル値関数

$$(u, v) = F(x, y) = (e^x \cos y, \, e^x \sin y)$$

の「別名」である． □

例 29（線形写像） 関数 $w = f(z) = z + 2\overline{z}$ を考えよう．例 27，例 28 と同様に，

$$u + vi = f(x + yi) = (x + yi) + 2(x - yi) = 3x - yi$$

であるから，複素関数 $w = f(z)$ はベクトル値関数

$$(u, v) = F(x, y) = (3x, -y)$$

の「別名」である．これは線形代数学でいう「線形写像」であって，行列を用いると

$$\begin{pmatrix} u \\ v \end{pmatrix} = F \begin{pmatrix} x \\ y \end{pmatrix} = \begin{pmatrix} 3 & 0 \\ 0 & -1 \end{pmatrix} \begin{pmatrix} x \\ y \end{pmatrix}$$

と表される．幾何学的には，x 軸（実軸）方向に 3 倍に引き伸ばし，y 軸（虚軸）方向に -1 倍する写像となっている． □

正則性の判定問題　逆に，ベクトル値関数 $(u, v) = F(x, y) = (u(x, y), v(x, y))$ が与えられたとき，これから $z = x + yi$ を変数とする複素関数 $w = f(z)$ が

$$f(x + yi) := u(x, y) + v(x, y)i$$

によって定まる[*17]．そこで，つぎの問題を考えてみよう．

> **問題**　与えられたベクトル値関数 $(u, v) = F(x, y)$ がある正則関数 $w = f(z)$ の別名となるための必要十分条件はなにか．

その答えは，つぎの定理 2.8 で与えられる．

コーシー・リーマンの方程式　定理の主張を述べるために必要な記号と用語をごく簡単にまとめておく．

複素平面 $\mathbb{C}$ 内の領域 D に対し，それを xy 平面 $\mathbb{R}^2$ 内の領域として読み替えた集合

$$\{(x, y) \in \mathbb{R}^2 \mid x + yi \in D\}$$

も記号 D で表すことにする．D 上で定義された実 2 変数関数 $u = u(x, y)$ が偏微分可能であり，偏導関数

$$u_x = u_x(x, y) = \frac{\partial u}{\partial x}(x, y), \quad u_y = u_y(x, y) = \frac{\partial u}{\partial y}(x, y)$$

[*17] 変数 z だけの式で $w = f(z) = u(\operatorname{Re} z, \operatorname{Im} z) + v(\operatorname{Re} z, \operatorname{Im} z)i$ とも表現できる．

がともに x, y について連続であるとき，$u = u(x, y)$ は D 上 C^1 級であるという (⇨ 付録 A，A.2 節).

> **定理 2.8（コーシー・リーマンの方程式）**
> 領域 D 上の複素関数 $w = f(z)$ が
>
> $$u + vi = f(x + yi), \quad u = u(x, y), \quad v = v(x, y)$$
>
> と表されるとき，つぎの (a) と (b) は互いに必要十分条件である.
>
> (a) $f(z)$ は D 上で正則.
> (b) $u(x, y)$, $v(x, y)$ は D 上で C^1 級であり，関係式
>
> $$\begin{cases} u_x = v_y \\ v_x = -u_y \end{cases} \tag{2.9}$$
>
> をみたす.
>
> また，関数 $w = f(z)$ がこれらの条件をみたすとき，$f'(z) = u_x + iv_x$ が成り立つ.

関係式 (2.9) を**コーシー・リーマンの方程式**という[*18].

> **注意！** 関数 $u + vi = f(x + yi)$ に対して関係式 (2.9) を確認するには，対応するベクトル値関数
>
> $$\begin{pmatrix} u \\ v \end{pmatrix} = F \begin{pmatrix} x \\ y \end{pmatrix}$$
>
> のヤコビ行列(⇨ 付録 A，A.2 節)

[*18] 「コーシー・リーマンの等式」ともいう．式 (2.9) は覚えづらいので，次節の定理 2.12 のように，式 (2.14) のヤコビ行列の形で覚えるとよい．コーシー (Augustin Louis Cauchy, 1789 – 1857) はフランスの数学者．リーマン (Bernhard Riemann, 1826 – 1866) はドイツの数学者．リーマンは式 (2.9) を，正則関数を規定する微分方程式と解釈した．

$$\begin{pmatrix} u_x & u_y \\ v_x & v_y \end{pmatrix}$$

を計算し，これが

の形になっていればよい．

定理 2.8 の証明と，その幾何学的な意味づけは次節で与える．そのまえに，具体例と応用を紹介しよう．

例 30（2 乗関数） 2 乗関数 $w = f(z) = z^2$ は複素平面上の正則関数であった（例 24）．例 27 より，これはベクトル値関数 $(u, v) = F(x, y) = (x^2 - y^2, 2xy)$ の別名であり，そのヤコビ行列は

$$\begin{pmatrix} u_x & u_y \\ v_x & v_y \end{pmatrix} = \begin{pmatrix} 2x & -2y \\ 2y & 2x \end{pmatrix}$$

となる．各成分は明らかに x, y について連続なので，u, v はそれぞれ C^1 級である．また，コーシー・リーマンの方程式 (2.9) もみたす．導関数は

$$f'(z) = 2z = 2x + 2y\,i = u_x + v_x\,i$$

をみたしている． □

例 31（正則でない関数の判定） 例 29 の関数 $w = f(z) = z + 2\overline{z}$ が正則でないことを示そう．この関数はベクトル値関数 $(u, v) = (3x, -y)$ の別名であった．そのヤコビ行列は

$$\begin{pmatrix} u_x & u_y \\ v_x & v_y \end{pmatrix} = \begin{pmatrix} 3 & 0 \\ 0 & -1 \end{pmatrix}$$

であるから，（平面上のいかなる点でも）コーシー・リーマンの方程式 (2.9) をみたさない．定理 2.8 より，$f(z) = z + 2\overline{z}$ は複素平面内のいかなる領域上でも正則とならない． □

注意! この $f(z)$ は実部を 3 倍，虚部を -1 倍するものであるから，平面を全体的に横長に引き伸ばす．したがって，$f(z)$ はいかなる点でも「拡大と回転」で近似することはできず，微分可能ですらないのである．

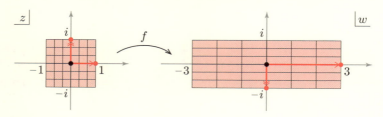

指数・三角・定数関数 コーシー・リーマンの方程式 (2.9) を用いて，つぎの公式を示そう．

> **公式 2.9（指数・三角関数の導関数）**
> 指数関数と三角関数は複素平面上で正則であり，
> $$(e^z)' = e^z, \quad (\sin z)' = \cos z, \quad (\cos z)' = -\sin z.$$

証明 例 28 の計算より，$w = e^z$ は $(u, v) = (e^x \cos y, e^x \sin y)$ の別名であり，ヤコビ行列は

$$\begin{pmatrix} u_x & u_y \\ v_x & v_y \end{pmatrix} = \begin{pmatrix} e^x \cos y & -e^x \sin y \\ e^x \sin y & e^x \cos y \end{pmatrix}$$

となる．各成分は x, y の連続関数なので u, v は C^1 級である．また，コーシー・リーマンの方程式 (2.9) もみたす．よって，定理 2.8 より e^z は複素平面上で正則である．また，その導関数は

$$(e^z)' = u_x + i v_x = e^x \cos y + i e^x \sin y = e^z$$

で与えられる．

三角関数は指数関数を用いて $\cos z = (e^{iz} + e^{-iz})/2$ などと書き表される．よって命題 2.7 より $\cos z, \sin z$ は正則である．また，公式 2.5 より，

$$(\cos z)' = \frac{(e^{iz})' + (e^{-iz})'}{2} = \frac{ie^{iz} - ie^{-iz}}{2} = -\frac{e^{iz} - e^{-iz}}{2i} = -\sin z.$$

同様にして $(\sin z)' = \cos z$ を得る． ∎

2.6 コーシー・リーマンの方程式　57

> **命題 2.10**
> 領域 D 上の正則関数 $f(z)$ がすべての点で $f'(z) = 0$ をみたすとき，$f(z)$ は定数関数である．

証明　$f(x+yi) = u + vi$ とおく．仮定と定理 2.8 より，D 内の任意の点 z において $f'(z) = u_x + v_x i = 0$．すなわち，u_x と v_x は D 上で恒等的に 0 である．これは，$u = u(x,y)$ と $v = v(x,y)$ が変数 x に依存しない関数であることを意味する（すなわち，$u(x,y) = \phi(y)$ のように，y だけの関数として表される）．一方，コーシー・リーマンの方程式 (2.9) より，u_y と v_y も D 上で恒等的に 0 となるから，$u = u(x,y)$ と $v = v(x,y)$ は変数 y にも依存しない関数である．そのような関数は定数関数に限るから，$f(z) = u + vi$ も定数関数である．■

その他の応用　正則関数の種類はコーシー・リーマンの方程式によって強く制限されている．それが実感できる，典型的な例題を 3 つ紹介しよう．

> **例題 2.5（実部から虚部が決まる）**
> 関数 $u + vi = f(x+yi)$ は複素平面上で正則であり，実部が
> $$u = u(x,y) = y^3 - 3x^2 y$$
> をみたすものとする．このとき，虚部 $v = v(x,y)$ を定めよ．

解答　コーシー・リーマンの方程式 (2.9) より，

$$u_x = -6xy = v_y \tag{2.10}$$
$$u_y = 3y^2 - 3x^2 = -v_x \tag{2.11}$$

が成り立つ．式 (2.10) において v を y で積分すれば，$v = -3xy^2 + \phi(x)$ の形だとわかる．ただし，$\phi(x)$ は x だけの関数である．この式を x で偏微分すると $v_x = -3y^2 + \dfrac{d}{dx}\phi(x)$ となるから，式 (2.11) と比較して $\dfrac{d}{dx}\phi(x) = 3x^2$ を得る．よって $\phi(x)$ は C を実数の定数として $x^3 + C$ の形であり，求める $v = v(x,y)$ は

$$v = -3xy^2 + x^3 + C \qquad (C \in \mathbb{R})$$

の形であることが必要である．逆に v が上の形のとき，u, v は全平面で C^1 級であり，コーシー・リーマンの方程式 (2.9) をみたす．よって $f(z)$ は正則である[*19]．

この例題が示すように，<u>正則関数の実部（虚部）の形を決めると，虚部（実部）の形が（定数分の差を除いて）一意的に決まってしまう</u>．別の例も見てみよう．

例題 2.6（定数関数）
関数 $w = f(z)$ は正則関数とする．これを $u + vi = f(x + yi)$ と表したとき，実部 $u = u(x, y)$ が定数関数であれば，関数 $f(z)$ 自身も定数関数であることを示せ．

解答 関数 $u = u(x, y)$ が定数関数 $u = C \in \mathbb{R}$ であると仮定する．コーシー・リーマンの方程式 (2.9) より，$u_x = 0 = v_y$ かつ $u_y = 0 = -v_x$．命題 2.10 と同様の議論により，関数 $f(z)$ は定数関数である．

これより，つぎの命題を得る．

命題 2.11
2 つの正則関数 $f(z)$ と $g(z)$ の実部もしくは虚部が一致するならば，ある定数 C が存在し，$f(z) = g(z) + C$ をみたす．

証明 $h(z) := f(z) - g(z)$ が定数関数であることを示せばよい．$u + vi = h(x + yi)$ とおく．$f(z)$ と $g(z)$ の実部が一致するとき，$u = 0$（定数関数）であるから，例題 2.6 より，$h(z)$ は定数関数である．$f(z)$ と $g(z)$ の虚部が一致するときは $v = 0$（定数関数）であるから，例題 2.6 より $i h(z) = -v + ui$ が定数関数となる．よって $h(z)$ も定数関数である．

つぎの例題は，そもそも正則関数の実部（虚部）になれる 2 変数関数 $u = u(x, y)$ が限られていることを示唆している．

[*19] 実際，$f(x + yi) = y^3 - 3x^2 y + i(-3xy^2 + x^3 + C) = i\{(x + yi)^3 + C\}$ より $w = f(z)$ は $i(z^3 + C)$ $(C \in \mathbb{R})$ の形の多項式関数である．

> **例題 2.7（正則関数になりえない実部）**
> 関数 $u + vi = f(x + yi)$ の実部が $u = u(x, y) = x^2 + y^2$ をみたすとき，$f(z)$ は正則関数ではないことを示せ．

解答 背理法を用いる．$w = f(z)$ が正則だと仮定すると，コーシー・リーマンの方程式 (2.9) より，

$$u_x = 2x = v_y \tag{2.12}$$

$$u_y = 2y = -v_x \tag{2.13}$$

をみたす．例題 2.5 と同様の議論を用いると，式 (2.12) より $v = 2xy + \phi(x)$ の形でなくてはならないが，このとき $v_x = 2y + \dfrac{d}{dx}\phi(x)$ となり式 (2.13) に矛盾する． ∎

注意! 正則関数 $u + vi = f(x + yi)$ の実部 $u = u(x, y)$ と虚部 $v = v(x, y)$ が連続な 2 階偏導関数をもてば（すなわち，C^2 級関数（⇨付録 A）であれば），コーシー・リーマンの方程式 (2.9) より

$$u_{xx} + u_{yy} = (v_y)_x + (-v_x)_y = 0$$
$$v_{xx} + v_{yy} = (-u_y)_x + (u_x)_y = 0$$

が成り立つ．一般に，正則関数の実部もしくは虚部となりうる関数 $u = u(x, y)$ は無限回偏微分可能であり，

$$\boldsymbol{u_{xx} + u_{yy} = 0}$$

をみたすことが知られている．そのような関数を**調和関数**という．

2.7 微分係数とヤコビ行列（定理 2.8 の証明）

定理 2.8 を証明しよう．以下では 2 変数の微分積分学で学ぶ「偏微分」，「全微分」，「C^1 級関数」，「ヤコビ行列」を用いる（⇨付録 A，A.2 節）．

議論の最重要ポイントは，複素関数の微分係数をその「別名」であるベクトル値関数のヤコビ行列として読み替える部分である．コーシー・リーマンの方

程式は，そのヤコビ行列が定める線形写像が拡大と回転の作用を表すことを要求する．

微分可能性のヤコビ行列による特徴づけ　まず，関数 $w = f(z)$ の微分可能性を対応するベクトル値関数 $(u, v) = F(x, y) = \bigl(u(x, y), v(x, y)\bigr)$ の言葉で書き直してみよう．

> **定理 2.12（微分係数とヤコビ行列）**
> 領域 D 上の複素関数 $w = f(z)$ および D 上の点 $\alpha = a + bi$ に対し，つぎの（ア）と（イ）は互いに必要十分条件である．
>
> （ア）関数 $w = f(z)$ は $\alpha = a + bi$ で微分可能であり，
> $$f'(\alpha) = P + Qi.$$
>
> （イ）関数 $u + vi = f(x + yi)$ で定まる関数 $u = u(x, y)$ と $v = v(x, y)$ はそれぞれ (a, b) で全微分可能であり，そこでのヤコビ行列は
> $$\begin{pmatrix} u_x & u_y \\ v_x & v_y \end{pmatrix} \bigg|_{(x,y)=(a,b)} = \begin{pmatrix} P & -Q \\ Q & P \end{pmatrix}. \tag{2.14}$$

証明　まず，（ア）ならば（イ）であることを示す．

領域 D 上の関数 $w = f(z)$ は点 $\alpha \in D$ において微分可能であり，微分係数 $f'(\alpha) = A$ をもつと仮定する．ここで，式 (2.7) で定義した関数
$$\eta_\alpha(z) = \frac{f(z) - f(\alpha)}{z - \alpha} - A \qquad (z \neq \alpha) \tag{2.15}$$
を考えよう．式 (2.5) より，$f'(\alpha) = A$ であることは，$\eta_\alpha(z) \to 0 \, (z \to \alpha)$ であることといい換えられる．式 (2.15) の両辺に $z - \alpha \neq 0$ を掛けて整理すると，
$$f(z) - f(\alpha) = A(z - \alpha) + \underline{\eta_\alpha(z)(z - \alpha)}. \tag{2.16}$$
ここで，下線部は顕微鏡の中で見たときの，比例関数からの誤差にあたる項である．記号を簡単にするため，これを
$$E(z) := \eta_\alpha(z)(z - \alpha)$$

2.7 微分係数とヤコビ行列(定理 2.8 の証明)

と表すことにする.

式 (2.16) の各項を実部と虚部に分けて書き下そう. $z := x + yi$, $\alpha := a + bi$, $A := P + Qi$, $f(x + yi) := u(x,y) + v(x,y)i$ とおくと,

$$f(\alpha) = f(a+bi) = u(a,b) + v(a,b)i,$$
$$A(z - \alpha) = (P + Qi)\{(x + yi) - (a + bi)\}$$
$$= \{P(x-a) - Q(y-b)\} + i\{Q(x-a) + P(y-b)\},$$
$$E(z) = \operatorname{Re} E(z) + i \operatorname{Im} E(z).$$

ゆえに式 (2.16) の両辺の実部だけを取り出すと

$$u(x,y) - u(a,b) = P(x-a) - Q(y-b) + \operatorname{Re} E(z) \tag{2.17}$$

となる. $z \to \alpha$ のとき,すなわち $(x,y) \to (a,b)$ のとき,

$$\left|\frac{\operatorname{Re} E(z)}{\sqrt{(x-a)^2 + (y-b)^2}}\right| = \frac{|\operatorname{Re} E(z)|}{|z - \alpha|} \overset{\text{命題 2.2}}{\leq} \frac{|E(z)|}{|z - \alpha|} = |\eta_\alpha(z)| \to 0$$

であるから,実 2 変数関数 $u(x,y)$ は (a,b) において全微分可能である.とくに,全微分可能であれば偏微分可能であり(⇨付録 A,式 (A.2)),

$$u_x(a,b) = P, \qquad u_y(a,b) = -Q \tag{2.18}$$

が成り立つ.同様に,式 (2.16) の虚部は

$$v(x,y) - v(a,b) = Q(x-a) + P(y-b) + \operatorname{Im} E(z) \tag{2.19}$$

となり,これより $v(x,y)$ は (a,b) において全微分可能であることがわかる.また,

$$v_x(a,b) = Q, \qquad v_y(a,b) = P \tag{2.20}$$

が成り立つ.とくに,式 (2.18) と式 (2.20) よりベクトル値関数 $(u,v) = F(x,y) = (u(x,y), v(x,y))$ の (a,b) におけるヤコビ行列は

$$\begin{pmatrix} u_x & u_y \\ v_x & v_y \end{pmatrix}\bigg|_{(x,y)=(a,b)} = \begin{pmatrix} P & -Q \\ Q & P \end{pmatrix}$$

となり,式 (2.14) が得られた.以上で,(イ)が示された.

逆に(イ)が成り立てば,上の計算を逆にたどることで(ア)が得られる.

注意! 式 (2.17) と式 (2.19) を合わせて平面ベクトルとして表現すると,

$$\begin{pmatrix} u(x,y) \\ v(x,y) \end{pmatrix} - \begin{pmatrix} u(a,b) \\ v(a,b) \end{pmatrix} = \begin{pmatrix} P(x-a) - Q(y-b) \\ Q(x-a) + P(y-b) \end{pmatrix} + \begin{pmatrix} \operatorname{Re} E(z) \\ \operatorname{Im} E(z) \end{pmatrix}$$

$$= \begin{pmatrix} P & -Q \\ Q & P \end{pmatrix} \begin{pmatrix} x-a \\ y-b \end{pmatrix} + \begin{pmatrix} \operatorname{Re} E(z) \\ \operatorname{Im} E(z) \end{pmatrix}$$

となる.こうして導かれた行列が式 (2.14) のヤコビ行列である.その幾何学的な意味を理解するために,

$$X := x - a, \qquad Y := y - b,$$
$$U := u(x,y) - u(a,b), \quad V := v(x,y) - v(a,b)$$

とおくと,上の式は

$$\begin{pmatrix} U \\ V \end{pmatrix} = \begin{pmatrix} P & -Q \\ Q & P \end{pmatrix} \begin{pmatrix} X \\ Y \end{pmatrix} + [\text{誤差}]$$

の形である.(X,Y) と (U,V) はそれぞれ点 (a,b) と点 $(u(a,b), v(a,b))$ においた顕微鏡内の座標系と解釈されるから,これは式 (2.8) の平面ベクトルによるいい換えである.すなわち,複素数 $W = f(z) - f(\alpha)$ と $Z = z - \alpha$ の関係が比例関数 $W = AZ$ で近似されるということは,平面ベクトル (U,V) と (X,Y) の関係が式 (2.14) のヤコビ行列による線形写像で近似されるということに対応する.実際,$A = P + Qi \neq 0$ のとき $A = re^{i\theta}$ と極形式で表すと,

$$\begin{pmatrix} P & -Q \\ Q & P \end{pmatrix} = \begin{pmatrix} r\cos\theta & -r\sin\theta \\ r\sin\theta & r\cos\theta \end{pmatrix} = \begin{pmatrix} r & 0 \\ 0 & r \end{pmatrix} \begin{pmatrix} \cos\theta & -\sin\theta \\ \sin\theta & \cos\theta \end{pmatrix}$$

となるので,ヤコビ行列は拡大と回転を表す 2 つの行列(⇨付録 A,命題 A.3)の積であることがわかる.これは,複素数 $A = re^{i\theta}$ の掛け算が拡大と回転であることに対応する[20].

---

[20] 正則な複素関数を実 2 次元写像として見ると,ヤコビ行列(本来,実 4 次元分の自由度がある)が拡大・回転を表す行列(実 2 次元分の自由度しかない)に制限されてしまう.この意味で,平面から平面への実 2 次元写像の中で正則関数が特殊な存在であることがわかる.

定理 2.8 は定理 2.12 から簡単に導かれる.

証明(定理 2.8) (a) を仮定する. 関数 $w = f(z)$ は定義域 D 上で正則なので, 連続な導関数 $f'(z)$ をもつ. すなわち, D 内の点 α から微分係数 $f'(\alpha) = A = P + Qi$ への対応は連続関数である. よって, α からその実部 P, 虚部 Q への対応も連続関数である. 定理 2.12 の式 (2.14) より, $u = u(x,y)$, $v = v(x,y)$ の偏導関数は連続であり (すなわち u, v は C^1 級), しかもコーシー・リーマンの方程式 (2.9) をみたす. よって (b) が成り立つ. 逆に (b) を仮定すると, 定理 2.12 より $f(z)$ は各 $a + bi \in D$ で微分係数 $P + Qi = u_x(a,b) + v_x(a,b)i$ をもつ. u, v は C^1 級であるから, $f'(z)$ は D 上で連続である. よって $f(z)$ は D 上で正則であり, (a) が成り立つ. ∎

章末問題

☐ **2.1(平面集合の境界)** 複素平面の部分集合 X に対し, $\partial X = \partial(\mathbb{C} - X)$ を示せ.

☐ **2.2(三角不等式)** 命題 2.1 の不等式 (2.1) を示せ. また, $|z + w| = |z| + |w|$ となるための必要十分条件を与えよ.

☐ **2.3(比例関数)** 関数 $f(z)$ がすべての複素数 k に対し $f(kz) = kf(z)$ をみたすとき, $f(z) = Az$ (A は定数)の形であることを示せ.

☐ **2.4(微分係数の定義)** つぎの関数 $f(z)$ に対し, 定義にもとづいて微分係数 $f'(1)$ を (存在すれば) 求めよ.

(1) $f(z) = iz + z^2$ (2) $f(z) = 1/z^3$ (3) $f(z) = z - 2\bar{z}$

☐ **2.5(微分の公式)** つぎの関数の導関数を求めよ.

(1) $f(z) = iz + z^{10}$ (2) $f(z) = \dfrac{z}{z^2 - i}$ (3) $f(z) = (z^2 - i)^5$

☐ **2.6(三角関数の微分)** 指数関数 e^z が $(e^z)' = e^z$ をみたすことを既知として, 以下の公式を示せ.

(1) $(\sin z)' = \cos z$ (2) $(\cos z)' = -\sin z$

☐ **2.7（導関数の計算）** つぎの関数の導関数を求めよ．
  (1) $e^z \sin z$ (2) $z e^{\cos z}$ (3) $\tan z$ (4) $\cos(z + z^2)$

☐ **2.8（コーシー・リーマン）** つぎで与えられる関数 $f(z)$ に対し $u + vi = f(x + yi)$ とおくとき，定義可能な範囲でコーシー・リーマンの方程式が成り立つことを示せ．
  (1) $f(z) = z^3$ (2) $f(z) = 1/z$

☐ **2.9（正則性の判定）** つぎで定義される複素関数 $f(x + yi) = u(x,y) + v(x,y)i$ は複素平面上の正則関数であることを示し，導関数を求めよ．
  (1) $f(x + yi) = (2 - 2xy) + (x^2 - y^2)i$ (2) $f(x + yi) = e^{-y}(\cos x + i \sin x)$

☐ **2.10（正則関数の生成）** 複素関数 $f(x + yi) = (x^3 - 3xy^2) + v(x,y)i$ が正則関数であるとき，$v(x,y) = 3x^2 y - y^3 + C$（$C$ は実数の定数）となることを示せ．

☐ **2.11（微分不可能性）** 定理 2.12 を用いて，関数 $\mathrm{Re}\, z$, $\mathrm{Im}\, z$, $|z|$ はそれぞれ，複素平面上ですべての点において微分可能でないことを示せ．

☐ **2.12（ところにより微分可能）** $f(z) = \bar{z}^2$ とするとき，$f(z)$ は $z = 0$ で微分可能だが，$z \neq 0$ では微分可能でないことを示せ．

☐ **2.13（非正則性の判定 1）** 複素関数 $u + vi = f(x + yi)$ がつぎの形で与えられているとき，複素平面内のすべての領域で正則とならないことを示せ．
  (1) $(u, v) = (x, -y)$ (2) $(u, v) = (x, 2y)$
  (3) $(u, v) = (x^2 + y^2, 2xy)$ (4) $(u, v) = (e^x \cos y, -e^x \sin y)$

☐ **2.14（非正則性の判定 2）** つぎの関数は複素平面内のすべての領域で正則とならないことを示せ．
  (1) $f(z) = \overline{e^z}$ (2) $f(z) = |z|^2$ (3) $f(z) = z^2 + \bar{z}^2$

☐ **2.15（定数関数となる条件）** ある領域 D 上で定義された正則関数 $f(z)$ に対し，以下のいずれかをみたせば $f(z)$ は定数関数となることを示せ．
  (1) $\mathrm{Re}\, f(z)$ が定数関数   (2) $\mathrm{Im}\, f(z)$ が定数関数   (3) $|f(z)|$ が定数関数

☐ **2.16*** (コーシー・リーマンの複素形) $f(z)$ を正則関数とし，$z = x + yi$ とする．$f(z)$ の「x 偏導関数」および「y 偏導関数」を

$$f_x(x+yi) := \lim_{h \to 0} \frac{f((x+h)+yi) - f(x+yi)}{h}$$
$$f_y(x+yi) := \lim_{h \to 0} \frac{f(x+(y+h)i) - f(x+yi)}{h}$$

(ただし h は実数) と定義する．このとき，コーシー・リーマンの方程式 (2.9) は

$$\boldsymbol{f_y(z) \;=\; if_x(z)}$$

と同値 (必要十分条件) であることを示せ．

☐ **2.17*** (極形式のコーシー・リーマン) 原点を含まない領域 D 上の正則関数 $f(z)$ を考える．$z = re^{i\theta}$ ($r > 0$, θ は実数) とし，$u + vi = f(re^{i\theta})$, $u = u(r, \theta)$, $v = v(r, \theta)$ とする．

(1) 偏導関数 u_r, u_θ, v_r, v_θ が存在することを示せ．

(2) このとき，コーシー・リーマンの方程式 (2.9) は

$$\boldsymbol{u_r \;=\; \frac{v_\theta}{r}, \quad v_r \;=\; -\frac{u_\theta}{r}}$$

と同値 (必要十分条件) であることを示せ．

3 複素線積分

本章のあらまし

- 実関数の定積分を拡張したものとして，**複素線積分**を定義する．そのために，「積分区間」にあたる**滑らかな曲線**を定義する．
- 複素線積分の定義は**リーマン和**を用いた複雑なものであり，具体的な計算には向かない．そこで，**複素線積分を実関数の定積分に帰着させるための公式**を与える．
- 複素関数論のハイライト，**コーシーの積分定理**を示す．
- コーシーの積分定理から，豊富な応用をもつ**コーシーの積分公式**と **n 階導関数の積分公式**を証明する．
- n 階導関数の積分公式の応用として，**正則関数の導関数も正則関数**となることを示す．また，代数方程式の解の存在を保証する**代数学の基本定理**を示す．

3.1 複素関数の積分

積分とは何か　複素関数の積分を考える前に，実関数の定積分とは何か思い出しておこう．

連続な実関数 $y = f(x)$ $(a \leq x \leq b)$ に対し，積分

$$I = \int_a^b f(x)\,dx$$

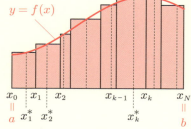

とは「$y = f(x)$ と $y = 0$ のグラフが囲む部分の符号つき面積」であった．正確には，つぎのように定義される．

区間 $[a, b]$ から分割点 $x_0, x_1, \cdots, x_N$ を

$$a = x_0 < x_1 < \cdots < x_{N-1} < x_N = b$$

となるように選び，さらに各閉区間 $[x_{k-1}, x_k]$ $(1 \leq k \leq N)$ から「代表点」とよばれる x_k^* を選ぶ．このとき定まる有限和（「リーマン和」という）

$$\sum_{k=1}^{N} f(x_k^*)(x_k - x_{k-1}) \tag{3.1}$$

は前ページの図のような短冊（細長い長方形）たちの符号つき面積の総和であり，求めたい積分の近似値だと考えられる．いま，区間の分割数 N を増やしながら短冊の幅 $|x_k - x_{k-1}|$ を一様に 0 に近づけるとき，式 (3.1) は（x_k や x_k^* の取り方によらず）ある実数に収束することが知られている．その値を積分 I と定めるのであった．

同じことを複素関数でやるのが，これから学ぶ「複素線積分」である．実数から複素数へと世界が広がった分，積分の「経路」にもかなり自由度が生じる．下の図は，その気分を表現したものである．

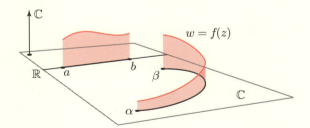

曲線　複素線積分は，積分される「複素関数」と積分する「経路」のペアによって定まる複素数である．まずは，「経路」となる複素平面内の曲線を定義しよう．

2つの連続な実関数 $x = x(t)$, $y = y(t)$ $(a \leq t \leq b)$ を選んだとき，複素平面上の動点 $z(t) = x(t) + y(t)\,i$ が定まる．実数 t にこのような複素数 $z = z(t)$ を対応させる関数を**曲線**という．ふつうは「曲線 C」といった名前をつけ，

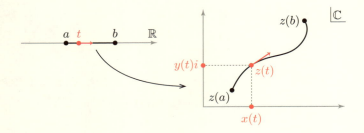

$$C: z = z(t) = x(t) + y(t)\,i \qquad (a \leq t \leq b) \qquad (3.2)$$

のように表す．式 (3.2) のことを曲線 C の**パラメーター表示**という．動点 $z(t)$ がある領域 D 内のみを動くとき，「領域 D 内の曲線 C」ともいう．また，点 $z(a)$ と $z(b)$ をそれぞれ曲線 C の**始点**と**終点**といい，これらを合わせて**端点**という．

　曲線とは，時刻 a に始点を出発し，時刻 b に終点へ到着する鉄道路線（たとえば新幹線）に似ている．私たちは，地面に固定されたレール（線路）ではなく，その上を決められた時刻に通る列車たちを曲線と定義したのである．この意味で，パラメーター表示におけるパラメーター t の値を**時刻**ともいう（時刻は負の数でもかまわない）．

注意！ 曲線 C が定める動点 $z = z(t)$ の軌跡

$$\{z(t) \in \mathbb{C} \mid a \leq t \leq b\}$$

も**(集合としての)曲線 C** とよぶことがある．

例1（線分） 曲線

$$C_1: z = z(t) = (1+i)\,t \qquad (-1 \leq t \leq 1)$$

は始点 $-(1+i)$ と終点 $1+i$ を結ぶ線分上の動点を表す．出発時刻は $t = -1$，到着時刻は $t = 1$ である（次ページの図左）．

　一般に，2つの複素数 α と $\omega \neq 0$ に対し

$$z = z(t) = \alpha + \omega\,t \qquad (a \leq t \leq b) \qquad (3.3)$$

の形でパラメーター表示される曲線は線分上の動点を定める（下図右）．

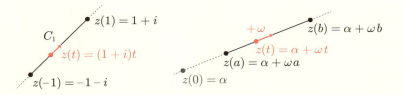

例 2（円） 曲線

$$C_2 : z = z(t) = e^{it} \qquad (0 \leq t \leq 2\pi)$$

は単位円上を反時計回りに 1 周する動点を表す．始点と終点はともに $z=1$ である．

一般に，複素数 α と正の数 $r>0$ に対し，

$$\boldsymbol{z = z(t) = \alpha + re^{it} \qquad (0 \leq t \leq 2\pi)} \tag{3.4}$$

の形でパラメーター表示される曲線は，中心 α，半径 r の円 $C(\alpha, r)$ を反時計回りに 1 周する動点を表す（例 4 の図も参照）．

以後，円 $C(\alpha, r)$ はつねに式 (3.4) のようなパラメーター表示をもつ曲線と解釈する．

向き 鉄道には，同じ路線でも「上り」と「下り」の違いがある．同様に，曲線 C にもパラメーター t の増加方向に対応する**向き**を合わせて考えることにする．

たとえば，曲線 $C : z = z(t) \ (a \leq t \leq b)$ に対し，

$$C' : z = z\bigl((a+b) - t\bigr) \qquad (a \leq t \leq b)$$

とおくと，これは C が定める集合としての曲線を逆向きに移動する動点を表す．このような曲線 C' を $-C$ と表す．

滑らかな曲線 曲線 $C : z = z(t) = x(t) + y(t)i \ (a \leq t \leq b)$ を与える実関数 $x(t), y(t)$ がパラメーター t に関して微分可能であるとき，各 t に対して極限

$$\frac{dz}{dt}(t) := \lim_{\Delta t \to 0} \frac{z(t+\Delta t) - z(t)}{\Delta t} \tag{3.5}$$

$$= \lim_{\Delta t \to 0} \frac{x(t+\Delta t) - x(t)}{\Delta t} + i \lim_{\Delta t \to 0} \frac{y(t+\Delta t) - y(t)}{\Delta t}$$

$$= \frac{dx}{dt}(t) + i \frac{dy}{dt}(t)$$

が定まる．この値を曲線 C の時刻 t における速度という[*1]．パラメーター t による微分 (d/dt) は複素関数の微分 (d/dz) と区別するために

$$\dot{z}(t) := \frac{dz}{dt}(t), \quad \dot{x}(t) := \frac{dx}{dt}(t), \quad \dot{y}(t) := \frac{dy}{dt}(t)$$

のように表すと便利である[*2]．すなわち，$\dot{z}(t) = \dot{x}(t) + \dot{y}(t)\,i$ と表す．

導関数 $\dot{x}(t)$ と $\dot{y}(t)$ が区間 $[a, b]$ 上で連続であり，速度 $\dot{z}(t)$ が 0 にならないとき，曲線 C は滑らかな曲線であるという．

例3（線分） 例1の曲線 C_1 の速度を考えよう．$z(t) = t + t\,i, x(t) = y(t) = t$ とおけば，

$$\dot{z}(t) = \dot{x}(t) + \dot{y}(t)\,i = \frac{d}{dt}t + \left(\frac{d}{dt}t\right)i = 1 + i.$$

とくに $\dot{z}(t) \neq 0$ であり，C_1 は滑らかな曲線である．

より一般に，複素数 α と $\omega \neq 0$ に対し，線分を表す $z(t) = \alpha + \omega t\ (a \leq t \leq b)$ の速度は一定値 ω なので，滑らかな曲線だといえる． □

例4（円） 例2で与えた円 $C(\alpha, r)$ のパラメーター表示 $z = z(t) = \alpha + r\,e^{it}$ の速度を計算してみよう．$\alpha = p + q\,i$ とおくと，

$$z(t) = \alpha + r\,e^{it} = (p + r\cos t) + i\,(q + r\sin t)$$

であるから，$x(t) = p + r\cos t,\ y(t) = q + r\sin t$ とおいて

[*1] 曲線の端点では片側極限を用いて速度を定義する．たとえば始点 $t = a$ では曲線 C の速度を $\displaystyle\lim_{\Delta t \to a+0} \frac{z(t+\Delta t) - z(t)}{\Delta t}$ として定義する．

[*2] 記号 $\dot{z}(t), \dot{x}(t)$ は「z ドット」「x ドット」のように読む．ニュートン以来，物理学でよく用いられる記法である．

$$\dot{z}(t) = \dot{x}(t) + \dot{y}(t)\,i$$
$$= \frac{d}{dt}\{p + r\cos t\} + i\frac{d}{dt}\{q + r\sin t\}$$
$$= -r\sin t + ir\cos t$$
$$= ir\,e^{it} \neq 0.$$

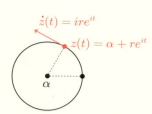

よって,円 $C(\alpha, r)$ は滑らかな曲線となる. □

注意! 滑らかな曲線 $C: z = z(t)\ (a \leq t \leq b)$ の各点には,必ず接線が存在する.実際,時刻 t_0 での速度を $\omega := \dot{z}(t_0) \neq 0$ とし $\Delta t \approx 0$ とするとき,速度の定義式 (3.5) より

$$\omega \approx \frac{z(t_0 + \Delta t) - z(t_0)}{\Delta t} \iff z(t_0 + \Delta t) \approx z(t_0) + \omega\,\Delta t$$

が成り立つ. $t = t_0 + \Delta t$ とおいて整理すると

$$z(t) \approx z(t_0) + \omega\,(t - t_0) = \bigl(z(t_0) - \omega\,t_0\bigr) + \omega\,t.$$

これは,動点 $z(t)$ の軌跡が $t \approx t_0$ のとき速度 ω の線分(式 (3.3))のように見えることを示している.

一方,曲線が速度 0 になるような点をもつとき,そこでは好きな方向へと「方向転換」ができてしまう.たとえば,$z = z(t) = t^3 + |t|^3\,i\ (-1 \leq t \leq 1)$ の速度 $\dot{z}(t)$ は t に関して連続に変化するが,時刻 $t = 0$ で $\dot{z}(0) = 0$ となり,曲線は直角に曲がる.

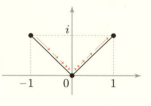

曲線の分割 曲線 $C: z = z(t)\,(a \leq t \leq b)$ に対し,有限個の時刻からなる数列 $\{t_0, t_1, \cdots, t_N\}$ (この場合 $N + 1$ 個)が

$$a = t_0 < t_1 < \cdots < t_{N-1} < t_N = b$$

をみたすように与えられているとき,この列を時刻の分割といい,各 $t_k\ (0 \leq k \leq N)$ を時刻の分割点という.この時刻の分割が定める曲線 C 上の点列

$$\{z_0 = z(t_0), z_1 = z(t_1), \cdots, z_N = z(t_N)\}$$

を曲線 C の**分割**といい，各 z_k $(0 \leq k \leq N)$ を曲線 C の**分割点**という[*3]．分割点 z_{k-1} と z_k $(1 \leq k \leq N)$ を端点とする曲線を

$$C_k : z = z(t) \qquad (t_{k-1} \leq t \leq t_k)$$

とするとき，形式的に和の形で

$$C = C_1 + C_2 + \cdots + C_N$$

と表す．この式も曲線 C の**分割**という．

曲線 $C : z = z(t)$ $(a \leq t \leq b)$ が**区分的に滑らか**であるとは，上のような分割をうまく選んで，C_k $(1 \leq k \leq N)$ がすべて滑らかな曲線になるようにできることをいう[*4]．たとえば，つぎの図のように有限個の点で方向転換を許したものである．

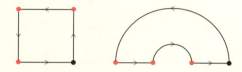

曲線の長さ　微分積分学によれば，滑らかな曲線 $C : z = z(t) = x(t) + y(t)i$ $(a \leq t \leq b)$ の**長さ（道のり）** $\ell(C)$ は

$$\ell(C) := \int_a^b \sqrt{\{\dot{x}(t)\}^2 + \{\dot{y}(t)\}^2}\, dt \qquad (3.6)$$

で与えられるのであった．曲線 C が区分的に滑らかである場合も，有限個の滑らかな曲線に分割し，それぞれの長さの和を $\ell(C)$ として定めることができる．

複素線積分とリーマン和　とくに断らない限り，以下で扱う曲線はすべて区分的に滑らかであると仮定する．

[*3] 曲線 C は特急列車であり，途中の駅をすべて通過する．それぞれの駅 $z_k := z(t_k)$ の通過時刻が t_k だと考えればよい．ただし，曲線は自己交差する可能性があるので，異なる j と k において $z_j = z_k$ となってもよい．

[*4] 滑らかな曲線は区分的に滑らかである（$N = 1$ とすればよい）．

滑らかな曲線 $C : z = z(t)$ $(a \leq t \leq b)$ と，C を含む領域上で定義された連続関数 $f(z)$ が与えられているとする．このとき，「関数 $f(z)$ の曲線 C に沿った積分」をつぎの手順により定める．

(1) 曲線 C の分割 $\{z_k = z(t_k)\}_{k=0}^{N}$ を選ぶ．
(2) 各 $k = 1, \cdots, N$ に対し，パラメーターの閉区間 $[t_{k-1}, t_k]$ から時刻の代表点 t_k^* を選び，曲線 C の代表点 $z_k^* := z(t_k^*)$ を定める．
(3) このとき，連続関数 $f(z)$，分割点 $\{z_k\}_{k=0}^{N}$，代表点 $\{z_k^*\}_{k=1}^{N}$ が定める量

$$\sum_{k=1}^{N} f(z_k^*) (z_k - z_{k-1}) \tag{3.7}$$

を**リーマン和**という．

(4) 時刻の分割点の幅 $|t_k - t_{k-1}|$ が k によらず一様に 0 へ近づくように分割を取り替えていくとき，リーマン和は（代表点の取り方によらず）ある複素数 I に限りなく近づく（定理 3.1 で正当化する）．

この複素数 I を関数 $f(z)$ の曲線 C に沿った**積分**もしくは**複素線積分**といい，

$$\int_C f(z)\,dz$$

と表す．また，曲線 C をこの積分における**積分路**といい，関数 $f(z)$ を**被積分関数**という．

> **注意！** 実関数の定積分におけるリーマン和は「短冊の符号つき面積和」であったが，複素線積分におけるリーマン和はいわば「複素短冊の複素面積和」である．次ページの図は，それが一定の値に収束していく様子を感覚的に表現したものである．

つぎの定理は，(4) において積分値 $I = \int_C f(z)\,dz$ が定まる根拠を与えるものである（証明には ε-δ 論法を用いるので，付録 B で与える）．

> **定理 3.1（リーマン和の収束）**
> 滑らかな曲線 $C : z = z(t)$ $(a \leq t \leq b)$ とその上で連続な複素関数 $f(z)$ に対し，以下の性質をもつ複素数 I が存在する．

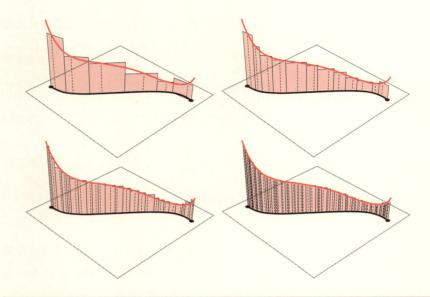

> 任意に小さい正の数 ε に対し,ある十分に小さな正の数 $\delta = \delta(\varepsilon)$ が存在し,曲線 C の時刻の分割 $\{t_k\}_{k=0}^{N}$ が条件
>
> $$\max_{1 \le k \le N} |t_k - t_{k-1}| < \delta \tag{3.8}$$
>
> をみたすとき,曲線 C の分割点 $\{z_k = z(t_k)\}_{k=0}^{N}$ が定めるリーマン和(式 (3.7))は代表点 $\{z_k^*\}_{k=1}^{N}$ のとり方によらず複素数 I を誤差 ε 未満の精度で近似する.すなわち,
>
> $$\left| I - \sum_{k=1}^{N} f(z_k^*)(z_k - z_{k-1}) \right| < \varepsilon. \tag{3.9}$$

注意! この定理より,時刻の分割を十分に細かくとった上で,リーマン和を複素線積分の近似値とみなし,数値計算に用いることができる.

複素線積分の性質 つぎの公式は複素線積分の定義と定理 3.1 から導かれる.証明は実関数の定積分の場合と同じである(章末問題 3.1).

> **公式 3.2（複素線積分の性質）**
> 曲線 C とその上で連続な複素関数 $f(z)$, $g(z)$ に対し，つぎが成り立つ．
>
> (1) 複素数 α, β に対し，
> $$\int_C \{\alpha f(z) + \beta g(z)\}\, dz = \alpha \int_C f(z)\, dz + \beta \int_C g(z)\, dz.$$
>
> (2) $C = C_1 + C_2$ と分割されるとき，
> $$\int_C f(z)\, dz = \int_{C_1} f(z)\, dz + \int_{C_2} f(z)\, dz.$$
>
> (3) $\displaystyle\int_{-C} f(z)\, dz = -\int_C f(z)\, dz.$

絶対値の評価式　区分的に滑らかな曲線 $C: z = z(t)$ $(a \leq t \leq b)$ には長さ（道のり）$\ell(C)$ が定まるのであった．つぎの公式は積分の絶対値の上限を与えるもので，たいへん使い勝手がよい．

> **公式 3.3（$M\ell$ 不等式）**
> 曲線 C 上で $|f(z)| \leq M$ をみたす連続関数 $f(z)$ に対し，
> $$\left| \int_C f(z)\, dz \right| \leq M\ell(C). \tag{3.10}$$

本書ではこの不等式 (3.10) を **$M\ell$（エムエル）不等式**とよぶ．

証明　曲線 C の任意の分割点 $\{z_k\}_{k=0}^N$ と代表点 $\{z_k^*\}_{k=1}^N$ に対し，式 (3.7) のように定まるリーマン和を S とする．三角不等式（命題 2.1）と C 上 $|f(z)| \leq M$ であることから，

$$|S| = \left| \sum_{k=1}^N f(z_k^*)(z_k - z_{k-1}) \right| \overset{\text{三角不等式}}{\leq} \sum_{k=1}^N |f(z_k^*)||z_k - z_{k-1}| \leq M \sum_{k=1}^N |z_k - z_{k-1}|$$

が成り立つ．ここで $\sum_{k=1}^{N}|z_k - z_{k-1}|$ は曲線 C の分割点をつぎつぎに結んだ折れ線の長さだから，曲線 C の長さ $\ell(C)$ 以下である．したがって，$|S| \leq M\ell(C)$ が成り立つ．

以上をふまえ，式 (3.10) を背理法で示そう．積分値 $I = \int_C f(z)\,dz$ が不等式 $M\ell(C) < |I|$ をみたすと仮定する．このとき，任意のリーマン和 S に対し $|S| \leq M\ell(C) < |I|$ となるが，分割点の間隔を十分に小さくすれば S の値は I にいくらでも近くなる（積分の定義，あるいは定理 3.1）ので，これは矛盾である．よって $|I| \leq M\ell(C)$ が成り立つ． ∎

3.2 複素線積分の計算

複素線積分の計算公式　複素線積分は実関数の定積分の自然な拡張であり，直観的に受け入れやすいものだが，積分の値を定義から直接計算することは難しい[*5]．そこで，つぎの公式を用いて実関数の定積分へと帰着させる[*6]．

> **公式 3.4（積分の計算公式）**
> 滑らかな曲線 $C: z = z(t)$ $(a \leq t \leq b)$ 上で連続な関数 $f(z)$ に対し，
> $$\int_C f(z)\,dz = \int_a^b f(z(t))\,\dot{z}(t)\,dt. \tag{3.11}$$

式 (3.11) の右辺はつぎのように計算される複素数である．まず曲線 $C: z = z(t)$ $(a \leq t \leq b)$ を実部と虚部に分けて $z(t) = x(t) + y(t)i$ と表し，さらに複素関数 $f(z)$ も実部と虚部に分けて $f(x+yi) = u(x,y) + v(x,y)i$ と表すと，

$$\begin{aligned}
f(z(t)) \cdot \dot{z}(t) &= \{u(x(t),y(t)) + v(x(t),y(t))i\}\{\dot{x}(t) + \dot{y}(t)i\} \\
&= \{u(x(t),y(t))\,\dot{x}(t) - v(x(t),y(t))\,\dot{y}(t)\} \\
&\quad + i\{u(x(t),y(t))\,\dot{y}(t) + v(x(t),y(t))\,\dot{x}(t)\}
\end{aligned}$$

[*5] もちろんリーマン和を近似値とみなして，数値計算には使える．
[*6] 実用上は，この公式が滑らかな曲線上での複素線積分の定義だと考えてもよい．

と書き直すことができる．この式の実部と虚部はそれぞれ t の連続関数であるから，t について a から b まで積分して

$$\int_a^b f(z(t))\,\dot{z}(t)\,dt$$
$$:= \int_a^b \{u(x(t),y(t))\,\dot{x}(t) - v(x(t),y(t))\,\dot{y}(t)\}\,dt$$
$$+ i\int_a^b \{u(x(t),y(t))\,\dot{y}(t) + v(x(t),y(t))\,\dot{x}(t)\}\,dt$$

と定めるのである．また，実 2 変数関数の線積分の記号（⇨ 付録 A，式 (A.6)）を用いて

$$\int_C f(z)\,dz = \int_C (u\,dx - v\,dy) + i\int_C (v\,dx + u\,dy) \tag{3.12}$$

とも表される．ただし，右辺の 2 つの積分では，曲線 C を xy 平面内の曲線 $(x(t),y(t))$ $(a \le t \le b)$ とみなしている．

> **注意！** 公式 3.4 の証明は ε-δ 論法を用いたデリケートな議論を要するので，定理 3.1 の証明と一緒に付録 B の B.2 節で与えることにする．ここでは，その本質的なアイディアだけを説明しておこう．
>
> 曲線 C 上で連続な関数 $f(z)$ の C に沿った積分はリーマン和によって「代表点によらず，任意の精度で」近似される．曲線 C の分割点 $\{z_k = z(t_k)\}_{k=0}^N$ を十分に間隔が小さくなるように選び，代表点 z_k^* としてとくに z_{k-1} を選ぶと，近似式として
>
> $$\int_C f(z)\,dz \approx \sum_{k=1}^N f(z_{k-1})(z_k - z_{k-1}) \tag{3.13}$$
>
> が成り立つ．いま，時刻の分割点 $\{t_k\}_{k=0}^N$ の間隔も十分に小さいので，時刻 $t = t_{k-1}$ における動点 $z = z(t)$ の速度は
>
> $$\dot{z}(t_{k-1}) \approx \frac{z(t_k) - z(t_{k-1})}{t_k - t_{k-1}}$$
>
> と近似される．すなわち，

$$z_k - z_{k-1} = z(t_k) - z(t_{k-1}) \approx \dot{z}(t_{k-1})(t_k - t_{k-1}).$$

したがって，式 (3.13) の右辺に続いて，

$$\approx \sum_{k=1}^{N} f(z(t_{k-1})) \dot{z}(t_{k-1})(t_k - t_{k-1}) \approx \int_a^b f(z(t)) \dot{z}(t) dt \quad (3.14)$$

という近似が成り立つ．時刻の分割点の間隔を一様に 0 に近づけることで，これらの近似式の誤差はいくらでも小さくできるから，式 (3.13) 左辺の積分と式 (3.14) 右辺の定積分の値は一致する．

例5（線分上の積分） 関数 $f(z) = z^2$ に対し，例1の曲線 $C_1 : z = z(t) = (1+i)t$ $(-1 \leq t \leq 1)$ に沿った積分を計算してみよう．例3より $\dot{z}(t) = 1+i$ であるから，公式 3.4 より

$$\begin{aligned}
\int_{C_1} z^2 \, dz &= \int_{-1}^{1} \{z(t)\}^2 \cdot \dot{z}(t) \, dt \quad \Leftarrow \text{公式 3.4} \\
&= \int_{-1}^{1} \{(1+i)t\}^2 \cdot (1+i) \, dt \\
&= (1+i)^3 \int_{-1}^{1} t^2 \, dt = \frac{2(1+i)^3}{3}.
\end{aligned}$$

積分路のパラメーターの取り替え 鉄道では，同じ路線でも上り・下りの違い，出発時刻の違い，普通列車や特急列車の違いがある．それでも，使うレール（線路）は同じであるし，上り・下りが同じであれば，通る駅の順序も同じである．曲線においてそのような差異を表現してみよう．

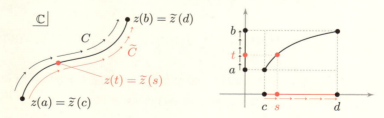

いま，曲線 $C : z = z(t)$ $(a \leq t \leq b)$ は滑らかであるとする．実関数 $t = t(s)$ $(c \leq s \leq d)$ は $a = t(c), b = t(d)$ をみたし，導関数 $\dfrac{dt}{ds}(s)$ は連続かつ正の値をとるものとする（上図右）．このとき，s をパラメーターとする曲線

$$\widetilde{C}: \widetilde{z} = \widetilde{z}(s) := z(t(s)) \qquad (c \leq s \leq d)$$

は滑らかであり，曲線 C と同じ軌跡を定める．動点 $z(t)$ と $\widetilde{z}(s)$ はその軌跡上の点を同じ順序で通過するが，通過する時刻と速度は異なる．曲線 C からこのような曲線 $\widetilde{C}$ を得る操作を**パラメーターの取り替え**という．このとき，つぎが成り立つ．

> **命題 3.5**
>
> 滑らかな曲線 C を定義域に含む任意の連続関数 $f(z)$ に対し，
> $$\int_C f(z)\,dz = \int_{\widetilde{C}} f(z)\,dz.$$
> すなわち，曲線のパラメーターの取り替えは積分の値を変えない．

証明 $\dfrac{d\widetilde{z}}{ds}(s) = \dfrac{d}{ds}z(t(s)) = \dfrac{dz}{dt}(t(s)) \cdot \dfrac{dt}{ds}(s)$ が成り立つことに注意すると，

$$\int_C f(z)\,dz = \int_a^b f(z(t)) \cdot \frac{dz}{dt}(t)\,dt \qquad \text{← 公式 3.4}$$
$$= \int_c^d f(z(t(s))) \cdot \frac{dz}{dt}(t(s)) \cdot \frac{dt}{ds}(s)\,ds$$
$$= \int_c^d f(\widetilde{z}(s)) \cdot \frac{d\widetilde{z}}{ds}(s)\,ds$$
$$= \int_{\widetilde{C}} f(z)\,dz.$$
∎

この命題から，複素線積分の値に着目する限り，積分路としての曲線 C と曲線 $\widetilde{C}$ に違いはなく，区別は不要だといえる．そこで，複素線積分の計算では，曲線 C という名前はそのままで，計算しやすいように適宜パラメーターの取り替えを行うものとする．

パラメーターによる微分・積分 複素線積分の具体的な計算に入る前に，複素関数の時間パラメーターに関する微分と定積分の計算方法をまとめておこう（ようするに，実関数と同じように計算してよいことを確認する）．

以下，$h(t)$ は $a \leq t \leq b$ をみたす実数 t に複素数 $h(t) = p(t) + q(t)i$ （ただし，$p(t)$ と $q(t)$ は連続な実関数）を対応させる関数とする．また，関数 $h(t)$

が微分可能であるとは，導関数 $\dot{h}(t) = \dot{p}(t) + \dot{q}(t)i$ $(a \leq t \leq b)$ が存在することをいう．このような関数 $h(t)$ は速度 $\dot{h}(t)$ をもつ曲線を定める（ただし，条件 $\dot{h}(t) \neq 0$ は仮定しないので，滑らかな曲線になるとは限らない）．

まず正則関数との合成関数に限れば，つぎの公式が成り立つ．

命題 3.6（合成関数の微分）
関数 $f(z)$ は領域 D 上で正則であり，関数 $h(t)$ $(a \leq t \leq b)$ は微分可能かつ $h(t) \in D$ をみたすものとする．このとき，
$$\frac{d}{dt}f(h(t)) = f'(h(t)) \cdot \dot{h}(t) \left(= \frac{df}{dz}(h(t)) \cdot \frac{dh}{dt}(t) \right).$$

注意！ 幾何学的には，「動点としての $h(t)$ がある点 α を通るときの速度を ω，$f'(\alpha)$ の値を A とするとき，動点としての $f(h(t))$ の速度は $A\omega$ となる」という意味である．$f(z)$ が正則でない場合，この公式は一般に成り立たない．

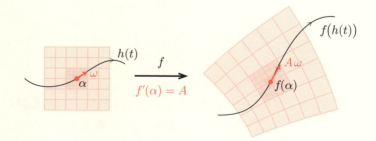

証明 任意の時刻 $\tau \in [a, b]$ を固定し，$\alpha := h(\tau)$, $\omega := \dot{h}(\tau)$, $A := f'(\alpha)$ とする．関数 $h(t)$ は微分可能なので，
$$r(t) := \frac{h(t) - h(\tau)}{t - \tau} - \omega \quad (t \neq \tau)$$
とおくと，$t \to \tau$ のとき $r(t) \to 0$ であり，
$$h(t) - h(\tau) = (\omega + r(t))(t - \tau) \tag{3.15}$$

が成り立つ．同様に，正則関数 $f(z)$ は α において（複素関数の意味で）微分可能であり，

$$R(z) := \frac{f(z) - f(\alpha)}{z - \alpha} - A \qquad (z \neq \alpha)$$

かつ $R(\alpha) := 0$ とおくと，$z \to \alpha$ のとき $R(z) \to 0$ であり，

$$f(z) - f(\alpha) = \{A + R(z)\}(z - \alpha) \tag{3.16}$$

が成り立つ．いま $z = h(t)$, $\alpha = h(\tau)$ を式 (3.16) に代入し，さらに式 (3.15) を代入し整理すると

$$\begin{aligned} f(h(t)) - f(h(\tau)) &= \{A + R(h(t))\}(h(t) - h(\tau)) \\ &= \{A + R(h(t))\}(\omega + r(t))(t - \tau). \end{aligned}$$

よって

$$\frac{f(h(t)) - f(h(\tau))}{t - \tau} = \{A + R(h(t))\}(\omega + r(t)). \tag{3.17}$$

$t \to \tau$ のとき $r(t) \to 0$ であり，$h(t) \to h(\tau) = \alpha$ であるから，$R(h(t)) \to 0$ も成り立つ．よって式 (3.17) は $A\omega = f'(h(\tau))\dot{h}(\tau)$ に収束する． ∎

命題 3.6 を応用してみよう．

例題 3.1（パラメーターに関する合成関数の微分）

$A \neq 0$ と B を複素数，m を整数とするとき，つぎを示せ．

(1) $\dfrac{d}{dt}(At+B)^m = mA(At+B)^{m-1}$ 　　(2) $\dfrac{d}{dt}e^{At} = Ae^{At}$

A や B が実数であればあたりまえの公式だが，複素数でも正しいのである．

解答 (1) $f(z) = z^m$, $h(t) = At + B$ とおいて命題 3.6 を適用すれば，$f'(z) = mz^{m-1}$, $\dot{h}(t) = A$ より $\dfrac{d}{dt}(At+B)^m = m(At+B)^{m-1} \cdot A$.

(2) $f(z) = e^z$, $h(t) = At$ とおいて命題 3.6 を適用すれば，$f'(z) = e^z$, $\dot{h}(t) = A$ より $\dfrac{d}{dt}e^{At} = e^{At} \cdot A$. ∎

定積分の定義 関数 $h(t)$ は $a \leq t \leq b$ をみたす実数 t に複素数 $h(t) = p(t) + q(t)i$（ただし，$p(t)$ と $q(t)$ は連続な実関数）を対応させるものとする．

このとき，関数 $h(t)$ の定積分を

$$\int_a^b h(t)\,dt := \int_a^b p(t)\,dt + i\int_a^b q(t)\,dt$$

と定義する．これは式 (3.11) 右辺の積分の定義を一般化したものである．

まず，実関数の定積分と同様につぎの不等式が成り立つことを確認しよう．

> **公式 3.7（定積分の絶対値）**
> 関数 $h(t)$ $(a \leq t \leq b)$ に対し，
> $$\left|\int_a^b h(t)\,dt\right| \leq \int_a^b |h(t)|\,dt. \tag{3.18}$$

証明 $I := \int_a^b h(t)\,dt$ とおく．$I = 0$ のとき式 (3.18) は明らかなので，$I \neq 0$ と仮定する．いま実数 θ を任意にとるとき，

$$\begin{aligned}
\operatorname{Re}\left(\int_a^b e^{-i\theta} h(t)\,dt\right) &= \int_a^b \operatorname{Re}\left(e^{-i\theta} h(t)\right) dt \\
&\leq \int_a^b \left|e^{-i\theta} h(t)\right| dt \quad \text{← 命題 2.2, 式 (2.3)} \\
&= \int_a^b |h(t)|\,dt.
\end{aligned}$$

ここで $\theta = \arg I$（すなわち $I = |I|e^{i\theta}$）とすれば，

$$|I| = \operatorname{Re}|I| = \operatorname{Re}(e^{-i\theta} I) = \operatorname{Re}\left(\int_a^b e^{-i\theta} h(t)\,dt\right)$$

なので，式 (3.18) を得る． ∎

さらに，「微分積分学の基本定理」も実関数の定積分と同様に成り立つ．

> **命題 3.8（微分積分学の基本定理）**
> 関数 $H(t)$ $(a \leq t \leq b)$ が $\dot{H}(t) = h(t)$ をみたすとき，
> $$\int_a^b h(t)\,dt = \Big[\,H(t)\,\Big]_a^b = H(b) - H(a).$$

証明 $H(t)$ と $h(t)$ を実部と虚部に分けて $H(t) = P(t) + iQ(t)$, $h(t) = p(t) + iq(t)$ と表したとき,$\dot{H}(t) = h(t)$ より $\dot{P}(t) = p(t), \dot{Q}(t) = q(t)$ が成り立つ.このとき,実関数の「微分積分学の基本定理」より,

$$\int_a^b h(t)\,dt = \int_a^b p(t)\,dt + i\int_a^b q(t)\,dt = \Big[\,P(t)\,\Big]_a^b + i\Big[\,Q(t)\,\Big]_a^b$$
$$= \{P(b) - P(a)\} + i\{Q(b) - Q(a)\}$$
$$= \{P(b) + iQ(b)\} - \{P(a) + iQ(a)\} = H(b) - H(a).\ \blacksquare$$

命題 3.8 に例題 3.1 での結果を適用して,つぎの例題を解いてみよう.

例題 3.2（パラメーターに関する定積分）
m を -1 でない整数,a と b を実数,$A \neq 0$ と B を複素数とする.このとき,つぎの定積分を計算せよ.

(1) $\displaystyle\int_a^b (At + B)^m\,dt$ \qquad (2) $\displaystyle\int_a^b e^{At}\,dt$

解答 (1) 例題 3.1 の (1) より,

$$\int_a^b (At + B)^m\,dt = \left[\,\frac{(At + B)^{m+1}}{A(m+1)}\,\right]_a^b = \frac{(Ab + B)^{m+1} - (Aa + B)^{m+1}}{A(m+1)}.$$

(2) 例題 3.1 の (2) より,

$$\int_a^b e^{At}\,dt = \left[\,\frac{e^{At}}{A}\,\right]_a^b = \frac{1}{A}\left(e^{Ab} - e^{Aa}\right).\ \blacksquare$$

注意！ これらの定積分は $A \neq 0$ と B が実数の場合はあたりまえの結果だが,それが複素数に対しても正当化できたのである.

円上の積分 円 $C(\alpha, r): z = \alpha + r e^{it}$ $(0 \leq t \leq 2\pi)$ に対し,つぎが成り立つ.

公式 3.9（基本公式 1）
m を整数,$C = C(\alpha, r)$ とするとき,つぎが成り立つ.

$$\begin{cases} \displaystyle\int_C \frac{1}{z-\alpha}\,dz = 2\pi i \\ \displaystyle\int_C (z-\alpha)^m\,dz = 0 \quad (m \ne -1) \end{cases}$$

とくに，<u>これらの積分値は円の半径 r によらない</u>．

これはもっとも重要な複素線積分のひとつであるから，計算方法も含めてマスターしておきたい．

証明 例 4 より，円のパラメーター表示 $z(t) = \alpha + re^{it}$ $(0 \le t \le 2\pi)$ の速度は $\dot{z}(t) = ire^{it}$ となる．よって公式 3.4 より，

$$\int_C (z-\alpha)^m\,dz = \int_0^{2\pi} (re^{it})^m \cdot (ire^{it})\,dt \quad \text{← 公式 3.4}$$
$$= ir^{m+1}\int_0^{2\pi} e^{(m+1)ti}\,dt.$$

$m = -1$ を代入すると，

$$\int_C \frac{1}{z-\alpha}\,dz = i\int_0^{2\pi} 1\cdot dt = 2\pi i.$$

$m \ne -1$ のとき，例題 3.2(2) より

$$\int_C (z-\alpha)^m\,dz = ir^{m+1}\left[\frac{1}{(m+1)i}e^{(m+1)ti}\right]_0^{2\pi} = 0.$$

積分路への依存性 次節で「コーシーの積分定理」を述べる前の準備として，複素線積分が積分路にどのように依存するのか，例題を通じて調べてみよう．

始点 $z = -1$ から終点 $z = 1$ に進む曲線 C_j $(j = 1, 2, 3)$ を以下のように定める (図)．

- C_1 : $z = z(t) = t$ $(-1 \le t \le 1)$
- C_2 : $z = z(t) = e^{(\pi-t)i}$ $(0 \le t \le \pi)$
- C_3 : $z = z(t) = t + (|t|-1)i$
  $\qquad (-1 \le t \le 1)$

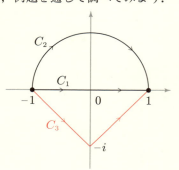

例題 3.3（積分路への依存性 1）

つぎの積分 J_1 と J_2 を計算せよ．

(1) $J_1 = \displaystyle\int_{C_1} \overline{z}\,dz$　　(2) $J_2 = \displaystyle\int_{C_2} \overline{z}\,dz$

解答　(1) 曲線 $C_1: z(t) = t\ (-1 \leq t \leq 1)$ の速度は $\dot{z}(t) = 1$ であるから，公式 3.4 より

$$J_1 = \int_{C_1} \overline{z}\,dz = \int_{-1}^{1} t \cdot 1\,dt = 0.$$

(2) 曲線 C_2 の向きを逆にして $-C_2$ を考えると，$-C_2: z(t) = e^{it}\ (0 \leq t \leq \pi)$ と表される．このとき $\dot{z}(t) = ie^{it}$ であり，公式 3.2(3) と公式 3.4 より，

$$J_2 = \int_{C_2} \overline{z}\,dz = -\int_{-C_2} \overline{z}\,dz = -\int_0^{\pi} \overline{e^{it}} \cdot i\,e^{it}\,dt$$
$$= -i\int_0^{\pi} |e^{it}|^2\,dt = -i\int_0^{\pi} dt = -i\pi.$$

C_1 と C_2 は同じ始点と終点をもつが，経路が違うのだから $J_1 \neq J_2$ が成り立つのも自然に思われる（C_3 に沿った積分の計算は章末問題 3.4）．

これを踏まえて，つぎの例題を考えてみよう．

例題 3.4（積分路への依存性 2）

0 以上の整数 m に対し，つぎの積分を求めよ．

(1) $I_1 = \displaystyle\int_{C_1} z^m\,dz$　　(2) $I_2 = \displaystyle\int_{C_2} z^m\,dz$　　(3) $I_3 = \displaystyle\int_{C_3} z^m\,dz$

驚くべきことに，これらの積分の値はすべて一致するのである！

解答　公式 3.4 と例題 3.2 の結果を用いて計算していけばよい．

(1) $z(t) = t\ (-1 \leq t \leq 1)$ のとき $\dot{z}(t) = 1$ であるから，

$$I_1 = \int_{C_1} z^m\,dz = \int_{-1}^{1} t^m \cdot 1\,dt = \left[\frac{t^{m+1}}{m+1}\right]_{-1}^{1} = \frac{1-(-1)^{m+1}}{m+1}.$$

よって，m が奇数のとき $I_1 = 0$，偶数のとき $I_1 = \dfrac{2}{m+1}$．

(2) 例題 3.3 の (2) と同様にして，$-C_2 : z(t) = e^{ti}\ (0 \leq t \leq \pi)$ を用いると，

$$\begin{aligned}
I_2 &= \int_{C_2} z^m\, dz = -\int_{-C_2} z^m\, dz \\
&= -\int_0^\pi \left(e^{it}\right)^m \cdot i\, e^{it}\, dt = -i \int_0^\pi e^{(m+1)ti}\, dt \\
&= -i \left[\frac{e^{(m+1)ti}}{(m+1)\, i} \right]_0^\pi = -\frac{1}{m+1}\left(e^{(m+1)\pi i} - 1\right).
\end{aligned}$$

よって，m が奇数のとき $I_2 = 0$，偶数のとき $I_2 = \dfrac{2}{m+1}$．

(3) 曲線 C_3 を

$$\begin{aligned}
C_3 &= C_- + C_+, \\
C_- : z(t) &= t + (-1 - t)\, i \\
&= (1 - i)\, t - i \quad (-1 \leq t \leq 0) \\
C_+ : z(t) &= t + (-1 + t)\, i \\
&= (1 + i)\, t - i \quad (0 \leq t \leq 1)
\end{aligned}$$

と分割すると，

$$\begin{aligned}
I_3 &= \int_{C_-} z^m\, dz + \int_{C_+} z^m\, dz \\
&= \int_{-1}^0 \{(1-i)\, t - i\}^m (1-i)\, dt + \int_0^1 \{(1+i)\, t - i\}^m (1+i)\, dt \\
&= \left[\frac{\{(1-i)\, t - i\}^{m+1}}{m+1} \right]_{-1}^0 + \left[\frac{\{(1+i)\, t - i\}^{m+1}}{m+1} \right]_0^1 \\
&= \frac{1}{m+1}\{(-i)^{m+1} - (-1)^{m+1} + 1^{m+1} - (-i)^{m+1}\} \\
&= \frac{1}{m+1}\{1 - (-1)^{m+1}\}.
\end{aligned}$$

よって，m が奇数のとき $I_3 = 0$，偶数のとき $I_3 = \dfrac{2}{m+1}$．∎

3.3　コーシーの積分定理

積分路への依存性　例題 3.3 と例題 3.4 の計算結果を見返してみよう．

問題で積分路として使われている曲線 C_1, C_2, C_3 はいずれも始点 $z = -1$ から終点 $z = 1$ へ至るものであった．例題 3.3 は，「同じ関数でも積分路が違えば積分値は異なる」というごく自然な結果になっている．一方，例題 3.4 は，0 以上の整数 m に対して等式

$$\int_{C_1} z^m \, dz = \int_{C_2} z^m \, dz = \int_{C_3} z^m \, dz$$

が成り立つことを意味する．しかも，公式 3.2 と合わせると，任意の多項式関数 $P(z) = a_n z^n + \cdots + a_1 z + a_0$ について

$$\int_{C_1} P(z) \, dz = \int_{C_2} P(z) \, dz = \int_{C_3} P(z) \, dz \tag{3.19}$$

が成り立ってしまう[*7]．この現象を説明するのが，正則関数に対する「コーシーの積分定理」である．

コーシーの積分定理 定理を述べるのに必要な用語を定義しておこう．

始点と終点が一致するような曲線を**閉曲線**という．すなわち，曲線 $C: z = z(t)$ $(a \leq t \leq b)$ において $z(a) = z(b)$ が成り立つことをいう．自己交差しない閉曲線 C を**単純閉曲線**という．すなわち，$a \leq t_1 < t_2 < b$ であれば $z(t_1) \neq z(t_2)$ が成り立つことをいう．

例 6 円 $C(\alpha, r): z = \alpha + r e^{ti}$ $(0 \leq t \leq 2\pi)$ は単純閉曲線である． □

複素平面上に（集合としての）単純閉曲線 C が与えられたとき，補集合 $\mathbb{C} - C$ は 2 つの領域からなる[*8]．そのうち有界なほうを C の**内部**といい，有界でないほうを C の**外部**という．とくに断らないかぎり，<u>単純閉曲線は対応する動点が内部を左手に見ながら回る向き（反時計回り）に 1 周するようなパラメーター表示をもつものとする</u>．

[*7] 個々の積分は，積分路の分割から定まるリーマン和（式 (3.7)）の極限であったから，いまのように積分路が異なる状況で値が一致する根拠は見当たらない．じつは，その根拠は関数 $P(z)$ の正則性にある．

[*8] この主張は「ジョルダン（Jordan）の曲線定理」とよばれる．

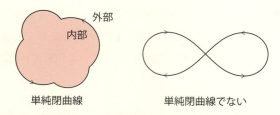

単純閉曲線　　　　　単純閉曲線でない

> **定理 3.10（コーシーの積分定理）**
> $f(z)$ を領域 D 上の正則関数，C を D 内の単純閉曲線とする．曲線 C の内部が D に含まれるとき，
> $$\int_C f(z)\,dz \;=\; 0.$$

コーシーの積分定理は単に「積分定理」ともよばれる．証明は本節の最後に与える．

注意!　「単純閉曲線 C の内部が D に含まれる」とは，C の内部に領域 D の「穴」がないということである．たとえば，右の図で C_1 と C_3 は条件をみたしているが，C_2 はその内部に D に属さない点があるので条件をみたさない．すなわち，定理を適用できない．

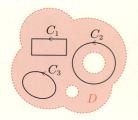

例7　「コーシーの積分定理」を用いて，例題 3.4 における積分値の一致を説明しよう（第 5 章定理 5.1 も参照）．より一般に，任意の多項式関数 $P(z)$ に対し式 (3.19) が成り立つことを確認する．以下，与えられた曲線 C に対し，$\int_C P(z)\,dz$ を単に $\int_C$ と略記する[*9]．

まず多項式関数 $P(z)$ は，複素平面上で正則である（第 2 章，例 25）．また，例題 3.4 における曲線 C_1 と C_2 に対し，必要なら C_2 のパラメーターを取り替えることで $C_1 + (-C_2)$ は単純閉曲線となる．よって $D = \mathbb{C}$, $f(z) = P(z)$,

---

[*9] 以後も，被積分関数が固定されており文脈から明らかな場合は，断りなくこのような略記を行うことがある．

$C = C_1 + (-C_2)$ としてコーシーの積分定理（定理 3.10）を適用すると（複素平面にはもともと「穴」がないので，C の内部は D に含まれる），

$$\int_{C_1+(-C_2)} = 0 \iff \int_{C_1} + \int_{-C_2} = 0 \iff \int_{C_1} = -\int_{-C_2} = \int_{C_2}.$$

同様に $\int_{C_1} = \int_{C_3}$ もわかるので，式 (3.19) が確認できた．曲線 C_3 に沿った積分が，より簡単な曲線 C_1 に沿った積分に帰着されたことに注意しよう． □

> **定理 3.11（積分路の変形 1）**
> $f(z)$ を領域 D 上の正則関数とする．また，D 内に単純閉曲線 $C, C_1, C_2, \cdots, C_n$ $(n \geq 1)$ が下図のように与えられており，これらの曲線を境界にもつ領域は領域 D に含まれているものとする．このとき，
> $$\int_C f(z)\,dz = \int_{C_1} f(z)\,dz + \cdots + \int_{C_n} f(z)\,dz.$$

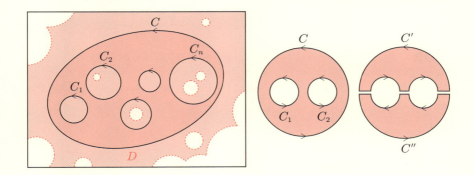

注意！ 図を使わずに単純閉曲線 $C, C_1, \cdots, C_n$（すべて反時計回り）の条件を述べると，つぎのようになる．

- $C_1, C_2, \cdots, C_n$ は C の内部に含まれ，かつ
- $j \neq k$ のとき，C_j は C_k の外部に含まれる．

証明 $n = 2$ の場合を考えよう（上図中央，n が 2 以外の場合の証明も同様である）．曲線 C, C_1, C_2 に囲まれた領域に上図右のような切れ込み（線分である必要はない）を

入れると,単純閉曲線で囲まれた 2 つの領域が得られる.これらの境界を C' と C'' としよう.このとき,複素線積分が相殺される部分を考慮すれば,等式

$$\int_{C'} + \int_{C''} = \int_{C} + \int_{-C_1} + \int_{-C_2} = \int_{C} - \left\{\int_{C_1} + \int_{C_2}\right\} \quad (3.20)$$

が成り立つ.いま,仮定より C' と C'' の内部はすべて D に含まれるから,コーシーの積分定理(定理 3.10)より $\int_{C'} = \int_{C''} = 0$.よって式 (3.20) の値は 0 となり,$\int_{C} = \int_{C_1} + \int_{C_2}$ を得る. ∎

応用として,つぎの公式を得る.

公式 3.12(基本公式 2)
任意の単純閉曲線 C に対し,つぎが成り立つ.

$$\int_C \frac{1}{z-\alpha}\, dz = \begin{cases} 2\pi i & (\alpha \text{ が } C \text{ の内部にあるとき}) \\ 0 & (\alpha \text{ が } C \text{ の外部にあるとき}) \end{cases}$$

注意! α が C 上にある場合は考えない(左辺の複素線積分が定義できない).

証明 関数 $\dfrac{1}{z-\alpha}$ は穴あき平面 $D = \mathbb{C} - \{\alpha\}$ 上で正則である.α が C の外部にあるときは,C の内部はすべて D に含まれるので,コーシーの積分定理(定理 3.10)より $\int_C \dfrac{1}{z-\alpha}\, dz = 0$.

つぎに α が C の内部にあるときを考える.十分に小さな $r > 0$ をとることで,α 中心の円 $C_r := C(\alpha, r)$ は C の内部にあるとしてよい(図の左側).このとき,領域 D,関数 $\dfrac{1}{z-\alpha}$,曲線 C と C_r は定理 3.11 の条件をみたすから,

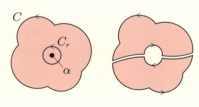

(あるいは図の右側のように切れ込みを入れて考えれば)$\int_C = \int_{C_r}$.基本公式 1(公式 3.9)より,$\int_C = \int_{C_r} \dfrac{1}{z-\alpha}\, dz = 2\pi i$. ∎

例 8 単位円 $C = C(0,1)$ に対し，$\alpha = 0, 1/2, 2$ として基本公式 2（公式 3.12）を適用すると，

$$\int_C \frac{1}{z}\, dz = \int_C \frac{1}{z - 1/2}\, dz = 2\pi i,$$
$$\int_C \frac{1}{z - 2}\, dz = 0.$$

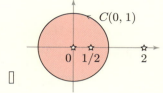

∎

例題 3.5（基本公式 2 の応用）

等式
$$\frac{1}{z^2 + 2} = \frac{1}{2\sqrt{2}\, i}\left(\frac{1}{z - \sqrt{2}\, i} - \frac{1}{z + \sqrt{2}\, i} \right)$$
を利用して，円 $C = C(i, 1)$ に沿った積分 $I = \displaystyle\int_C \frac{1}{z^2 + 2}\, dz$ を求めよ．

解答 与えられた等式より，

$$I = \frac{1}{2\sqrt{2}\, i}\left(\int_C \frac{1}{z - \sqrt{2}\, i}\, dz - \int_C \frac{1}{z + \sqrt{2}\, i}\, dz \right).$$

$\sqrt{2}\, i$ は C の内部，$-\sqrt{2}\, i$ は C の外部にあるので，基本公式 2（公式 3.12）より求める積分は $\dfrac{1}{2\sqrt{2}\, i}(2\pi i - 0) = \dfrac{\pi}{\sqrt{2}}$．∎

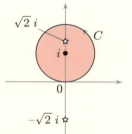

コーシーの積分定理（定理 3.10）の証明 つぎの定理を用いる．

定理 3.13（グリーンの定理）

D を $\mathbb{R}^2$ 内の領域とし，$P(x, y)$ と $Q(x, y)$ を D 上の C^1 級関数とする．C を D 内の単純閉曲線とし，その内部は D に含まれるものとする．曲線 C とその内部の和集合を Ω と表すとき，つぎの等式が成り立つ．

$$\int_C P\, dx + Q\, dy = \iint_\Omega (-P_y + Q_x)\, dx\, dy.$$

ただし，左辺の積分は式 (3.12) と同様に定義する．すなわち，C が滑らかな曲線で，$\mathbb{R}^2$ のベクトルとしてのパラメーター表示 $C : (x, y) = \bigl(x(t), y(t)\bigr)$ $(a \leq t \leq b)$ をもつならば，

$$\int_C P\,dx + Q\,dy := \int_a^b \left\{ P\bigl(x(t),y(t)\bigr)\dot{x}(t) + Q\bigl(x(t),y(t)\bigr)\dot{y}(t) \right\} dt \quad (3.21)$$

と定義する（⇨ 付録 A，式 (A.6)）．C が区分的に滑らかな曲線の場合は，有限個の滑らかな曲線に分割してから上の定義式を適用し，和をとればよい．

証明（グリーンの定理） まず，等式

$$\int_C P\,dx = -\iint_\Omega P_y\,dx\,dy$$

を示す．必要なら Ω を図のようにタテ・ヨコの線分で

$$\{(x,y) \in \mathbb{R}^2 \mid a \le x \le b,\, \phi(x) \le y \le \psi(x)\} \quad (3.22)$$

（ただし $y = \phi(x),\, y = \psi(x)$ は連続かつ $\phi(x) \le \psi(x)$）の形の集合に分割し，それぞれを Ω とみなして上の等式を証明すればよい[*10]．なぜなら，分割線上の積分は相殺されるし，領域を分割したら面積分も分割されるからである．

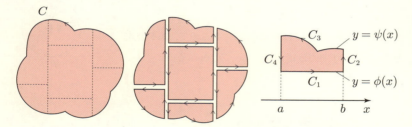

以下では上図の右側のような，式 (3.22) の形の集合について上の等式を示す．すなわち，$C = C_1 + C_2 + C_3 + C_4$ であり，C_1 と C_3 は連続関数 $y = \phi(x),\, y = \psi(x)$（ただし，$\phi(x) \le \psi(x)$）のグラフの一部，$C_2$ と C_4 は y 軸と平行な線分となっている場合である（C_2 と C_4 のいずれかは 1 点に潰れていてもかまわない）．Ω は C とその内部の和集合とする．このとき

$$\int_C P\,dx = \int_{C_1} P\,dx + \int_{C_2} P\,dx + \int_{C_3} P\,dx + \int_{C_4} P\,dx$$

[*10] 式 (3.22)，式 (3.23) の形の集合をそれぞれ「縦線領域」，「横線領域」という．厳密にいうと，本証明は「Ω を有限個の縦線領域に分割でき，かつ有限個の横線領域に分割できる」という仮定のもとで成立する．本書で扱う積分ではその仮定を簡単に確認できるので実用上問題ないが，より一般の Ω については特別な議論が必要となる．

となるから，たとえば

$$C_1 : (x(t), y(t)) = (t, \phi(t)) \quad (a \leq t \leq b)$$
$$C_2 : (x(t), y(t)) = (b, t) \quad (\phi(b) \leq t \leq \psi(b))$$
$$C_3 : (x(t), y(t)) = (a+b-t, \psi(a+b-t)) \quad (a \leq t \leq b)$$
$$C_4 : (x(t), y(t)) = (a, \psi(a) + \phi(a) - t) \quad (\phi(a) \leq t \leq \psi(a))$$

と積分路をパラメーター表示して，式 (3.21) にもとづいて積分値を求めてみよう．まず C_2 と C_4 では $\dot{x}(t) = 0$ となるので積分値は 0 である．つぎに C_1 と C_3 では，変数変換 ($x = t$ と $x = a + b - t$) により

$$\int_{C_1} P \, dx = \int_a^b P(t, \phi(t)) \, dt = \int_a^b P(x, \phi(x)) \, dx$$
$$\int_{C_3} P \, dx = \int_a^b P(a+b-t, \psi(a+b-t))(-1) \, dt = -\int_a^b P(x, \psi(x)) \, dx$$

となる．よって

$$\begin{aligned}
\int_C P \, dx &= \int_a^b P(x, \phi(x)) \, dx + 0 - \int_a^b P(x, \psi(x)) \, dx + 0 \\
&= -\int_a^b \{P(x, \psi(x)) - P(x, \phi(x))\} \, dx \\
&= -\int_a^b \left\{ \int_{\phi(x)}^{\psi(x)} P_y(x, y) \, dy \right\} dx \quad \Longleftarrow \text{微分積分学の基本定理}\ (x\ \text{は固定}) \\
&= -\iint_\Omega P_y \, dx \, dy.
\end{aligned}$$

つぎに，もとの Ω を式 (3.22) で x と y の役割を入れ替えた

$$\{(x, y) \in \mathbb{R}^2 \mid a \leq y \leq b,\ \phi(y) \leq x \leq \psi(y)\} \qquad (3.23)$$

の形の集合に分割すれば，上と同様の計算により等式

$$\int_C Q \, dy = \iint_\Omega Q_x \, dx \, dy$$

も得るから，グリーンの定理 (定理 3.13) が成り立つ． ∎

証明 (定理 3.10, コーシーの積分定理) 領域 D 上で正則な関数 $f(z)$ を $f(x+yi) = u(x,y) + v(x,y)\,i$ と実部・虚部に分けて書き表すことにする．式 (3.12)

$$\int_C f(z)\,dz = \int_C (u\,dx - v\,dy) + i\int_C (v\,dx + u\,dy)$$

より，右辺の 2 つの積分が 0 になることを証明すればよい．

関数 $u(x,y), v(x,y)$ は D 上の C^1 級関数なので，グリーンの定理(定理 3.13)が適用できる．C を D 内の任意の単純閉曲線，Ω を C とその内部の和集合とするとき，$P=u, Q=-v$ もしくは $P=v, Q=u$ としてグリーンの定理に代入すれば，

$$\int_C u\,dx - v\,dy = \iint_\Omega (-u_y - v_x)\,dx\,dy$$
$$\int_C v\,dx + u\,dy = \iint_\Omega (-v_y + u_x)\,dx\,dy$$

を得る．いま，$f(z)$ は正則であったから，u, v は D 上でコーシー・リーマンの方程式 $u_x = v_y, v_x = -u_y$ (定理 2.8)をみたす．よって，これらの積分値はともに 0 である．

3.4 コーシーの積分公式

積分公式　コーシーの積分定理(定理 3.10)と同じ仮定のもと，つぎが成り立つ．

> **定理 3.14 (コーシーの積分公式)**
> $f(z)$ を領域 D 上の正則関数，C を D 内の単純閉曲線とする．曲線 C の内部が D に含まれるとき，その内部の点 α に対し
> $$f(\alpha) = \frac{1}{2\pi i}\int_C \frac{f(z)}{z-\alpha}\,dz. \tag{3.24}$$

式 (3.24) は**コーシーの積分公式**とよばれる．C はいわば α を囲む単純閉曲線である(円でなくてもよい)．その上をぐるっと回って $f(z)/(z-\alpha)$ を積分すると値は $2\pi i f(\alpha)$ となる．すなわち，「α を触らずに」$f(\alpha)$ の値が計算できて

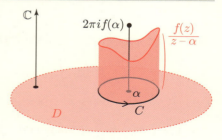

しまうのである．帽子から鳩が飛び出すような，不思議な公式である．

証明 α は C の内部にあるので，基本公式 2（公式 3.12）より

$$\int_C \frac{f(z)}{z-\alpha}\,dz = \int_C \frac{f(\alpha)}{z-\alpha}\,dz + \int_C \frac{f(z)-f(\alpha)}{z-\alpha}\,dz$$
$$= 2\pi i f(\alpha) + \int_C \frac{f(z)-f(\alpha)}{z-\alpha}\,dz$$

と変形される．そこで，$I := \int_C \dfrac{f(z)-f(\alpha)}{z-\alpha}\,dz$ とおき，これが 0 であることを示せば式 (3.24) が導かれる．

まずは積分路を変形しよう．点 α は C の内部にあるので，十分小さな $r > 0$ に対し円 $C(\alpha, r)$ は C の内部に含まれる．したがって，定理 3.11 より

$$I = \int_C \frac{f(z)-f(\alpha)}{z-\alpha}\,dz = \int_{C(\alpha,r)} \frac{f(z)-f(\alpha)}{z-\alpha}\,dz. \tag{3.25}$$

つぎに被積分関数について調べる．関数 $f(z)$ は D 上で正則であり，とくに D 内の点 α において微分可能である．$A := f'(\alpha)$ とおくとき，式 (2.7) でも定義した関数

$$\eta_\alpha(z) := \frac{f(z)-f(\alpha)}{z-\alpha} - A \quad (z \neq \alpha)$$

は $z \to \alpha$ のとき $\eta_\alpha(z) \to 0$ をみたす．よって，十分小さなすべての半径 r に対し，円 $C(\alpha, r)$ 上で $|\eta_\alpha(z)| \leq 1/100$ が成り立ち，さらに三角不等式（命題 2.1）より

$$\left|\frac{f(z)-f(\alpha)}{z-\alpha}\right| = |A + \eta_\alpha(z)| \overset{\text{三角不等式}}{\leq} |A| + |\eta_\alpha(z)| \leq |A| + \frac{1}{100} \tag{3.26}$$

が成り立つ[*11]．$M\ell$ 不等式（公式 3.3）より，

$$\left|\int_{C(\alpha,r)} \frac{f(z)-f(\alpha)}{z-\alpha}\,dz\right| \leq \left(|A| + \frac{1}{100}\right) \cdot 2\pi r.$$

式 (3.25) より $|I| \leq \left(|A| + \dfrac{1}{100}\right) \cdot 2\pi r$ となるが，半径 r はいくらでも 0 に近いものがとれるから，$I = 0$ でなければならない．よって，定理が示された． ∎

[*11] 厳密には，ある r_0 が存在して，$0 < |z-\alpha| < r_0$ をみたすすべての z に対して $|\eta_\alpha(z)| < 1/100$ と式 (3.26) が成り立つということである．$1/100$ という値に深い意味はなく，正の数であれば 1 でも 10 でもよい．

コーシーの積分公式（定理 3.14）の簡単な応用として，つぎの例題を解いてみよう．

> **例題 3.6**
> 円 $C = C(0, 2)$ に対し，つぎの積分値を求めよ．
> (1) $I = \displaystyle\int_C \frac{z^2}{z-i} dz$ 　　(2) $I = \displaystyle\int_C \frac{e^z}{z^2 - 4z + 3} dz$

解答　(1)　$D = \mathbb{C}$ (これは円 $C = C(0, 2)$ とその内部を含む)，$f(z) = z^2$ (これは D 上正則)，$\alpha = i$ (これは円 C の内部の点)とすると，コーシーの積分公式が適用できて

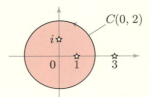

$$f(i) = \frac{1}{2\pi i} \int_C \frac{z^2}{z-i} dz \iff I = 2\pi i f(i) = -2\pi i.$$

(2)　被積分関数は $\dfrac{e^z}{(z-1)(z-3)}$ と変形できる．$z = 1$ と 3 で分母が 0 となるが，そのうち円 C の内部にあるのは 1 だけである．そこで，$D = \mathbb{C} - \{3\}$ (これは円 $C = C(0, 2)$ とその内部を含む)，$f(z) = \dfrac{e^z}{z-3}$ (これは D 上で正則)，$\alpha = 1$ (これは円 C の内部の点)としてコーシーの積分公式を適用すると，

$$f(1) = \frac{1}{2\pi i} \int_C \frac{e^z}{(z-1)(z-3)} dz \iff I = 2\pi i f(1) = 2\pi i \frac{e^1}{1-3} = -e\pi i.$$

n 階導関数の積分公式

領域 D 上の複素関数 $f(z)$ に対し，漸化式

$$f^{(0)}(z) := f(z), \quad f^{(n+1)}(z) := \left(f^{(n)}\right)'(z) \quad (n = 0, 1, 2, \cdots)$$

によって定義される $f^{(n)}(z)$ $(n = 0, 1, 2, \cdots)$ を $f(z)$ の **n 階導関数**という[*12]．$f^{(1)}(z)$ は導関数 $f'(z)$ のことである．また，習慣的に $f^{(2)}(z)$ と $f^{(3)}(z)$ はそれぞれ **$f''(z)$, $f'''(z)$** とも表される．

[*12] 一般には $f^{(n)}(z)$ $(n = 0, 1, 2, \cdots)$ が微分可能とは限らないので，$f^{(n+1)}(z)$ が存在しないかもしれない(つぎの定理 3.15 より，$f(z)$ が正則であれば必ず存在する)．ここでは形式的に，記号だけを準備しているのである．

コーシーの積分公式（定理 3.14）はつぎのように拡張できる．

定理 3.15（n 階導関数の積分公式）
$f(z)$ を領域 D 上の正則関数，C を D 内の単純閉曲線とする．曲線 C の内部が D に含まれるとき，その内部の点 α に対し n 階導関数 $f^{(n)}(z)$ ($n = 0, 1, 2, \cdots$) の値が定まり，

$$f^{(n)}(\alpha) = \frac{n!}{2\pi i} \int_C \frac{f(z)}{(z-\alpha)^{n+1}} dz. \tag{3.27}$$

式 (3.27) を本書では **n 階導関数の積分公式** とよぶことにする．

$n = 0$ のとき式 (3.27) はコーシーの積分公式そのものである．また，$n = 1$ のとき，

$$f'(\alpha) = \frac{1}{2\pi i} \int_C \frac{f(z)}{(z-\alpha)^2} dz \tag{3.28}$$

が成り立つ．微分の値が積分で計算できてしまうのだから，これも積分公式（定理 3.14）と同じく，「鳩が出る」たぐいの定理である．

注意！ n 階導関数の積分公式の覚え方をひとつ紹介しよう．式 (3.27) を強引に

$$\frac{f^{(n)}(\alpha)}{n!} = \frac{1}{2\pi i} \int_C \frac{f(z)}{z-\alpha} dz \cdot \frac{1}{(z-\alpha)^n}$$

と変形する．頭の中で右辺右下の $(z-\alpha)^n$ を左辺に掛ければ，第 4 章で学ぶテイラー展開（定理 4.3，式 (4.3)）の n 次の項が現れ，右辺にはコーシーの積分公式 (3.24) の右辺と同じものが残るのである．

定理 3.15 の証明は数学的帰納法による．ここではその最初のステップにあたるものとして，コーシーの積分公式から式 (3.28) を証明する．残りは章末問題 3.11 としよう．

証明（定理 3.15, $n = 1$） コーシーの積分公式より，

$$I := \frac{f(\alpha + \Delta z) - f(\alpha)}{\Delta z}$$
$$= \frac{1}{\Delta z} \left\{ \frac{1}{2\pi i} \int_C \frac{f(z)}{z - (\alpha + \Delta z)} dz - \frac{1}{2\pi i} \int_C \frac{f(z)}{z - \alpha} dz \right\}$$

$$= \frac{1}{2\pi i} \int_C \frac{f(z)}{(z-\alpha-\Delta z)(z-\alpha)} \, dz.$$

以下で示すように（最初は読み飛ばしてもよい），I の値は $\Delta z \to 0$ のとき $I_0 := \frac{1}{2\pi i} \int_C \frac{f(z)}{(z-\alpha)^2} \, dz$ に収束するので，式 (3.28) が成り立つ．

収束性の証明 $\Delta z \to 0$ のとき $I \to I_0$ であることを示そう．定理 3.11 より，十分小さな $r > 0$ を選んで固定し，$C = C(\alpha, r)$ のときに証明すればよい．$\Delta z \to 0$ のときを考えたいので，以下は $|\Delta z| \leq r/2$ と仮定する．まず I と I_0 の被積分関数の差を計算すると

$$\frac{f(z)}{(z-\alpha-\Delta z)(z-\alpha)} - \frac{f(z)}{(z-\alpha)^2} = \frac{\Delta z f(z)}{(z-\alpha-\Delta z)(z-\alpha)^2}.$$

円 C での $|f(z)|$ の最大値を M としよう[*13]．点 z が C 上にあるとき，$|z-\alpha| = r$ と三角不等式 (2.1) より $|z-\alpha-\Delta z| \geq |z-\alpha| - |-\Delta z| \geq r - r/2 = r/2$ が成り立つ．よって，

$$\left| \frac{\Delta z f(z)}{(z-\alpha-\Delta z)(z-\alpha)^2} \right| \leq \frac{|\Delta z| M}{(r/2) \cdot r^2}.$$

$M\ell$ 不等式（公式 3.3）より，

$$|I - I_0| = \left| \frac{1}{2\pi i} \int_C \frac{\Delta z f(z)}{(z-\alpha-\Delta z)(z-\alpha)^2} \, dz \right|$$
$$\leq \frac{1}{2\pi} \cdot \frac{|\Delta z| M}{(r/2) \cdot r^2} \cdot 2\pi r \leq \frac{2M}{r^2} |\Delta z| \to 0 \quad (|\Delta z| \to 0).$$

導関数の正則性 実関数の場合，$y = f(x)$ が微分可能だとしても，その導関数が微分可能になるとは限らない[*14]．しかし，複素関数では事情が異なる．正則関数の導関数は自動的に微分可能となり，しかも正則関数となるのである．

定理 3.16（導関数も正則）
正則関数の導関数は正則関数である．とくに，正則関数は何回でも微分可能である．

[*13] 円 C はコンパクト集合であり，その上の連続関数 $|f(z)|$ は最大値をもつ（⇨ 付録 A，例 1）．

[*14] たとえば，$x \neq 0$ のとき $f(x) := x^2 \sin(1/x)$，$x = 0$ のとき $f(0) := 0$ として定義される $\mathbb{R}$ 上の関数は，すべての実数 x で微分可能だが導関数 $f'(x)$ は $x = 0$ で連続ではない．微分可能であれば連続なので，$f'(x)$ は $x = 0$ で微分可能ではない．

証明 与えられた正則関数を $f(z)$ とし，その定義域（領域，すなわち連結な開集合）を D とする．D は開集合であるから，任意の点 $\alpha \in D$ に対し，十分小さな半径 r を選んで円 $C(\alpha, r)$ とその内部が D に含まれるようにできる．よって，定理 3.15 が適用でき，$f''(\alpha)$, $f'''(\alpha)$ が存在することがわかる．

$f''(\alpha)$ が存在することから，導関数 $f'(z)$ は α において微分可能である．α は D 内の任意の点であったから，D 上で 2 階導関数 $f''(z)$ が存在する．

つぎに，$f'''(\alpha)$ が存在することから，2 階導関数 $f''(z)$ は α において微分可能である．微分可能であれば連続（命題 2.6）であるから，$f'(z)$ の導関数としての $f''(z)$ は D 上で連続でもある．これは $f'(z)$ が D 上で正則であることを意味する．∎

積分計算への応用　n 階導関数の積分公式を積分計算に応用してみよう．

例題 3.7（積分計算への応用）
円 $C = C(0, 2)$ および自然数 k に対し，つぎの積分値を求めよ．

(1) $I = \displaystyle\int_C \frac{e^z}{(z-1)^2}\, dz$ 　　(2) $I = \displaystyle\int_C \frac{e^{-z}}{(z-1)^k}\, dz$

解答　(1)　$D = \mathbb{C}$, $f(z) = e^z$, $\alpha = 1$, $n = 1$ として定理 3.15（もしくは式 (3.28)）を適用する．$z = 1$ は C の内部であるから，

$$f'(1) = \frac{1}{2\pi i} \int_C \frac{e^z}{(z-1)^2}\, dz \iff I = 2\pi i f'(1) = 2\pi e\, i.$$

(2)　同様に，$D = \mathbb{C}$, $f(z) = e^{-z}$, $\alpha = 1$, $n = k-1$ として定理 3.15 の式 (3.27) を適用する．$f^{(k-1)}(z) = (-1)^{k-1} e^{-z}$ であることに注意すると，

$$f^{(k-1)}(1) = \frac{(k-1)!}{2\pi i} \int_C \frac{e^{-z}}{(z-1)^k}\, dz$$

$$\iff I = \frac{2\pi i f^{(k-1)}(1)}{(k-1)!} = (-1)^{k-1} \frac{2\pi i}{e(k-1)!}.$$

3.5 リューヴィルの定理と代数学の基本定理

1階導関数の積分公式 (3.28) の応用として,複素平面上の正則関数の有界性に関する「リューヴィル[*15]の定理」と,方程式の解の存在を保証する「代数学の基本定理」を示そう.

リューヴィルの定理 領域 D 上で定義された複素関数 $f(z)$ が有界であるとは,ある正の定数 M が存在して,すべての $z \in D$ に対して $|f(z)| \leq M$ が成り立つことをいう[*16].

例9 (有界でない複素関数) 領域 $\mathbb{C} - \{0\}$ で定義された関数 $f(z) = 1/z$ は有界ではない.実際,$z \to 0$ のとき,$|f(z)| = 1/|z| \to \infty$ である. □

例10 (指数関数) 指数関数 $\exp(z) = e^z$ は複素平面 $\mathbb{C}$ 全体で定義された関数であるが,有界ではない.実際,$z = x + yi$ において $x \to \infty$ とするとき,$|e^z| = e^x \to \infty$ である. □

例11 (有界な複素関数) 複素平面 $\mathbb{C}$ 全体で定義された関数 $f(z) = \dfrac{z}{1 + z\bar{z}}$ は有界である.実際,任意の複素数 z に対し $|f(z)| \leq 1/2$ が成り立つ[*17]. □

複素平面上で正則な関数については,つぎの定理が成り立つ.

定理 3.17 (リューヴィルの定理)
複素平面上で正則かつ有界な複素関数は定数関数である.

> **注意!** 複素平面上の正則関数を**整関数**という.たとえば多項式関数,三角関数,指数関数は整関数である.リューヴィルの定理は「有界な整関数は定数関数」とも述べられる.

[*15] Joseph Liouville (1809 – 1882),「リウヴィル」とも.フランスの数学者.
[*16] すなわち,「関数 $f(z)$ の値域 $f(D)$ が有界な集合となる」ということである.
[*17] $|f(z)| = |z|/(1 + |z|^2)$ であり,$x \geq 0$ のときの関数 $g(x) = x/(1 + x^2)$ の最大値は $1/2$ である.

例12（三角関数） 三角関数 $\sin z, \cos z$ は有界な関数ではない．これらは複素平面上で正則かつ定数関数ではないので，もし有界だと仮定するとリューヴィルの定理（定理 3.17）に反するからである． □

注意！ 実際，$x > 0$ のとき $|\sin ix|, |\cos ix| \to \infty \ (x \to \infty)$ であることが証明できる（第 1 章，例 20 および章末問題 1.26 参照）．

例13 例 11 の有界な関数 $f(z) = \dfrac{z}{1+z\bar{z}}$ は複素平面上の正則関数ではない．もしそうだとすると，リューヴィルの定理（定理 3.17）より定数関数となるからである． □

証明（定理 3.17，リューヴィルの定理） 関数 $f(z)$ は複素平面上で正則かつ有界と仮定する．このとき，ある $M > 0$ が存在して，すべての複素数 z に対して $|f(z)| \leq M$ が成立する．いま任意の複素数 α を固定し，$C = C(\alpha, r) \ (r > 0)$ とすると，1 階導関数の積分公式 (3.28) と $M\ell$ 不等式（公式 3.3）より

$$|f'(\alpha)| = \left| \frac{1}{2\pi i} \int_C \frac{f(z)}{(z-\alpha)^2} \, dz \right| \overset{M\ell\text{不等式}}{\leq} \frac{1}{2\pi} \cdot \frac{M}{r^2} \cdot 2\pi r = \frac{M}{r}.$$

M は一定だが $r > 0$ は任意に大きくとれるので，$f'(\alpha) = 0$ でなくてはならない．α も任意なので，命題 2.10 より $f(z)$ は定数関数である． ■

代数学の基本定理 方程式 $x^2 - 2 = 0$ が解をもつためには有理数だけを考えていては不十分で，無理数が必要となるのであった．では，複素係数の n 次方程式 $a_n z^n + a_{n-1} z^{n-1} + \cdots + a_1 z + a_0 = 0$ が解をもつために，何か複素数以外の数を導入する必要はあるのだろうか．「その必要はない」ということが，つぎの定理によって保証される．

定理 3.18（代数学の基本定理）
複素係数の方程式

$$a_n z^n + a_{n-1} z^{n-1} + \cdots + a_1 z + a_0 = 0 \tag{3.29}$$

（ただし，$a_n \neq 0, n \geq 1$）は，複素数解をもつ．

代数学の基本定理 (定理 3.18) から以下のことが保証される.

(a) 方程式 (3.29) に対し,ある複素数 $\alpha_1, \alpha_2, \cdots, \alpha_n$ (重複があってもよい) が存在して,因数分解

$$a_n z^n + a_{n-1} z^{n-1} + \cdots + a_1 z + a_0 = a_n(z-\alpha_1)(z-\alpha_2)\cdots(z-\alpha_n)$$

が可能である ($z-\alpha_k$ による多項式の割り算を繰り返せばよい).

(b) 方程式 (3.29) の解の個数は,重複度も込みでちょうど n 個である.

例14 「1 の n 乗根」は方程式 $z^n = 1$ の解である.(b) よりその解は $1, e^{2\pi i/n}, \cdots, e^{2(n-1)\pi i/n}$ のちょうど n 個で,それ以外には存在しない. □

証明 (定理 3.18, 代数学の基本定理) 方程式 (3.29) の左辺を $f(z)$ とおく.すべての複素数 z に対し $f(z) \neq 0$ が成り立つと仮定して,矛盾を導こう (背理法).この仮定のもと,関数 $g(z) := \dfrac{1}{f(z)}$ は複素平面上で正則かつ定数関数ではない.よってリューヴィルの定理 (定理 3.17) より,$g(z)$ は有界な関数ではない.

いま,0 でない複素数 z に対し,等式

$$|f(z)| = |z|^n \left| a_n + \frac{a_{n-1}}{z} + \cdots + \frac{a_0}{z^n} \right|$$

を考える.下線部を $A(z)$ とおくと,三角不等式 (2.1) より,$|z| \geq r > 0$ のとき

$$|A(z)| \overset{\text{三角不等式}}{\leq} \left|\frac{a_{n-1}}{z}\right| + \cdots + \left|\frac{a_0}{z^n}\right| \leq \frac{|a_{n-1}|}{r} + \cdots + \frac{|a_0|}{r^n}$$

が成り立つ.最右辺は r を大きくすることでいくらでも小さくなるから,$|z| \geq r$ のとき $|A(z)| \leq |a_n|/2$ をみたすように r を選んで固定しよう.このとき,

$$|f(z)| \overset{\text{三角不等式}}{\geq} |z|^n \left(|a_n| - \frac{|a_n|}{2} \right) \geq \frac{r^n |a_n|}{2} \iff |g(z)| \leq \frac{2}{r^n |a_n|} =: M.$$

一方,閉円板 $E = \{z \in \mathbb{C} \mid |z| \leq r\}$ はコンパクト集合であるから,連続関数 $|g(z)|$ は E 上で最大値 M' をもつ (⇒ 付録 A, 例 1).以上から任意の複素数 z に対し $|g(z)| \leq \max\{M, M'\}$ となるが,$g(z)$ は有界ではなかったので矛盾である. ∎

章末問題

☐ **3.1*（複素線積分の性質）** 定理 3.1 を用いて公式 3.2(1) を示せ．

☐ **3.2（線積分）** 以下の積分の C に曲線 $C_1 : z = z(t) = (1+i)t$ $(0 \leq t \leq 1)$ および $C_2 : z = z(t) = t + it^2$ $(0 \leq t \leq 1)$ を代入して，積分値を計算せよ．

(1) $\int_C z^2 \, dz$ (2) $\int_C (z-1) \, dz$ (3) $\int_C (\bar{z} - 1) \, dz$

(4) $\int_C \operatorname{Re} z \, dz$ (5) $\int_C \bar{z}^2 \, dz$

☐ **3.3（円周上の積分）** m, n を整数，$C = C(0, r)$ とするとき，つぎの積分を計算せよ．

(1) $I_1 = \int_C \bar{z}^m \, dz$ (2) $I_2 = \int_C z^n \bar{z}^m \, dz$

☐ **3.4（例題 3.3 のつづき）** -1 でない整数 m と曲線 C_3 : $z = z(t) = t + (|t| - 1)i$ $(-1 \leq t \leq 1)$ に対し，積分 $J_3 = \int_{C_3} \bar{z}^m \, dz$ を計算せよ．

☐ **3.5** 区分的に滑らかな曲線 $C : z = z(t)$ $(a \leq t \leq b)$ が $\alpha = z(a)$, $\beta = z(b)$ をみたすとき，
$$\int_C dz = \int_C 1 \cdot dz = \beta - \alpha$$
となることを複素線積分の定義に基づいて証明せよ．

☐ **3.6（コーシーの積分定理）** 単位円 $C = C(0, 1)$ に対し，つぎの積分値は 0 である．その理由を述べよ．

(1) $\int_C e^z \, dz$ (2) $\int_C (\sin z + 3 \cos z) \, dz$

(3) $\int_C p(z) \, dz$ （$p(z)$ は z の多項式） (4) $\int_C \frac{1}{z-5} \, dz$

(5) $\int_C \frac{e^z}{z^2 - 8} \, dz$ (6) $\int_C \frac{1}{\sin(z + 3i)} \, dz$

☐ **3.7（積分定理の応用 1）** 単位円 $C = C(0, 1)$ に対し，つぎの積分値を計算せよ．

(1) $\int_C \frac{1}{z(z - 2i)} \, dz$ (2) $\int_C \frac{1}{4z^2 + 1} \, dz$ (3) $\int_C \frac{1}{2z^2 + 3z - 2} \, dz$

3 複素線積分

☐ **3.8（積分定理の応用 2）** 以下の曲線 C について，積分

$$I = \int_C \frac{1}{z^2+1}\,dz$$

を計算せよ．

(1) $C = C(i, 1)$ (2) $C = C(-i, 1)$ (3) $C = C(0, 2)$ (4) $C = C(1, 1)$

☐ **3.9（積分定理の応用 3）** 正の数 a, b に対し，楕円を反時計回りに 1 周する閉曲線

$$E: z(t) = a\cos t + ib\sin t \qquad (0 \le t \le 2\pi)$$

を考える．

(1) $\displaystyle\int_E \frac{1}{z}\,dz$ を求めよ．

(2) $\displaystyle\int_0^{2\pi} \frac{1}{a^2\cos^2 x + b^2\sin^2 x}\,dx = \frac{2\pi}{ab}$ を示せ．

☐ **3.10（コーシーの積分公式）** 曲線 $C = C(0, 2)$ に対し，つぎの積分を求めよ．

(1) $\displaystyle\int_C \frac{e^z}{z-1}\,dz$ (2) $\displaystyle\int_C \frac{e^z}{z^2-1}\,dz$ (3) $\displaystyle\int_C \frac{\sin z}{(z-\pi/2)(z+\pi)}\,dz$

☐ **3.11*（高階微分の積分公式 1）** 数学的帰納法により，$n \ge 2$ に対しても定理 3.15 を示せ．

☐ **3.12（高階微分の積分公式 2）** 曲線 $C = C(0, 2)$ に対し，つぎの積分を求めよ．

(1) $\displaystyle\int_C \frac{e^z}{z^4}\,dz$ (2) $\displaystyle\int_C \frac{z+1}{(z-1)^2(z+3)}\,dz$ (3) $\displaystyle\int_C \frac{e^{-iz}}{(3z-\pi)^2}\,dz$

☐ **3.13（積分公式の応用 1）** つぎで与えられる曲線 C に対し，積分

$$I = \int_C \frac{1}{z^2(z-1)(z+2)}\,dz$$

の値を求めよ．

(1) $C = C(0, 1/2)$ (2) $C = C(0, 3/2)$ (3) $C = C(2, 3/2)$ (4) $C = C(0, 3)$

☐ **3.14（積分公式の応用 2）** 関数 $f(z)$ が円 $C = C(\alpha, r)$ とその内部を含む領域で正則であるとする．このとき，

$$f(\alpha) = \frac{1}{2\pi}\int_0^{2\pi} f(\alpha + re^{it})\,dt$$

を示せ（これは正則関数の平均値の性質とよばれる）．

4 留数定理

本章のあらまし

- まず，正則関数は局所的に**テイラー展開**できることを確認する．
- つぎに，円環領域上の正則関数に対し，テイラー展開の一般化である**ローラン展開**ができることを示す．
- とくに，穴あき円板上の正則関数のローラン展開から，その中心(**孤立特異点**)に付随する**留数**とよばれる複素数が定まる．
- 留数を用いると，積分計算を「ローラン展開の係数を求める」という代数的な計算(式変形)に帰着できる．その原理を**留数定理**としてまとめる．
- 留数定理を用いて，難しい**実関数の定積分を計算**する．

4.1 テイラー展開

実関数のテイラー展開(級数)にあたるものを複素関数でも考えることができる．その準備として，複素数からなる数列と級数の収束・発散を定義する．

数列・級数の収束　複素数からなる数列 $\{z_n\}_{n=1}^{\infty}$ が複素数 A に**収束**するとは，$n \to \infty$ のとき $|z_n - A| \to 0$ が成り立つことをいい，これを

$$z_n \to A \quad (n \to \infty)$$

と表す．また，複素数 A を数列 $\{z_n\}_{n=1}^{\infty}$ の**極限**といい，

$$A = \lim_{n \to \infty} z_n$$

と表す．

注意! $|z_n - A|$ は点 z_n と A の距離（負でない実数）であり，それが実数の数列として 0 に収束するということである．より精密な議論が必要な場合は，$\{z_n\}_{n=1}^{\infty}$ が A に収束することを「任意の正の数 ε に対し，ある（十分に大きな）自然数 N が存在し，$n \geq N$ のとき $|z_n - A| < \varepsilon$ が成り立つ」こととと定義する（⇨ 付録 B，B.1 節）．

また，数列 $\{z_n\}_{n=0}^{\infty}$ に対し，n 項目までの和

$$S_n = \sum_{k=0}^{n} z_k = z_0 + z_1 + \cdots + z_n$$

が定める数列 $\{S_n\}_{n=0}^{\infty}$ の極限 $\lim_{n\to\infty} S_n$ を

$$\sum_{n=0}^{\infty} z_n, \quad \sum_{n \geq 0} z_n, \quad z_0 + z_1 + z_2 + \cdots$$

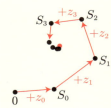

などと表し，これを数列 $\{z_n\}_{n=0}^{\infty}$ の定める**級数**という．極限 $\lim_{n\to\infty} S_n$ が存在するとき，級数 $z_0 + z_1 + z_2 + \cdots$ は**収束**するといい，存在しないとき**発散**するという．

幾何級数 初項 g，公比 β の等比数列 $g, g\beta, g\beta^2, \cdots$ が定める級数

$$g + g\beta + g\beta^2 + \cdots = g(1 + \beta + \beta^2 + \cdots)$$

を**幾何級数**という．つぎの公式は基本的である．

> **命題 4.1（幾何級数）**
> g, β を複素数とする．β が $|\beta| < 1$ をみたすとき，
>
> $$g \cdot \frac{1}{1 - \beta} = g(1 + \beta + \beta^2 + \cdots)$$
>
> が成り立つ．すなわち，右辺の級数は収束し，その値は左辺と一致する．

証明 $\beta \neq 1$ のときに成り立つ恒等式

$$g \cdot \frac{1 - \beta^n}{1 - \beta} = g(1 + \beta + \beta^2 + \cdots + \beta^{n-1})$$

において，$n \to \infty$ とした極限をとればよい． ∎

このあと正則関数のテイラー展開・ローラン展開を導出する際に必要な公式を紹介しておこう．

> **命題 4.2（関数の幾何級数と積分）**
> 関数 $g(z)$ と $\beta(z)$ はともに曲線 C を含む領域上で連続であり，ある $\rho < 1$ が存在し，すべての $z \in C$ に対し $|\beta(z)| \le \rho$ をみたすものとする．このとき，
> $$\int_C g(z) \cdot \frac{1}{1 - \beta(z)} \, dz = \sum_{n=0}^{\infty} \int_C g(z) \cdot \beta(z)^n \, dz. \tag{4.1}$$
> すなわち，右辺の級数は収束し，左辺の複素線積分の値と一致する．

注意！ 式 (4.1) 左辺の被積分関数に命題 4.1 を適用すれば，
$$\int_C \left(\sum_{n=0}^{\infty} g(z) \cdot \beta(z)^n \right) dz = \sum_{n=0}^{\infty} \int_C g(z) \cdot \beta(z)^n \, dz \tag{4.2}$$
と書き直すことができる．この等式は無条件には許されない「無限和と積分の順序交換」とよばれる操作を表しており，特別な注意が必要である．

証明 まず式 (4.1) 左辺の値を I とおく（連続関数の積分なので，そのような複素数 I が存在する）．つぎに右辺を
$$\sum_{n=0}^{\infty} \int_C g(z) \cdot \beta(z)^n \, dz$$
$$= \lim_{n \to \infty} \left(\int_C g(z) \, dz + \int_C g(z) \cdot \beta(z) \, dz + \cdots + \int_C g(z) \cdot \beta(z)^n \, dz \right)$$
$$= \lim_{n \to \infty} \int_C g(z) \cdot \{1 + \beta(z) + \cdots + \beta(z)^n\} \, dz$$
$$= \lim_{n \to \infty} \int_C g(z) \cdot \frac{1 - \beta(z)^{n+1}}{1 - \beta(z)} \, dz$$

と書き直し，ここで現れる積分 $\int_C g(z) \cdot \dfrac{1 - \beta(z)^{n+1}}{1 - \beta(z)} \, dz \; (n = 0, 1, 2, \cdots)$ の値を I_n と表す（これも連続関数の積分であるから，そのような複素数 I_n が存在する）．式

(4.1) を示すには，$I = \lim_{n\to\infty} I_n$ であること，すなわち

$$\int_C g(z) \cdot \frac{1}{1-\beta(z)} \, dz = \lim_{n\to\infty} \int_C g(z) \cdot \frac{1-\beta(z)^{n+1}}{1-\beta(z)} \, dz$$

を数列の収束性の定義にしたがって証明すればよい．

$g(z)$ は連続なので，曲線 C（これはコンパクト集合）上で $|g(z)| \le M$ が成り立つとしてよい（⇨ 付録 A，例 1）．仮定より C 上で $|\beta(z)| \le \rho < 1$ が成り立つから，

$$\begin{aligned}
|I - I_n| &= \left| \int_C g(z) \cdot \frac{1}{1-\beta(z)} \, dz - \int_C g(z) \cdot \frac{1-\beta(z)^{n+1}}{1-\beta(z)} \, dz \right| \\
&= \left| \int_C g(z) \cdot \frac{\beta(z)^{n+1}}{1-\beta(z)} \, dz \right| \\
&\le M \cdot \frac{\rho^{n+1}}{1-\rho} \cdot \ell(C). \quad \text{← $M\ell$ 不等式（公式 3.3）}
\end{aligned}$$

ただし，$\ell(C)$ は（区分的に滑らかな）曲線 C の長さであり，有限である．よって $n \to \infty$ のとき $M \cdot \frac{\rho^{n+1}}{1-\rho} \cdot \ell(C) \to 0$ であるから，$I = \lim_{n\to\infty} I_n$ が成り立つ． ∎

テイラー展開　複素数の列 $A_0, A_1, \cdots$ を用いて

$$F(z) = A_0 + A_1(z-\alpha) + A_2(z-\alpha)^2 + A_3(z-\alpha)^3 + \cdots$$

の形の無限級数で与えられる関数を**べき級数**もしくは**整級数**という[*1]．多項式と同様に，$A_n(z-\alpha)^n$ をべき級数の「n 次の項」といい，A_n を n 次の項の「係数」という．

正則関数をべき級数で表現するのが，微分積分学でもおなじみの「テイラー[*2]展開」である．

定理 4.3（テイラー展開）
関数 $f(z)$ は円板 $D(\alpha, R)$ を含む領域上で正則であるとする．このとき，すべての $z \in D(\alpha, R)$ に対し，つぎの等式が成り立つ．

[*1] べき級数の一般論については付録 C を参照．
[*2] Brook Taylor (1685 – 1731)，イギリスの数学者．

$$f(z) = f(\alpha) + f'(\alpha)(z-\alpha) + \frac{f''(\alpha)}{2!}(z-\alpha)^2 + \cdots \quad (4.3)$$

すなわち右辺の級数は収束し，その値は $f(z)$ である．

式 (4.3) を $f(z)$ の α を中心とする**テイラー展開**といい，右辺のべき級数を**テイラー級数**という．

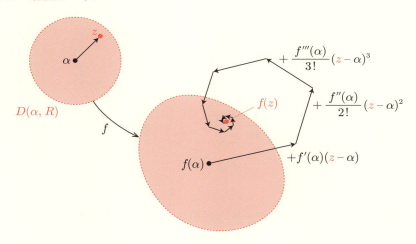

注意！ $z \in D(\alpha, R)$ に対し，テイラー展開の式 (4.3) を

$$f(z) = A_0 + A_1(z-\alpha) + A_2(z-\alpha)^2 + A_3(z-\alpha)^3 + \cdots$$

と表してみよう．r を $0 < r < R$ をみたすように選んで $C = C(\alpha, r)$ とおけば，定理 3.15 よりこれらの係数は積分を用いて

$$A_n = \frac{f^{(n)}(\alpha)}{n!} = \frac{1}{2\pi i}\int_C \frac{f(z)}{(z-\alpha)^{n+1}}\,dz \quad (n=0, 1, 2, \cdots)$$

と表される．この積分は次節，「ローラン展開」の係数としてふたたび登場することになる (式 (4.8))．

証明 $z_0 \in D(\alpha, R)$ を任意にとり固定する．つぎに $|z_0 - \alpha| < r < R$ となるように r を定め，$C = C(\alpha, r)$ とおく．このとき，C 上の任意の点 z に対し，$\left|\dfrac{z_0-\alpha}{z-\alpha}\right| = \dfrac{|z_0-\alpha|}{r} < 1$ が成り立つことに注意しよう．いま，

$$\frac{f(z)}{z-z_0} = \frac{f(z)}{(z-\alpha)-(z_0-\alpha)} = \frac{f(z)}{z-\alpha} \cdot \frac{1}{1-\dfrac{z_0-\alpha}{z-\alpha}} \quad (4.4)$$

と変形できるから，$g(z) := \dfrac{f(z)}{z-\alpha}$，$\beta(z) := \dfrac{z_0-\alpha}{z-\alpha}$，$\rho := \dfrac{|z_0-\alpha|}{r}$ とおくことで命題 4.2 が適用できる．よって，

$$\begin{aligned}
f(z_0) &= \frac{1}{2\pi i} \int_C \frac{f(z)}{z-z_0}\, dz \qquad \leftarrow \text{コーシーの積分公式（定理 3.14）}\\
&= \frac{1}{2\pi i} \int_C \frac{f(z)}{z-\alpha} \cdot \frac{1}{1-\dfrac{z_0-\alpha}{z-\alpha}}\, dz \qquad \leftarrow \text{式 (4.4)}\\
&= \frac{1}{2\pi i} \sum_{n=0}^{\infty} \int_C \frac{f(z)}{z-\alpha} \cdot \left(\frac{z_0-\alpha}{z-\alpha}\right)^n dz \qquad \leftarrow \text{命題 4.2}\\
&= \sum_{n=0}^{\infty} \left(\frac{1}{2\pi i} \int_C \frac{f(z)}{(z-\alpha)^{n+1}}\, dz\right)(z_0-\alpha)^n\\
&= \sum_{n=0}^{\infty} \frac{f^{(n)}(\alpha)}{n!}(z_0-\alpha)^n. \qquad \leftarrow n \text{ 階導関数の積分公式（定理 3.15）} \quad\blacksquare
\end{aligned}$$

例 1（指数・三角関数のマクローリン展開） 原点を含む領域で定義された正則関数 $f(z)$ の，原点を中心としたテイラー展開

$$f(z) = f(0) + f'(0)\,z + \frac{f''(0)}{2!}z^2 + \cdots$$

を**マクローリン展開**という．たとえば，指数関数 e^z，三角関数 $\sin z, \cos z$ は複素平面全体で正則であるから，原点を中心とする任意の半径 R の円板 $D(0, R)$ に対して定理 4.3 を適用できる．各 $n = 0, 1, \cdots$ に対して 0 における n 階導関数の値（実関数のときと同じ）を計算すれば，任意の複素数 z に対し，

$$\begin{aligned}
e^z &= 1 + \frac{z}{1!} + \frac{z^2}{2!} + \cdots & (4.5)\\
\sin z &= z - \frac{z^3}{3!} + \frac{z^5}{5!} - \cdots & (4.6)\\
\cos z &= 1 - \frac{z^2}{2!} + \frac{z^4}{4!} - \cdots & (4.7)
\end{aligned}$$

がわかる．すなわち，右辺の級数はそれぞれ収束し，極限は左辺の値に一致する． □

注意! べき級数の一般論（⇨ 付録 C）から，式 (4.5) の右辺の級数が任意の複素数 z に対し収束することが直接証明できる．そこで，「左辺の指数関数を右辺の級数の極限として定義する」ことも可能である．

テイラー展開の一意性 正則関数 $f(z)$ に対し，A さんは n 階導関数の値をそれぞれ求め，テイラー展開（定理 4.3）を $f(z) = A_0 + A_1(z-\alpha) + A_2(z-\alpha)^2 + \cdots$ と計算した．一方，B さんはまったく別の計算方法で $f(z) = B_0 + B_1(z-\alpha) + B_2(z-\alpha)^2 + \cdots$ というべき級数による表現を得た．このとき，すべての n で $A_n = B_n$ が成り立つだろうか．答えは YES である．

> **命題 4.4（テイラー展開の一意性）**
> 関数 $f(z)$ は円板 $D(\alpha, R)$ を含む領域上で正則であるとする．ある複素数の列 $B_0, B_1, B_2, \cdots$ が存在し，すべての $z \in D(\alpha, R)$ に対して
> $$f(z) = B_0 + B_1(z-\alpha) + B_2(z-\alpha)^2 + \cdots$$
> が成り立つとき，右辺のべき級数は $f(z)$ の α を中心とするテイラー級数になっている．すなわち，$B_n = \dfrac{f^{(n)}(\alpha)}{n!}$ がすべての $n = 0, 1, 2, \cdots$ に対して成り立つ．

証明はあとで「ローラン展開の一意性」（命題 4.6）として一般化した形で与える．この命題の意義を理解するために，応用例を見てみよう．

例 2 指数関数 e^z のマクローリン展開（式 (4.5)）を用いると，任意の複素数 α を中心としたテイラー展開を<u>n 階導関数の計算なし</u>で求めることができる．実際，指数法則（定理 1.6）と式 (4.5) より，べき級数による表現

$$e^z = e^\alpha \cdot e^{z-\alpha} = e^\alpha \sum_{n=0}^\infty \frac{(z-\alpha)^n}{n!} = \sum_{n=0}^\infty \frac{e^\alpha}{n!}(z-\alpha)^n$$

が得られるが，テイラー展開の一意性（命題 4.4）より，これは e^z の α を中心と

したテイラー展開になっている. □

> **例題 4.1**
> 関数 $f(z) = \dfrac{1}{z - 2i}$ をつぎの点を中心にテイラー展開せよ.
>   (1) $z = 0$ (2) $z = i$

解答 (1) 命題 4.1 を適用するために, つぎのように変形する.
$$f(z) = \frac{1}{-2i} \cdot \frac{1}{1 - \dfrac{z}{2i}}.$$

よって $\left|\dfrac{z}{2i}\right| < 1$ のとき, すなわち $|z| < 2$ のとき,
$$f(z) = \frac{1}{-2i} \sum_{n=0}^{\infty} \left(\frac{z}{2i}\right)^n = -\sum_{n=0}^{\infty} \frac{1}{(2i)^{n+1}} z^n.$$

関数 $f(z)$ は $D(0, 2)$ において正則であるから, テイラー展開の一意性 (命題 4.4) より, これは $f(z)$ の 0 を中心とするテイラー展開 (マクローリン展開) になっている.

(2) (1) と同様に, まずつぎのように変形する.
$$f(z) = \frac{1}{(z - i) - i} = \frac{1}{-i} \cdot \frac{1}{1 - \dfrac{z - i}{i}}.$$

よって $\left|\dfrac{z - i}{i}\right| < 1$ のとき, すなわち $|z - i| < 1$ のとき,
$$f(z) = \frac{1}{-i} \sum_{n=0}^{\infty} \left(\frac{z - i}{i}\right)^n = -\sum_{n=0}^{\infty} \frac{1}{i^{n+1}} (z - i)^n.$$

関数 $f(z)$ は $D(i, 1)$ において正則であるから, テイラー展開の一意性 (命題 4.4) より, これは $f(z)$ の i を中心とするテイラー展開になっている. ■

4.2 ローラン展開

指数関数のマクローリン展開 (式 (4.5)) を用いれば, $z \neq 0$ に対し
$$\frac{e^z}{z^2} = \frac{1}{z^2} + \frac{1}{z} + \frac{1}{2!} + \frac{z}{3!} + \cdots, \quad e^{1/z} = 1 + \frac{1}{z} + \frac{1}{2!\, z^2} + \frac{1}{3!\, z^3} + \cdots$$

といった等式が得られる．これらの関数はともに原点での値が定義されないので，右辺の級数は「原点を中心としたテイラー展開」ではない．しかし，それを一般化した「ローラン展開」とよばれるものになっている．

> **定理 4.5（ローラン展開）**
> 関数 $f(z)$ は複素数 α を中心とする円環領域
> $$D = \{z \in \mathbb{C} \mid R_1 < |z-\alpha| < R_2\} \qquad (0 \leq R_1 < R_2 \leq \infty)$$
> を含む領域上で正則であるとする．D 上の円 $C = C(\alpha, r)$ $(R_1 < r < R_2)$ を1つ定め，整数 $n = 0, \pm 1, \pm 2, \cdots$ に対し
> $$A_n := \frac{1}{2\pi i} \int_C \frac{f(z)}{(z-\alpha)^{n+1}} dz \qquad (4.8)$$
> とおくとき，任意の $z \in D$ に対してつぎの等式が成り立つ．
> $$f(z) = \cdots + \frac{A_{-2}}{(z-\alpha)^2} + \frac{A_{-1}}{z-\alpha}$$
> $$+ A_0 + A_1(z-\alpha) + A_2(z-\alpha)^2 + \cdots. \qquad (4.9)$$
> すなわち，二重下線部と下線部の級数はそれぞれ収束し，その和は $f(z)$ となる．

式 (4.9) を関数 $f(z)$ の α を中心とする**ローラン展開**といい，式 (4.9) の右辺を**ローラン級数**という[*3]．整数 n に対し $A_n(z-\alpha)^n$ をローラン級数における「n 次の項」といい，A_n を n 次の項の「係数」という．

> **注意！** 式 (4.8) 右辺の被積分関数は積分路 C 上で連続であるから，積分値 A_n が定まる（存在する）．定理 3.11 より，その積分値は C の半径 $r \in (R_1, R_2)$ には依存しない．

[*3] べき級数の拡張として，式 (4.9) の右辺のような無限和で表された関数のことも一般に「ローラン級数」という．ローラン（Pierre Alphonse Laurent, 1813 – 1854）はフランスの数学者．

注意! 関数 $f(z)$ が $D(\alpha, R_2)$ 上で正則な場合，負の整数 n に対しては $A_n = 0$ となる．このとき，ローラン展開の二重下線部（負べきの部分）は消えて，テイラー展開（式 (4.3)）と一致する．この意味で，ローラン展開はテイラー展開を一般化したものになっている．

例3 関数 $f(z) = \dfrac{1}{z(z-1)}$ は複素平面から 0 と 1 を除いた領域で正則である．このとき，ローラン展開可能な円環領域 D として $\{z \in \mathbb{C} \mid 0 < |z| < 1\}$（下図左），$\{z \in \mathbb{C} \mid 1 < |z| < \infty\}$（下図中央），$\{z \in \mathbb{C} \mid 1 < |z-i| < \sqrt{2}\}$（下図右）などが考えられる（章末問題 4.5）． □

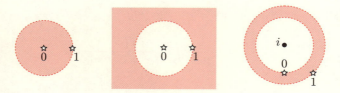

証明（定理 4.5） $z_0 \in D$ を固定する．また十分小さな $\varepsilon > 0$ をとることで，$C_0 = C(z_0, \varepsilon)$ は D の内部にあるとしてよい．さらに $r_1, r_2 > 0$ を $R_1 < r_1 < |z_0 - \alpha| < r_2 < R_2$ となるように選んで，右下の図のように $C_0, C_1 = C(\alpha, r_1), C_2 = C(\alpha, r_2)$ が互いに交わらないようにできる．また，円 $C = C(\alpha, r)$ に対し $r_1 < r < r_2$ が成り立つことも仮定してよい．

コーシーの積分公式（定理 3.14）より
$$f(z_0) = \frac{1}{2\pi i} \int_{C_0} \frac{f(z)}{z - z_0} dz$$
が成り立つが，定理 3.11 より，

$$\int_{C_0} + \int_{C_1} = \int_{C_2} \iff \int_{C_0} = \int_{C_2} - \int_{C_1}.$$

よって，つぎの (a) と (b) を証明すればよい．

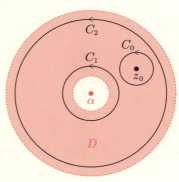

(a) **式 (4.9) の下線部** $n \geq 0$ に対し $A_n = \dfrac{1}{2\pi i} \int_C \dfrac{f(z)}{(z-\alpha)^{n+1}} dz$ とおくとき，

$$\frac{1}{2\pi i} \int_{C_2} \frac{f(z)}{z - z_0} dz = \sum_{n=0}^{\infty} A_n (z_0 - \alpha)^n. \tag{4.10}$$

(b) 式 (4.9) の二重下線部 $m \geq 1$ に対し $A_{-m} = \dfrac{1}{2\pi i} \displaystyle\int_C \dfrac{f(z)}{(z-\alpha)^{-m+1}} dz$ とおくとき，

$$-\frac{1}{2\pi i} \int_{C_1} \frac{f(z)}{z-z_0} dz = \sum_{m=1}^{\infty} \frac{A_{-m}}{(z_0-\alpha)^m}. \tag{4.11}$$

実際，式 (4.10) と式 (4.11) を足し合わせれば求めたいローラン展開の式 (4.9) となる．まず (b) を示そう．z が円 C_1 上にあるとき $\dfrac{|z-\alpha|}{|z_0-\alpha|} = \dfrac{r_1}{|z_0-\alpha|} < 1$ であるから，テイラー展開 (定理 4.3) の証明と同様に命題 4.2 を適用できて，

$$\begin{aligned}
-\frac{1}{2\pi i} \int_{C_1} \frac{f(z)}{z-z_0} dz &= \frac{1}{2\pi i} \int_{C_1} \frac{f(z)}{z_0-\alpha} \cdot \frac{1}{1-\dfrac{z-\alpha}{z_0-\alpha}} dz \\
&= \frac{1}{2\pi i} \sum_{n=0}^{\infty} \int_{C_1} \frac{f(z)}{z_0-\alpha} \left(\frac{z-\alpha}{z_0-\alpha}\right)^n dz \quad \Leftarrow \text{命題 4.2} \\
&= \frac{1}{2\pi i} \sum_{n=0}^{\infty} \left(\int_{C_1} \frac{f(z)}{(z-\alpha)^{-n}} dz\right) \cdot \frac{1}{(z_0-\alpha)^{n+1}} \\
&= \sum_{m=1}^{\infty} \left(\frac{1}{2\pi i} \int_{C_1} \frac{f(z)}{(z-\alpha)^{-m+1}} dz\right) \cdot \frac{1}{(z_0-\alpha)^m}.
\end{aligned}$$

ふたたび定理 3.11 より

$$\frac{1}{2\pi i} \int_{C_1} \frac{f(z)}{(z-\alpha)^{-m+1}} dz = \frac{1}{2\pi i} \int_C \frac{f(z)}{(z-\alpha)^{-m+1}} dz = A_{-m}$$

が成り立つので，式 (4.11) が示された．

(a) の証明はテイラー展開 (定理 4.3) の証明と同様にできるので，省略する． ∎

ローラン展開の一意性 テイラー展開と同様に，ローラン展開の係数 $\{A_n\}_{n=-\infty}^{\infty}$ も計算方法によらず一意的に定まる．

命題 4.6 (ローラン展開の一意性)

関数 $f(z)$ は定理 4.5 と同じく，複素数 α を中心とする円環領域 D で正則であるとする．ある複素数の列 $\cdots B_{-2}, B_{-1}, B_0, B_1, B_2, \cdots$ が存在し，すべての $z \in D$ に対して

$$f(z) = \sum_{n=-\infty}^{\infty} B_n (z-\alpha)^n$$

が成り立つとき，右辺は $f(z)$ の α を中心とするローラン級数になっている．すなわち，すべての整数 n に対して B_n は式 (4.8) の A_n と一致する．

注意! この命題は見かけ以上に重要で，「留数定理」(次節，定理 4.8) を用いた積分計算を可能にするもっとも根本的なトリックがここに含まれている．ローラン展開の係数 A_n は積分によって与えられるが(式 (4.8))，その計算を定義通りに実行することは極めて難しい．しかし，既知の級数展開などを用いた代数的な計算により $f(z) = \sum_{n=-\infty}^{\infty} B_n(z-\alpha)^n$ の形に表現できれば，それはすでにローラン展開になっており，係数を比較することで積分

$$\frac{1}{2\pi i} \int_C \frac{f(z)}{(z-\alpha)^{n+1}} dz \quad (= A_n)$$

の値が B_n だと計算できてしまうのである．

証明の前に，具体的な適用例を見ておこう．

例題 4.2

つぎの (1) と (2) に対し，関数 $f(z)$ を円環領域 D でローラン展開せよ．また，その結果を用いて，単位円 $C = C(0, 1)$ に沿った積分

$$\int_C f(z)\,dz \quad \text{および} \quad \int_C \frac{f(z)}{z^2}\,dz$$

を求めよ．
 (1) $f(z) = \dfrac{e^z}{z^2}$, $D = \{z \in \mathbb{C} \mid 0 < |z| < \infty\}$
 (2) $f(z) = \dfrac{1}{z^2(z-2)}$, $D = \{z \in \mathbb{C} \mid 0 < |z| < 2\}$

注意! 式 (4.8) より，$\dfrac{1}{2\pi i}\int_C f(z)\,dz$ と $\dfrac{1}{2\pi i}\int_C \dfrac{f(z)}{z^2}\,dz$ はそれぞれ $f(z)$ の原点を中心とするローラン展開の -1 次と 1 次の項の係数である．

解答 (1) 関数 $f(z) = \dfrac{e^z}{z^2}$ は $D = \{z \in \mathbb{C} \mid 0 < |z| < \infty\}$ 上で正則であるから，ローラン展開ができる．

指数関数のマクローリン展開(式 (4.5))より $z \neq 0$ に対し

$$\frac{e^z}{z^2} = \frac{1}{z^2}\left(1 + z + \frac{z^2}{2!} + \frac{z^3}{3!} + \cdots\right) = \frac{1}{z^2} + \frac{1}{z} + \frac{1}{2!} + \frac{z}{3!} + \cdots$$

が成り立つ．ローラン展開の一意性(命題 4.6)より，これは関数 $\dfrac{e^z}{z^2}$ のローラン展開になっている．とくに z^{-1} の係数(-1 次の項の係数)は 1 なので，ローラン展開の係数の定義(式 (4.8))から

$$1 = \frac{1}{2\pi i}\int_C \frac{e^z/z^2}{z^0}\, dz \quad \Longleftrightarrow \quad \int_C \frac{e^z}{z^2}\, dz = 2\pi i.$$

同様に z の係数(1 次の項の係数)は $1/3!$ なので，

$$\frac{1}{3!} = \frac{1}{2\pi i}\int_C \frac{e^z/z^2}{z^2}\, dz \quad \Longleftrightarrow \quad \int_C \frac{e^z}{z^4}\, dz = \frac{\pi i}{3}.$$

(2) 関数 $f(z) = \dfrac{1}{z^2(z-2)}$ は $D = \{z \in \mathbb{C} \mid 0 < |z| < 2\}$ 上で正則であるから，ローラン展開ができる．

$z \in D$ のとき $|z/2| < 1$ であることに注意して幾何級数(命題 4.1)をもちいると，

$$\frac{1}{z^2(z-2)} = \frac{1}{z^2} \cdot \frac{1}{-2(1-z/2)} = -\frac{1}{2z^2}\cdot\left(1 + \frac{z}{2} + \frac{z^2}{4} + \cdots\right)$$
$$= -\frac{1}{2z^2} - \frac{1}{4z} - \frac{1}{8} - \frac{z}{16} - \cdots$$

と計算できる．ローラン展開の一意性(命題 4.6)より，これは関数 $\dfrac{1}{z^2(z-2)}$ の原点中心のローラン展開になっている．(1) と同様の議論により，

$$\int_C \frac{1}{z^2(z-2)}\, dz = 2\pi i \cdot \left(-\frac{1}{4}\right) = -\frac{\pi i}{2},$$
$$\int_C \frac{1}{z^4(z-2)}\, dz = 2\pi i \cdot \left(-\frac{1}{16}\right) = -\frac{\pi i}{8}.$$

ローラン展開(テイラー展開)の一意性の証明

以下でローラン展開の一意性(命題 4.6)の証明[*4]を与える．テイラー展開はローラン展開の特別な場合であるから，これはテイラー展開の一意性(命題 4.4)の証明でもある．

[*4] ここでは，留数計算や実関数の積分への応用までを目標に勉強される方々のために，できる限り初等的で，自己完結的な証明を与えた(ひとまず読み飛ばして次節に進んでもかまわない)．「一様収束」($\Rightarrow$ 付録 B)の概念やべき級数の一般論($\Rightarrow$ 付録 C)を用いると，もう少し見通しよく書き下すことができる．

証明(テイラー展開・ローラン展開の一意性,命題 4.4 と命題 4.6) 命題 4.6 の仮定のもと,円環領域 D を $D = \{z \in \mathbb{C} \mid R_1 < |z - \alpha| < R_2\}$ $(0 \leq R_1 < R_2 \leq \infty)$ と定め,$R_1 < r < R_2$ をみたす r を 1 つ固定する.ひとまず,つぎの補題を仮定して証明を進める(補題の証明は直後に与える).

> **補題** つぎをみたす数列 $\{\varepsilon_n\}_{n=0}^{\infty}$ が存在する.
> - ε_n は正の実数で $\varepsilon_n \to 0$ $(n \to \infty)$,かつ
> - 円 $C = C(\alpha, r)$ 上のすべての z に対し
> $$\left| f(z) - \sum_{m=-n}^{n} B_m (z - \alpha)^m \right| \leq \varepsilon_n.$$

任意の整数 N を固定し,$A_N = B_N$ を示そう.自然数 n を $n > |N|$ をみたすように選び,$f_n(z) := \sum_{m=-n}^{n} B_m (z-\alpha)^m$ とおくとき,基本公式 1(公式 3.9)より

$$\frac{1}{2\pi i} \int_C \frac{f_n(z)}{(z-\alpha)^{N+1}}\,dz = \frac{1}{2\pi i} \int_C \left(\sum_{m=-n}^{n} B_m (z-\alpha)^m \right) \cdot \frac{1}{(z-\alpha)^{N+1}}\,dz$$

$$= \frac{1}{2\pi i} \sum_{m=-n}^{n} B_m \int_C \frac{1}{(z-\alpha)^{N-m+1}}\,dz$$

$$= B_N.$$

したがって,$n \geq |N|$ のとき

$$A_N - B_N = \frac{1}{2\pi i} \int_C \frac{f(z) - f_n(z)}{(z-\alpha)^{N+1}}\,dz = 0$$

を示せばよい.補題より点 z が円 $C = C(\alpha, r)$ 上にあるとき $|f(z) - f_n(z)| \leq \varepsilon_n$ であるから,$M\ell$ 不等式(公式 3.3)より

$$|A_N - B_N| = \left| \frac{1}{2\pi i} \int_C \frac{f(z) - f_n(z)}{(z-\alpha)^{N+1}}\,dz \right| \leq \frac{1}{2\pi} \cdot \frac{\varepsilon_n}{r^{N+1}} \cdot 2\pi r = \frac{\varepsilon_n}{r^N}.$$

N は固定されているが $n \to \infty$ とできるので,$\varepsilon_n \to 0$ より,$A_N = B_N$. ∎

証明（補題） 記号を簡単にするために，$\alpha = 0$ として証明する（一般性は失われない）．各 $z \in D$ に対し級数 $\sum_{m=-\infty}^{\infty} B_m z^m$ を $m < 0$ か $m \geq 0$ で分割し，

$$f(z) = g(z) + h(z), \quad g(z) = \sum_{m=1}^{\infty} \frac{B_{-m}}{z^m}, \quad h(z) = \sum_{m=0}^{\infty} B_m z^m$$

とおく．また，$f_n(z) = \sum_{m=-n}^{n} B_m z^m$ についても同様に

$$f_n(z) = g_n(z) + h_n(z), \quad g_n(z) = \sum_{m=1}^{n} \frac{B_{-m}}{z^m}, \quad h_n(z) = \sum_{m=0}^{n} B_m z^m$$

とおき，$|g(z) - g_n(z)|$ と $|h(z) - h_n(z)|$ の大きさをそれぞれ評価しよう．

まず，円環領域 $D = \{z \in \mathbb{C} \mid R_1 < |z| < R_2\}$ から点 z_2 を

$$r < |z_2| < R_2$$

をみたすように選ぶ．命題 4.6 の仮定より $h(z_2) = \lim_{n \to \infty} h_n(z_2)$ であるから，$m \to \infty$ のとき，三角不等式 (2.1) より

$$|B_m z_2^m| = |h_m(z_2) - h_{m-1}(z_2)| \leq |h_m(z_2) - h(z_2)| + |h(z_2) - h_{m-1}(z_2)| \to 0.$$

よって，数列 $\{|B_m z_2^m|\}_{m=0}^{\infty}$ には最大値 K_2 が存在する．

点 z が円 $C = C(0, r)$ 上にあるとき，$|z/z_2| = r/|z_2| < 1$ である．したがって，$t := r/|z_2|$ とおくと，三角不等式より

$$|h(z) - h_n(z)| = \lim_{L \to \infty} \left| \sum_{k=1}^{L} B_{n+k} z^{n+k} \right| \leq \lim_{L \to \infty} \sum_{k=1}^{L} |B_{n+k} z^{n+k}| \quad \color{red}{\Leftarrow \text{三角不等式}}$$

$$= \lim_{L \to \infty} \sum_{k=1}^{L} |B_{n+k} z_2^{n+k}| \left|\frac{z}{z_2}\right|^{n+k}$$

$$\leq \lim_{L \to \infty} \sum_{k=1}^{L} K_2 t^{n+k} = \frac{K_2 t^{n+1}}{1-t}.$$

同様に円環領域 D から点 z_1 を $R_1 < |z_1| < r$ をみたすように選ぶと，$g(z_1) = \lim_{n \to \infty} g_n(z_1)$ より数列 $\left\{\frac{|B_{-m}|}{|z_1|^m}\right\}_{m=1}^{\infty}$ には最大値 K_1 が存在することが示される．点 z が C 上にあるとき，$|z_1/z| = |z_1|/r < 1$ であるから，$s := |z_1|/r$ とおくことで

$$|g(z) - g_n(z)| = \lim_{L \to \infty} \left| \sum_{k=1}^{L} \frac{B_{-(n+k)}}{z^{n+k}} \right| \textcolor{red}{\leq} \lim_{L \to \infty} \sum_{k=1}^{L} \left| \frac{B_{-(n+k)}}{z^{n+k}} \right| \quad \textcolor{red}{\leftarrow \text{三角不等式}}$$

$$= \lim_{L \to \infty} \sum_{k=1}^{L} \left| \frac{B_{-(n+k)}}{z_1^{n+k}} \right| \left| \frac{z_1}{z} \right|^{n+k}$$

$$\leq \lim_{L \to \infty} \sum_{k=1}^{L} K_1 s^{n+k} = \frac{K_1 s^{n+1}}{1-s}.$$

を得る．よって，z が円 C 上にあるとき，三角不等式より

$$|f(z) - f_n(z)| \leq |g(z) - g_n(z)| + |h(z) - h_n(z)|$$

$$\leq \frac{K_1 s^{n+1}}{1-s} + \frac{K_2 t^{n+1}}{1-t}.$$

最後の式を ε_n とすれば，$|f(z) - f_n(z)| \leq \varepsilon_n \to 0$ $(n \to \infty)$ を得る． ∎

4.3 留数定理

本節では，ローラン展開を用いた積分計算のエッセンスを「留数定理」としてまとめる．

ローラン展開による孤立特異点の分類　ある点 $\alpha \in \mathbb{C}$ と $R \leq \infty$ があって，関数 $f(z)$ は α を中心とする円環領域

$$D = \{z \in \mathbb{C} \mid 0 < |z - \alpha| < R\}$$

を含む領域で正則と仮定する．このような円環領域は「穴あき円板」もしくは「穴あき平面」とよばれるのであった (例題 2.1)．「穴」にあたる点 α を **孤立特異点** という．α における関数 $f(z)$ のふるまいはまだわからないが（じつは α でも正則かもしれない），定理 4.5 よりローラン展開

$$f(z) = \cdots + \frac{A_{-2}}{(z-\alpha)^2} + \frac{A_{-1}}{z-\alpha} + A_0 + A_1(z-\alpha) + A_2(z-\alpha)^2 + \cdots \tag{4.12}$$

は得られる．この下線部分（負べきの項たち）をローラン展開 (4.12) の **主要部** という．この主要部の形に応じて，点 α をつぎの 3 種類に分類する．

(1) ローラン展開 (4.12) の主要部が存在しないとき，すなわち，すべての自然数 k に対し $A_{-k} = 0$ であるとき，α を **除去可能な特異点** という．

(2) ローラン展開 (4.12) の主要部が有限個の (0 でない) 項からなるとき，すなわち，ある自然数 k が存在し，$A_{-k} \neq 0$ かつ

$$f(z) = \frac{A_{-k}}{(z-\alpha)^k} + \cdots + \frac{A_{-1}}{z-\alpha} + A_0 + A_1(z-\alpha) + A_2(z-\alpha)^2 + \cdots$$

と書けるとき，α を **k 位の極** という．

(3) ローラン展開 (4.12) の主要部が無限個の (0 でない) 項からなるとき，α を **真性特異点** という．

> **注意！** α が除去可能な特異点であるとき，極限 $A_0 := \lim_{z \to \alpha} f(z)$ が存在し，$f(\alpha) := A_0$ とおくことで $f(z)$ は円板 $D(\alpha, R)$ 上の正則関数となることが知られている (章末問題 4.8)．一方，α が極であれば $\lim_{z \to \alpha} |f(z)| = \infty$ が成り立つ (章末問題 4.9)．真性特異点については章末問題 5.8 も参照せよ．

例4 (除去可能な特異点) 穴あき平面 $\mathbb{C} - \{0\} = \{z \in \mathbb{C} \mid 0 < |z| < \infty\}$ で正則な関数

$$f(z) = \frac{\sin z}{z}$$

を考える ($f(z)$ に $z = 0$ を代入すると $0/0$ となってしまうので，現時点では $f(0)$ は意味をもたない)．$\sin z$ のマクローリン展開 (式 (4.6)) を用いると，$z \neq 0$ のとき

$$f(z) = \frac{1}{z}\left(z - \frac{z^3}{3!} + \frac{z^5}{5!} - \cdots\right) = 1 - \frac{z^2}{3!} + \frac{z^4}{5!} - \cdots$$

と表現されるが，ローラン展開の一意性 (命題 4.6) より，これは $f(z)$ の原点を中心としたローラン展開になっている．しかも負べきの項 (主要部) をもたないので，$z = 0$ は $f(z)$ の「除去可能な特異点」である．

この例の場合，$f(0) := 1$ と定義すれば，$f(z)$ は複素平面上で正則な関数となる (章末問題 4.8)．こちらのほうがより自然な，関数 $f(z)$ の本来の姿だといえるだろう．一般に数式による表現は万能ではなく，こうした見かけ上の特異

点が生じることもある．

例5（極） 例題 4.2(2) の関数 $\dfrac{1}{z^2(z-2)}$ は穴あき円板 $D = \{0 < |z| < 2\}$ で正則であり，原点を中心としたローラン展開

$$\frac{1}{z^2(z-2)} = -\frac{1}{2z^2} - \frac{1}{4z} - \frac{1}{8} - \frac{z}{16} - \cdots$$

をもつのであった．主要部の形から，原点は「2 位の極」である．

例6（真性特異点） 穴あき平面 $\mathbb{C} - \{0\}$ 上で正則な関数 $e^{1/z}$, $\sin\dfrac{1}{z}$ を原点中心にローラン展開してみよう．e^z, $\sin z$ のマクローリン展開（式 (4.5) と (4.6)）は任意の複素数 z に対し収束するから，z を $1/z$ ($z \neq 0$) に置き換えて

$$e^{1/z} = 1 + \frac{1}{z} + \frac{1}{2!\,z^2} + \frac{1}{3!\,z^3} + \cdots$$

$$\sin\frac{1}{z} = \frac{1}{z} - \frac{1}{3!\,z^3} + \frac{1}{5!\,z^5} - \frac{1}{7!\,z^7} + \cdots$$

を得る．ローラン展開の一意性（命題 4.6）より，これらは原点中心のローラン展開になっており，主要部（負べきの項たち，下線部）が無限個の項をもつから，原点はこれらの関数の「真性特異点」である．

留数 関数 $f(z)$ は点 α を中心とする穴あき円板 $\{z \in \mathbb{C} \mid 0 < |z-\alpha| < R\}$ を含む領域上で正則であり，ローラン展開 $f(z) = \displaystyle\sum_{n=-\infty}^{\infty} A_n (z-\alpha)^n$ をもつとする．このとき，$(z-\alpha)^{-1}$ の係数 A_{-1} を関数 $f(z)$ の α における**留数**といい，

$$\mathrm{Res}(f(z), \alpha)$$

と表す．

なぜ唐突に，A_{-1} を特別扱いするのだろうか．その理由は，つぎの定理にある．

定理 4.7（積分と留数）
関数 $f(z)$ は点 α を中心とする穴あき円板 $\{z \in \mathbb{C} \mid 0 < |z-\alpha| < R\}$ を

含む領域上で正則であり,ローラン展開 $f(z) = \sum_{n=-\infty}^{\infty} A_n(z-\alpha)^n$ をもつとする.円 $C = C(\alpha, r)$ が $0 < r < R$ をみたすとき,

$$\int_C f(z)\,dz = 2\pi i \cdot A_{-1} = 2\pi i \operatorname{Res}(f(z), \alpha). \tag{4.13}$$

複素線積分の定義は,リーマン和の極限操作をともなう複雑なものであった(第3章, 3.1節).この定理は,それが留数(ローラン展開の係数の1つ)によって表されることを主張する.もしローラン展開が既知のテイラー展開を用いて計算できれば,式 (4.13) よりただちに積分の値が求まるのである.

証明 ローラン展開の係数の定義式 (4.8)

$$A_n = \frac{1}{2\pi i} \int_C \frac{f(z)}{(z-\alpha)^{n+1}}\,dz \qquad (n = 0, \pm 1, \pm 2, \cdots)$$

において $n = -1$ とし,両辺に $2\pi i$ を掛ければよい. ∎

留数 A_{-1} がなぜ「留まる数」として特殊な意味をもつのかを理解するために,別証明を与えておこう.

別証明 $C = C(\alpha, r)$ (ただし $0 < r < R$) とおく.基本公式1 (公式 3.9) より,$n \neq -1$ のとき $\int_C (z-\alpha)^n dz = 0$, $n = -1$ のとき $\int_C (z-\alpha)^n dz = 2\pi i$ であるから,ローラン展開を用いて

$$\int_C f(z)\,dz = \int_C \left(\sum_{n=-\infty}^{\infty} A_n(z-\alpha)^n \right) dz$$

$$=^* \sum_{n=-\infty}^{\infty} \left(A_n \int_C (z-\alpha)^n\,dz \right) = 2\pi i \cdot A_{-1}.$$

ただし, $=^*$ の部分は式 (4.2) と同じく「無限和と積分の順序交換」とよばれる操作を行っており,正当化が必要である(⇒付録C, C.2 節). ∎

この別証明からわかるように,$f(z)$ を特異点 α のまわりでローラン展開してから積分すると,留数 A_{-1} を含む項のみが「留まり」,それ以外の項が消え去ってしまう.

注意! 留数は 0 になることもある（たとえば α が除去可能な特異点の場合）．

例7 例題 4.2 (1) の関数 $\dfrac{e^z}{z^2}$ の，$z=0$ における留数を求めてみよう．例題で計算したローラン展開 $\dfrac{e^z}{z^2} = \dfrac{1}{z^2} + \dfrac{1}{z} + \cdots$ の z^{-1} の係数は 1 なので，$\mathrm{Res}\left(\dfrac{e^z}{z^2}, 0\right) = 1$．定理 4.7 より，たとえば単位円 $C = C(0,1)$ に対し，

$$\int_C \frac{e^z}{z^2}\, dz = 2\pi i\, \mathrm{Res}\left(\frac{e^z}{z^2}, 0\right) = 2\pi i \cdot 1 = 2\pi i.$$
□

例8 同様に例題 4.2 (2) の関数 $\dfrac{1}{z^2(z-2)}$ の，$z=0$ における留数を求めると，ローラン展開 $\dfrac{1}{z^2(z-2)} = \cdots - \dfrac{1}{4z} + \cdots$ より $\mathrm{Res}\left(\dfrac{1}{z^2(z-2)}, 0\right) = -\dfrac{1}{4}$ となる．
□

留数定理 これまで，積分計算はコーシーの積分公式（定理 3.14）や積分路の変形を組み合わせて行ってきた．留数を用いれば，それらをすっきりと公式の形でまとめることができる．

定理 4.8（留数定理）
正則関数 $f(z)$ の定義域 D は単純閉曲線 C と，C の内部から互いに異なる点 $\alpha_1, \alpha_2, \cdots, \alpha_n$ を除いた領域を含むものとする．このとき，

$$\int_C f(z)\, dz = 2\pi i \sum_{k=1}^{n} \mathrm{Res}(f(z), \alpha_k).$$

証明 各 $k = 1, 2, \cdots, n$ に対し $D_k := D(\alpha_k, r)$ とおき，$r > 0$ を十分に小さくとれば，$D_1, \cdots, D_n$ はすべて C の内部に含まれ，互いに交わらないとしてよい（次ページの図，☆は孤立特異点）．また，各 $D_k - \{\alpha_k\}$ 上では式 (4.9) のようなローラン展開をもつ．

各 D_k 内に円 $C_k := C(\alpha_k, r/2)$ をとれば，定理 3.11 より

$$\int_C = \int_{C_1} + \cdots + \int_{C_n}$$

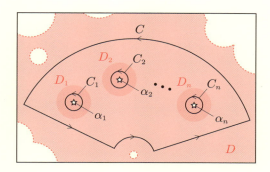

が成り立つ．定理 4.7 より $\int_{C_k} = 2\pi i \operatorname{Res}(f(z), \alpha_k)$ であるから，求める等式が得られた． ∎

留数の計算公式　留数定理（定理 4.8）の応用に入るまえに，使い勝手のよい留数の公式を 2 つ紹介しておこう[*5]．これらの公式を用いれば，ローラン展開をせずに，留数だけ直接求めることができる（ただし，真性特異点には適用できないので，ローラン展開が不要になるわけではない）．

> **公式 4.9（留数の計算公式 1）**
> 関数 $g(z)$ は点 α を含む領域上の正則関数であるとする．k を自然数とするとき，関数 $\dfrac{g(z)}{(z-\alpha)^k}$ に対し
> $$\operatorname{Res}\left(\frac{g(z)}{(z-\alpha)^k}, \alpha\right) = \frac{1}{(k-1)!}\, g^{(k-1)}(\alpha).$$
> とくに $k=1$ のとき，
> $$\operatorname{Res}\left(\frac{g(z)}{z-\alpha}, \alpha\right) = g(\alpha).$$

注意！　このとき，α は関数 $\dfrac{g(z)}{(z-\alpha)^k}$ の除去可能な特異点か，k 位以下の極と

[*5] 証明はとりあえず読み飛ばしてもかわまない．

なる (章末問題 4.11)*6.

証明 関数 $\dfrac{g(z)}{(z-\alpha)^k}$ は α を中心とするある穴あき円板上で正則であるから，ローラン展開可能である．$C = C(\alpha, r)$ (r は十分小) とすれば，定理 4.7 と定理 3.15 より

$$\mathrm{Res}\left(\frac{g(z)}{(z-\alpha)^k}, \alpha\right) = \frac{1}{2\pi i}\int_C \frac{g(z)}{(z-\alpha)^k}\,dz \quad \text{← 定理 4.7}$$

$$= \frac{1}{(k-1)!}g^{(k-1)}(\alpha). \quad \text{← 定理 3.15} \quad \blacksquare$$

例 9 $f(z) = \dfrac{e^z}{z-1}$ の $z=1$ における留数を求めてみよう．公式 4.9 に $\alpha = 1$, $g(z) = e^z$, $k=1$ を代入すると，

$$\mathrm{Res}\bigl(f(z), 1\bigr) = \mathrm{Res}\left(\frac{g(z)}{z-1}, 1\right) = g(1) = e. \quad \square$$

例 10 例 8 で求めた $f(z) = \dfrac{1}{z^2(z-2)}$ の $z=0$ における留数をもう一度計算してみよう．公式 4.9 に $\alpha = 0$, $g(z) = \dfrac{1}{z-2}$, $k=2$ を代入すると，$g'(z) = \dfrac{-1}{(z-2)^2}$ より

$$\mathrm{Res}\bigl(f(z), 0\bigr) = \mathrm{Res}\left(\frac{g(z)}{z^2}, 0\right) = \frac{1}{1!}g'(0) = -\frac{1}{4}. \quad \square$$

例 11 $f(z) = \dfrac{\sin z}{(z-\pi/3)^3}$ の $z = \dfrac{\pi}{3}$ における留数を求めてみよう．公式 4.9 に $\alpha = \dfrac{\pi}{3}$, $g(z) = \sin z$, $k=3$ を代入すると，$f(z) = \dfrac{g(z)}{(z-\pi/3)^3}$, $g''(z) = -\sin z$ より

$$\mathrm{Res}\left(f(z), \frac{\pi}{3}\right) = \frac{1}{2!}g''\left(\frac{\pi}{3}\right) = \frac{1}{2}\left(-\sin\frac{\pi}{3}\right) = -\frac{\sqrt{3}}{4}. \quad \square$$

---

*6 点 α が正則関数 $f(z)$ の k 位以下の極であるとき，

$$\mathrm{Res}(f(z), \alpha) = \frac{1}{(k-1)!}\lim_{z\to\alpha}\left\{\frac{d^{k-1}}{dz^{k-1}}\bigl\{(z-\alpha)^k f(z)\bigr\}\right\}$$

が成り立つ (章末問題 4.10)．一見複雑だが，本質的には公式 4.9 と同じものである．

公式 4.10（留数の計算公式 2）

関数 $g(z), h(z)$ は点 α を含む領域上の正則関数とし，条件
$$g(\alpha) \neq 0, \quad h(\alpha) = 0, \quad h'(\alpha) \neq 0$$
をみたすものとする．このとき
$$\mathrm{Res}\left(\frac{g(z)}{h(z)}, \alpha\right) = \frac{g(\alpha)}{h'(\alpha)}.$$

注意！ このとき，点 α は関数 $\dfrac{g(z)}{h(z)}$ の 1 位の極である（章末問題 4.11）．

証明 まず，十分小さな R に対し，穴あき円板 $D = D(\alpha, R) - \{\alpha\}$ 上で $h(z) \neq 0$ となることを背理法により示そう（第 5 章，命題 5.9 も参照）．もしそうでないと仮定すると，任意の自然数 n に対し，$0 < |z_n - \alpha| < 1/n$ かつ $h(z_n) = 0$ をみたす z_n が存在する．このとき，$h(\alpha) = 0$ より $\dfrac{h(z_n) - h(\alpha)}{z_n - \alpha} = 0$ が成り立つが，これは $\displaystyle\lim_{z \to \alpha} \dfrac{h(z) - h(\alpha)}{z - \alpha} = h'(\alpha) \neq 0$ に矛盾．よって，ある α 中心の穴あき円板 D 上で $h(z) \neq 0$ となり，関数 $g(z)/h(z)$ もそこで正則となる．とくに，ローラン展開ができ，留数が意味をもつ．

以下は，コーシーの積分公式（定理 3.14）の証明と同様の議論を用いる．十分小さな半径 r_0 をもつ円 $C_0 = C(\alpha, r_0)$ に対し，積分公式より

$$\int_{C_0} \frac{g(z)}{h(z)}\, dz = \frac{1}{h'(\alpha)} \int_{C_0} \frac{g(z)}{z - \alpha}\, dz + \int_{C_0} \left\{ \frac{g(z)}{h(z)} - \frac{1}{h'(\alpha)} \cdot \frac{g(z)}{z - \alpha} \right\} dz$$

$$= 2\pi i \frac{g(\alpha)}{h'(\alpha)} + \int_{C_0} \left\{ \frac{z - \alpha}{h(z)} - \frac{1}{h'(\alpha)} \right\} \frac{g(z)}{(z - \alpha)}\, dz \quad \textcolor{red}{\leftarrow \text{積分公式}}$$

と変形される．定理 4.7 より，二重下線部の積分を I とおき，これが 0 であることを示せばよい．定理 3.11 より，I の値は積分路 C_0 をより小さな $C(\alpha, r)$ $(r < r_0)$ にとり替えても変化しない．$g(z)$ の連続性より，r_0 が十分小さければ，そのような $C(\alpha, r)$ 上で $|g(z)| \leq |g(\alpha)| + \dfrac{1}{100}$ が成り立つとしてよい．また，$z \to \alpha$ のとき $\dfrac{h(z) - h(\alpha)}{z - \alpha} \to h'(\alpha) \neq 0$ であるから，$C(\alpha, r)$ 上での逆数の誤差 $\left| \dfrac{z - \alpha}{h(z) - h(\alpha)} - \dfrac{1}{h'(\alpha)} \right|$ の最大値を $\eta(r)$ とするとき，$\eta(r) \to 0$ $(r \to 0)$．$h(\alpha) = 0$ に注意すると，$M\ell$ 不等式（公式 3.3）より，

$$|I| = \left| \int_{C(\alpha,r)} \left\{ \frac{z-\alpha}{h(z)} - \frac{1}{h'(\alpha)} \right\} \frac{g(z)}{(z-\alpha)} \, dz \right|$$

$$= \left| \int_{C(\alpha,r)} \left\{ \frac{z-\alpha}{h(z)-h(\alpha)} - \frac{1}{h'(\alpha)} \right\} \frac{g(z)}{(z-\alpha)} \, dz \right| \quad \Leftarrow h(\alpha)=0$$

$$\leq \eta(r) \cdot \frac{|g(\alpha)|+1/100}{r} \cdot 2\pi r = 2\pi\, \eta(r) \left(|g(\alpha)| + \frac{1}{100} \right). \quad \Leftarrow M\ell\ \text{不等式}$$

$r \to 0$ のとき $\eta(r) \to 0$ であるから，$I=0$ を得る． ∎

例 12 $f(z) = \dfrac{1}{z^3-1}$ の $z=1$ における留数を求めてみよう．$g(z)=1$，$h(z)=z^3-1$ とすれば，$h'(z)=3z^2$ より公式 4.10 の条件

$$g(1) = 1 \neq 0, \quad h(1) = 0, \quad h'(1) = 3 \neq 0$$

をみたす．よって，

$$\mathrm{Res}\bigl(f(z), 1\bigr) = \mathrm{Res}\left(\frac{g(z)}{h(z)}, 1 \right) = \frac{g(1)}{h'(1)} = \frac{1}{3}.$$
□

例 13 $f(z) = \dfrac{z}{e^z-1}$ の $z=2\pi i$ における留数を求めてみよう．$g(z)=z$，$h(z)=e^z-1$ とすれば，$h'(z)=e^z$ より公式 4.10 の条件

$$g(2\pi i) = 2\pi i \neq 0, \quad h(2\pi i) = 0, \quad h'(2\pi i) = 1 \neq 0$$

をみたす．よって，

$$\mathrm{Res}\bigl(f(z), 2\pi i\bigr) = \mathrm{Res}\left(\frac{g(z)}{h(z)}, 2\pi i \right) = \frac{g(2\pi i)}{h'(2\pi i)} = \frac{2\pi i}{1} = 2\pi i.$$
□

例題 4.3（留数定理による積分計算）

つぎの積分を計算せよ．

(1) $I = \displaystyle\int_C \frac{e^{iz}}{z^2+1}\, dz,\ C = C(0,2)$

(2) $I = \displaystyle\int_C \frac{1}{z^2(z-2)}\, dz,\ C = C(0,3)$

(3) $I = \int_C \dfrac{1}{\sin z}\, dz,\ C = C\left(0, \dfrac{3\pi}{2}\right)$

解答 (1) $f(z) = \dfrac{e^{iz}}{z^2+1} = \dfrac{e^{iz}}{(z-i)(z+i)}$ とおくと，これは複素平面から $z = \pm i$ を除いた領域で正則である*7．点 $z = \pm i$ はともに円 $C = C(0, 2)$ の内部に含まれるから，留数定理(定理 4.8)より

$$\int_C f(z)\, dz = 2\pi i \{\mathrm{Res}(f(z), i) + \mathrm{Res}(f(z), -i)\}.$$

留数を計算しよう．$g(z) = \dfrac{e^{iz}}{z+i}$ とおくと，この関数は $z = i$ を含む領域で正則だから，留数の計算公式 1 (公式 4.9, $k=1$ とおく) より

$$\mathrm{Res}(f(z), i) = \mathrm{Res}\left(\dfrac{g(z)}{z-i}, i\right) = g(i) = \dfrac{e^{-1}}{2i}.$$

同様にして，$h(z) = \dfrac{e^{iz}}{z-i}$ とおくことで

$$\mathrm{Res}(f(z), -i) = \mathrm{Res}\left(\dfrac{h(z)}{z+i}, -i\right) = h(-i) = -\dfrac{e}{2i}$$

を得る．よって，求める積分値は

$$I = 2\pi i \left(\dfrac{e^{-1}}{2i} - \dfrac{e}{2i}\right) = \pi(e^{-1} - e).$$

(2) $f(z) = \dfrac{1}{z^2(z-2)}$ とおくと，これは複素平面から $z = 0, 2$ を除いた領域で正則である．$z = 0, 2$ はともに曲線 C の内部に含まれるから，留数定理(定理 4.8)より

$$\int_C f(z)\, dz = 2\pi i \{\mathrm{Res}(f(z), 0) + \mathrm{Res}(f(z), 2)\}.$$

例 10 での計算により，

$$\mathrm{Res}(f(z), 0) = -\dfrac{1}{4}.$$

つぎに $g(z) = \dfrac{1}{z^2}$ とおくと，留数の計算公式 1 ($k = 1$ とおく) より

---

*7 この段階で，i と $-i$ を中心とする穴あき円板上でそれぞれローラン展開できることが保証される．したがって，留数の計算ができる．$\pm i$ が除去可能な特異点か，極か，といった区別は不要である．

$$\mathrm{Res}\bigl(f(z),\,2\bigr) = \mathrm{Res}\left(\frac{g(z)}{z-2},\,2\right) = g(2) = \frac{1}{4}$$

を得る．よって求める積分値は

$$I = 2\pi i\left(-\frac{1}{4} + \frac{1}{4}\right) = \underline{0}. \tag{4.14}$$

(3) $f(z) = \dfrac{1}{\sin z} = \dfrac{g(z)}{h(z)}$, $g(z) = 1$, $h(z) = \sin z$ とおく．$h(z) = 0$ となるのは z が π の整数倍になるときであり（例題 1.8），$f(z)$ は複素平面からこれらの点を除いた領域で正則である．そのうち円 $C = C(0, 3\pi/2)$ に含まれるのは $0, \pm\pi$ であるから，留数定理（定理 4.8）より

$$\int_C f(z)\,dz = 2\pi i\left\{\mathrm{Res}\bigl(f(z),\,-\pi\bigr) + \mathrm{Res}\bigl(f(z),\,0\bigr) + \mathrm{Res}\bigl(f(z),\,\pi\bigr)\right\}.$$

いま $m = -1, 0, 1$ に対し，$z = m\pi$ における留数を求めてみよう．$h'(z) = \cos z$ より，公式 4.10 の条件

$$g(m\pi) = 1 \neq 0, \quad h(m\pi) = 0, \quad h'(m\pi) = (-1)^m \neq 0$$

をみたす．よって，

$$\mathrm{Res}\bigl(f(z),\,m\pi\bigr) = \frac{g(m\pi)}{h'(m\pi)} = \frac{1}{(-1)^m} = (-1)^m.$$

これより，求める積分値は

$$I = 2\pi i\,(-1 + 1 - 1) = \underline{-2\pi i}. \blacksquare$$

4.4 実関数の積分への応用

留数定理を応用して，実関数の積分を計算してみよう．

三角関数の積分 以下，$F(x, y)$ は文字 x, y に関する実数を係数にもつ多項式もしくは有理式とする[*8]．このとき，つぎの公式が成り立つ．

[*8] たとえば $(1 + xy)^3$, $\dfrac{1}{5 + 3x}$, $\dfrac{xy}{x+y}$, $\dfrac{x^2 + xy + y^2}{y^3 - x^3 + 1}$ など．

公式 4.11（三角関数の変換）

$F(\cos\theta, \sin\theta)$ が実数 θ に関して連続ならば，C を単位円とするとき，

$$\int_0^{2\pi} F(\cos\theta, \sin\theta)\, d\theta = \int_C F\left(\frac{z+z^{-1}}{2}, \frac{z-z^{-1}}{2i}\right) \frac{dz}{iz}. \tag{4.15}$$

証明 単位円を $C: z = z(\theta) = e^{i\theta}\ (0 \leq \theta \leq 2\pi)$ とパラメーター表示して式 (4.15) の右辺を公式 3.4 にもとづいて書き直せばよい．$dz/d\theta = i e^{i\theta} = iz$ より

$$d\theta = \frac{dz}{iz}, \quad \cos\theta = \frac{z+z^{-1}}{2}, \quad \sin\theta = \frac{z-z^{-1}}{2i}$$

であるから，左辺を得る． ∎

例題 4.4（三角関数の積分）

つぎを示せ．

$$I = \int_0^{2\pi} \frac{1}{5+3\cos\theta}\, d\theta = \frac{\pi}{2}.$$

この積分は $t = \tan\theta/2$ とおくと有理関数の実積分に帰着されるので初等的に計算することもできるが，公式 4.11 を用いて計算してみよう．

解答 公式 4.11 より

$$I = \int_C \frac{1}{5+3\cdot\frac{z+z^{-1}}{2}} \cdot \frac{dz}{iz} = \frac{2}{i}\int_C \frac{1}{3z^2+10z+3}\, dz.$$

ただし C は単位円である．右辺の被積分関数を $f(z)$ とおくと，$f(z) = \dfrac{1}{3(z+3)(z+1/3)}$ より，これは複素平面から -3 と $-1/3$ を除いた領域で正則である．そのうち積分路 C の内部にあるのは $z = -1/3$ のみであるから，留数定理（定理 4.8）より

$$I = \frac{2}{i}\cdot 2\pi i \cdot \text{Res}\left(f(z), -\frac{1}{3}\right).$$

留数の計算公式 1（公式 4.9）において $g(z) = \dfrac{1}{3(z+3)}$，$k = 1$ とすれば，

$$\mathrm{Res}\left(f(z), -\frac{1}{3}\right) = g\left(-\frac{1}{3}\right) = \frac{1}{8}.$$

よって，$I = \dfrac{2}{i} \cdot 2\pi i \cdot \dfrac{1}{8} = \dfrac{\pi}{2}$.

有理関数の広義積分 つぎに，広義積分の計算に応用してみよう*9.

例題 4.5（有理関数の広義積分）
つぎを示せ．
$$I = \int_{-\infty}^{\infty} \frac{1}{1+x^4}\,dx = \frac{\pi}{\sqrt{2}}.$$

解答 正の数 $R > 1$ を固定し，右図のような積分路 C および $f(z) = \dfrac{1}{1+z^4}$ に対し，複素線積分

$$\int_C = \int_C \frac{1}{1+z^4}\,dz$$

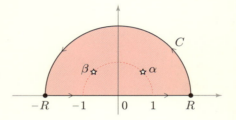

を考える．ひとまずこの積分を計算しよう．被積分関数 $\dfrac{1}{1+z^4}$ は複素平面から $z^4 = -1$ をみたす 4 つの z（-1 の 4 乗根）を除いた領域で正則である．定理 1.10 よりそのような z は $e^{\pi i/4}, e^{3\pi i/4}, e^{5\pi i/4}, e^{7\pi i/4}$ である．そのうち積分路 C の内部にあるのは $\alpha := e^{\pi i/4}$ と $\beta := e^{3\pi i/4}$ の 2 つなので，留数定理（定理 4.8）より

$$\int_C = 2\pi i \cdot \left\{ \mathrm{Res}\left(\frac{1}{1+z^4}, \alpha\right) + \mathrm{Res}\left(\frac{1}{1+z^4}, \beta\right) \right\}.$$

留数の計算公式 2（公式 4.10, $g(z) = 1$, $h(z) = z^4 + 1$ とおく．このとき $h'(z) = 4z^3$ より $h'(\alpha) \neq 0$ かつ $h'(\beta) \neq 0$）より，

$$\mathrm{Res}\left(\frac{1}{1+z^4}, \alpha\right) = \frac{1}{4\alpha^3} = \frac{e^{-3\pi i/4}}{4} = \frac{-1-i}{4\sqrt{2}}$$

（もしくは，$\alpha^4 = -1$ より $1/(4\alpha^3) = -\alpha/4$ とも計算できる）．同様にして

---
*9 これも有理関数なので，部分分数展開を用いれば原理的には不定積分を計算できるが，かなり複雑な式になる．

$$\mathrm{Res}\left(\frac{1}{1+z^4}, \beta\right) = \frac{1}{4\beta^3} = \frac{e^{-9\pi i/4}}{4} = \frac{1-i}{4\sqrt{2}}$$

であるから，

$$\int_C = 2\pi i \left(\frac{-1-i}{4\sqrt{2}} + \frac{1-i}{4\sqrt{2}}\right) = \frac{\pi}{\sqrt{2}}.$$

さて，この複素線積分から実関数の広義積分 I の値を引き出そう．まず，積分路 C を線分 J_R と半円 H_R に分割する．すなわち，$C = J_R + H_R$ となるように

$$J_R : z = x \quad (-R \leq x \leq R)$$
$$H_R : z = Re^{i\theta} \quad (0 \leq \theta \leq \pi)$$

と定める（積分の計算がしやすいようにパラメーターの取り替えを行った）．このとき，

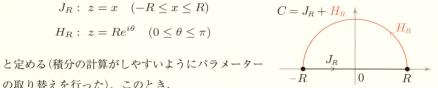

$$\int_C = \int_{J_R} + \int_{H_R} = \frac{\pi}{\sqrt{2}}$$

であるから，

$$I = \lim_{R\to\infty} \int_{J_R} = \lim_{R\to\infty}\left(\int_C - \int_{H_R}\right) = \frac{\pi}{\sqrt{2}} - \lim_{R\to\infty}\int_{H_R}.$$

よって，$R \to \infty$ のとき $\int_{H_R} \to 0$ であることを示せばよい[*10]．

z が H_R 上にあるとき，$|z| = R > 1$ と三角不等式 (2.1) より

$$|1+z^4| \overset{\text{三角不等式}}{\geq} |z|^4 - 1 = R^4 - 1 > 0$$

であるから，H_R 上 $\left|\dfrac{1}{1+z^4}\right| \leq \dfrac{1}{R^4-1}$．したがって，$M\ell$ 不等式（公式 3.3）より，

$$\left|\int_{H_R} \frac{1}{1+z^4}\, dz\right| \overset{M\ell\text{不等式}}{\leq} \frac{1}{R^4-1} \cdot \ell(H_R) = \frac{\pi R}{R^4-1} \to 0 \quad (R \to \infty).$$

以上で $I = \dfrac{\pi}{\sqrt{2}}$ が示された． ∎

[*10] 積分路 H_R の長さは無限大に発散するのに，積分値が 0 に収束するのは違和感があるかもしれない．しかし，証明の $M\ell$ 不等式を使う部分からわかるように，積分路の長さ πR が増加するスピードよりも被積分関数の絶対値（$1/(R^4-1)$ 以下）が 0 に近づくスピードのほうが勝っているので，積分の値は 0 に収束せざるを得ないのである．

三角関数を含む広義積分　これまでの例は複素線積分を用いなくても，原理的には実数の微分・積分の範囲内で計算可能であった．そうはいかない（と思われる）例も計算してみよう*11．

> **例題 4.6（三角関数を含む広義積分）**
> つぎを示せ．
> $$I = \int_{-\infty}^{\infty} \frac{\cos x}{1+x^2} dx = \frac{\pi}{e}.$$

解答　例題 4.5 と同じ積分路 $C = J_R + H_R$ をとり，関数 $\dfrac{\cos z}{1+z^2}$ ではなく，あえて関数 $f(z) = \dfrac{e^{iz}}{1+z^2}$ の複素線積分 $\displaystyle\int_C := \int_C f(z)\,dz$ を考える．これは，つぎのような戦略による．いま $R > 1$ に対して

$$\int_{J_R} := \int_{J_R} \frac{e^{iz}}{1+z^2} dz = \int_{-R}^{R} \frac{e^{ix}}{1+x^2} dx$$
$$= \int_{-R}^{R} \frac{\cos x}{1+x^2} dx + i \int_{-R}^{R} \frac{\sin x}{1+x^2} dx$$

が成り立つが，虚部の被積分関数 $\dfrac{\sin x}{1+x^2}$ は奇関数なので，下線部の値は R によらず 0 である．よって，求めたい積分値 I は

$$I = \lim_{R \to \infty} \int_{J_R} = \lim_{R \to \infty} \left(\int_C - \int_{H_R} \right) = \int_C - \lim_{R \to \infty} \int_{H_R}$$

と表される．あとは $\displaystyle\int_C = \frac{\pi}{e}$ であること，$R \to \infty$ のとき $\displaystyle\int_{H_R} \to 0$ であることをそれぞれ示せばよい．

関数 $f(z)$ は複素平面から $\pm i$ を除いた領域で正則である．そのうち積分路 C の内部に含まれるのは $z = i$ のみなので，留数定理（定理 4.8）より

$$\int_C = 2\pi i \cdot \mathrm{Res}(f(z), i).$$

いま $f(z) = \dfrac{1}{z-i} \cdot \dfrac{e^{iz}}{z+i}$ であり，関数 $\dfrac{e^{iz}}{z+i}$ は $z = i$ を含む領域で正則であるから，留数の計算公式 1（公式 4.9，$k = 1$ とせよ）より

---

*11 その分技巧的であるから，解法を覚える必要はない．複素関数の威力や可能性を味わうことがこの例題の趣旨である．

$$\text{Res}(f(z), i) = \frac{e^{i \cdot i}}{i + i} = \frac{e^{-1}}{2i}.$$

したがって $\int_C = 2\pi i \cdot \dfrac{e^{-1}}{2i} = \dfrac{\pi}{e}$ が示された.

つぎに z が H_R 上にあるとき, $|z| = R > 1$ と三角不等式 (2.1) より $|z^2 + 1| \geq |z|^2 - 1 = R^2 - 1 > 0$. さらに $z = x + yi \in H_R$ とおくと, $y \geq 0$ より

$$\left| e^{iz} \right| = \left| e^{i(x+yi)} \right| = e^{-y} \leq 1.$$

よって H_R 上 $\left| \dfrac{e^{iz}}{1+z^2} \right| \leq \dfrac{1}{R^2 - 1}$ が成り立つ. $M\ell$ 不等式(公式 3.3)より,

$$\left| \int_{H_R} \frac{e^{iz}}{1+z^2}\, dz \right| \overset{M\ell\text{不等式}}{\leq} \frac{\ell(H_R)}{R^2 - 1} = \frac{\pi R}{R^2 - 1} \to 0 \quad (R \to \infty).$$

したがって $R \to \infty$ のとき $\int_{H_R} \to 0$ が示された. ∎

半周分の留数による積分計算 留数定理は積分路上に特異点がある場合には適用できない. しかし, 積分路をわずかに変形し特異点を迂回させることで, 特異点から意味のある値を取り出すことができる.

まず, つぎの命題を示そう.

命題 4.12 (半周分の留数)
関数 $g(z)$ は点 α を含む領域上の正則関数とする. このとき, 半円形の積分路
$$H_r : z = \alpha + re^{it} \quad (0 \leq t \leq \pi)$$
($r > 0$ は十分小) に対し, つぎが成り立つ.
$$\lim_{r \to 0} \int_{H_r} \frac{g(z)}{z - \alpha}\, dz = \pi i\, g(\alpha) = \pi i \operatorname{Res}\left(\frac{g(z)}{z - \alpha}, \alpha \right).$$

注意! 半円 H_r のかわりに $C = C(\alpha, r)$ を積分路にした場合, 定理 4.7 より ($r \to 0$ の極限をとるまでもなく)

$$\int_C \frac{g(z)}{z-\alpha}\,dz \;=\; 2\pi i\,\mathrm{Res}\left(\frac{g(z)}{z-\alpha},\alpha\right)$$

が成り立つ．さらに，コーシーの積分公式（定理 3.14）より，その値は $2\pi i\,g(\alpha)$ である．このちょうど半分の値が，半円 H_r に沿った積分の $r \to +0$ とした極限として得られるのである．

証明（命題 4.12） コーシーの積分公式（定理 3.14）の証明と同様の議論を行う．まず

$$\int_{H_r}\frac{g(z)}{z-\alpha}\,dz = \int_{H_r}\frac{g(\alpha)}{z-\alpha}\,dz + \int_{H_r}\frac{g(z)-g(\alpha)}{z-\alpha}\,dz \tag{4.16}$$

と変形すると，式 (4.16) の第 1 項は，r によらず

$$\int_{H_r}\frac{g(\alpha)}{z-\alpha}\,dz = \int_0^\pi \frac{g(\alpha)}{re^{it}}\,ire^{it}\,dt = \pi i\,g(\alpha)$$

と計算される．留数の計算公式 1（公式 4.9, $k=1$）より $g(\alpha) = \mathrm{Res}\left(\dfrac{g(z)}{z-\alpha},\alpha\right)$ であるから，第 2 項 $\displaystyle\int_{H_r}\frac{g(z)-g(\alpha)}{z-\alpha}\,dz$ が $r\to+0$ のとき 0 に収束することを示せば十分である．$A := g'(\alpha)$ とおくと，コーシーの積分公式の証明と同様に，十分に小さな r に対し H_r 上 $\left|\dfrac{g(z)-g(\alpha)}{z-\alpha}\right| \leq |A| + \dfrac{1}{100}$ が成り立つので，$M\ell$ 不等式（公式 3.3）および $\ell(H_r) = \pi r$ より，

$$\left|\int_{H_r}\frac{g(z)-g(\alpha)}{z-\alpha}\,dz\right| \leq \left(|A| + \frac{1}{100}\right)\cdot \pi r \to 0 \qquad (r\to+0). \blacksquare$$

例題 4.7（半周分の留数による積分計算）
つぎを示せ．
$$I = \int_0^\infty \frac{\sin x}{x}\,dx = \frac{\pi}{2}.$$

注意！ 被積分関数 $\dfrac{\sin x}{x}$ には $x=0$ を代入できないから，正しくは $I = \displaystyle\lim_{\substack{r\to+0\\ R\to\infty}}\int_r^R \frac{\sin x}{x}\,dx$ という形の広義積分を考えていることになる[*12]．

[*12] この積分は絶対収束しないが収束する広義積分の典型例である．すなわち $\displaystyle\int_0^\infty \left|\frac{\sin x}{x}\right|dx$ は無限大に発散する．

解答 (ア)から(オ)の 5 つのステップに分割する．
(ア) $f(z) = \dfrac{e^{iz}}{z}$ とおき，つぎの積分路 C を考える．

$C = H_1 + J_1 + H_2 + J_2$

$H_1 : z = Re^{it} \quad (0 \leq t \leq \pi)$

$J_1 : z = t \quad (-R \leq t \leq -r)$

$H_2 : z = re^{i(\pi-t)} \quad (0 \leq t \leq \pi)$

$J_2 : z = t \quad (r \leq t \leq R)$

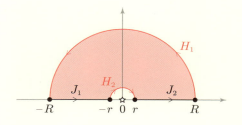

ただし $r < R$ であり，あとで $r \to 0$, $R \to \infty$ とする．

(イ) いま，関数 $f(z)$ は複素平面から原点を除いた穴あき平面において正則である．とくに，C の内部は原点を含まないので，コーシーの積分定理（定理 3.10）より $\displaystyle\int_C = \int_C f(z)\,dz = 0$. よって

$$\int_C = \int_{H_1} + \int_{J_1} + \int_{H_2} + \int_{J_2} = 0 \iff \int_{J_1} + \int_{J_2} = -\left(\int_{H_1} + \int_{H_2}\right).$$

ここで

$$\begin{aligned}
\int_{J_1} + \int_{J_2} &= \int_{-R}^{-r} \frac{e^{it}}{t}\,dt + \int_{r}^{R} \frac{e^{it}}{t}\,dt \\
&= \int_{R}^{r} \frac{e^{-ix}}{-x}(-dx) + \int_{r}^{R} \frac{e^{ix}}{x}\,dx \\
&= \int_{r}^{R} \frac{e^{ix} - e^{-ix}}{x}\,dx = 2i \int_{r}^{R} \frac{\sin x}{x}\,dx
\end{aligned}$$

であるから，

$$\int_{r}^{R} \frac{\sin x}{x}\,dx = \frac{1}{2i}\left(\int_{J_1} + \int_{J_2}\right) = \frac{i}{2}\left(\int_{H_1} + \int_{H_2}\right).$$

すなわち，積分値 I は最右辺の積分で $r \to +0$, $R \to \infty$ としたときの極限として得られるはずである．

(ウ) $R \to \infty$ のとき $\displaystyle\int_{H_1} \to 0$ であることを示そう．いま $H_1 : z = Re^{it}$ $(0 \leq t \leq \pi)$ より，$\dfrac{dz}{dt} = iRe^{it} = iz$. よって $\dfrac{dz}{z} = i\,dt$ であるから，

$$\left|\int_{H_1}\frac{e^{iz}}{z}\,dz\right| = \left|\int_0^\pi e^{iRe^{it}}i\,dt\right| = \left|\int_0^\pi e^{iR(\cos t+i\sin t)}\,dt\right|$$
$$= \left|\int_0^\pi e^{-R\sin t}e^{iR\cos t}\,dt\right|$$
$$\leq \int_0^\pi e^{-R\sin t}\,dt \quad \text{← 公式 3.7}$$
$$= 2\int_0^{\pi/2} e^{-R\sin t}\,dt$$

を得る. $0 \leq t \leq \pi/2$ のとき $\sin t \geq 2t/\pi$ であるから[*13], $-R\sin t \leq -2Rt/\pi$ である. よって

$$\left|\int_{H_1}\frac{e^{iz}}{z}\,dz\right| \leq 2\int_0^{\pi/2} e^{-R\sin t}\,dt \leq 2\int_0^{\pi/2} e^{-2Rt/\pi}\,dt$$
$$= 2\left[-\frac{\pi}{2R}e^{-2Rt/\pi}\right]_0^{\pi/2}$$
$$= \frac{\pi}{R}(1-e^{-R}) \to 0 \quad (R\to\infty).$$

(エ) $r\to +0$ のとき $\int_{H_2} = -\pi i$ を示そう. 命題 4.12 を $g(z)=e^{iz}$, $\alpha=0$ として適用すれば, $\displaystyle\lim_{r\to +0}\int_{Hr}\frac{g(z)}{z}\,dz = \pi i\,g(0) = \pi i$. $f(z)=\dfrac{g(z)}{z}$ より (H_r は H_2 と向きが逆であることに注意),

$$\lim_{r\to +0}\int_{H_2} f(z)\,dz = \lim_{r\to +0}\int_{-H_r} f(z)\,dz = -\pi i.$$

(オ) 最後に**(イ)(ウ)(エ)**の結果を合わせると, $r\to +0, R\to\infty$ のとき

$$\int_0^\infty \frac{\sin x}{x}\,dx = \lim_{\substack{r\to +0\\R\to\infty}}\int_r^R \frac{\sin x}{x}\,dx$$
$$= \lim_{\substack{r\to +0\\R\to\infty}}\frac{i}{2}\left(\int_{H_1}+\int_{H_2}\right) = \frac{i}{2}\{0+(-\pi i)\} = \frac{\pi}{2}. \quad\blacksquare$$

[*13] $y=\sin t$ と $y=2t/\pi$ のグラフを描いて比較してみよ.

章末問題

☐ **4.1（テイラー展開 1）** つぎの関数の 0 を中心とするテイラー展開を，z^4 の項まで求めよ．

(1) $\dfrac{1}{z+3}$ (2) e^{-z^2} (3) $\dfrac{\cos z}{z-1}$

☐ **4.2（テイラー展開 2）** つぎの α を中心とする関数 $f(z) = \dfrac{1}{z^2+1}$ のテイラー展開を求めよ．

(1) $\alpha = 0$ (2) $\alpha = 2i$ (3) $\alpha = 1$

☐ **4.3（コーシーの評価式）** 関数 $f(z)$ は円 $C(\alpha, r)$ とその内部を含む領域上で正則であり，$C(\alpha, r)$ 上で $|f(z)| \leq M$ が成り立つものとする．$f(z)$ の α を中心とするテイラー展開を $f(z) = A_0 + A_1(z-\alpha) + A_2(z-\alpha)^2 + \cdots$ とするとき，つぎを示せ．

$$|A_n| = \left|\frac{f^{(n)}(\alpha)}{n!}\right| \leq \frac{M}{r^n} \quad (n = 0, 1, \cdots)$$

☐ **4.4（テイラー展開の応用）** 関数 $f(z)$ は複素平面上で正則であり，ある自然数 N について $\lim_{|z|\to\infty} \dfrac{f(z)}{z^N} = 0$ が成り立つとする（すなわち，$|f(z)|$ の円 $C(0, r)$ 上での最大値を $M(r)$ とするとき，$r \to \infty$ ならば $M(r)/r^N \to 0$）．このとき，$f(z)$ は多項式であることを示せ．

☐ **4.5（ローラン展開 1）** 関数 $f(z) = \dfrac{1}{z(z-1)}$ をつぎの円環領域でローラン展開せよ．

(1) $\{z \in \mathbb{C} \mid 0 < |z| < 1\}$ (2) $\{z \in \mathbb{C} \mid 1 < |z| < \infty\}$
(3) $\{z \in \mathbb{C} \mid 1 < |z-i| < \sqrt{2}\}$

☐ **4.6（ローラン展開 2）** 関数 $f(z) = \dfrac{z}{z^2+z-2}$ をつぎの円板もしくは円環領域で，テイラー展開もしくはローラン展開せよ．

(1) $\{z \in \mathbb{C} \mid |z| < 1\}$ (2) $\{z \in \mathbb{C} \mid 1 < |z| < 2\}$ (3) $\{z \in \mathbb{C} \mid |z| > 2\}$

☐ **4.7*（リーマンの定理）** 関数 $f(z)$ が穴あき円板 $D = \{z \in \mathbb{C} \mid 0 < |z-\alpha| < R\}$ 上で正則かつ有界であるとき，α は $f(z)$ の除去可能な特異点であることを示せ．

□ **4.8*（除去可能な特異点）** 関数 $f(z)$ は穴あき円板 $D = \{z \in \mathbb{C} \mid 0 < |z-\alpha| < R\}$ 上で正則であり，α は $f(z)$ の除去可能特異点であるとする．このとき，ある $D(\alpha, r)$ 上の正則関数 $g(z)$ で，D 上 $g(z) = f(z)$ をみたすものが存在することを示せ．

□ **4.9*（極）** 関数 $f(z)$ は穴あき円板 $D = \{z \in \mathbb{C} \mid 0 < |z-\alpha| < R\}$ 上で正則であり，α は $f(z)$ の k 位の極（k は自然数）であるとする．このとき，ある $D(\alpha, r)$ 上の正則関数 $h(z)$ で，$h(\alpha) \neq 0$ かつ D 上 $h(z) = (z-\alpha)^k f(z)$ をみたすものが存在することを示せ．

□ **4.10*（公式 4.9 の拡張）** 点 α が正則関数 $f(z)$ の k 位以下の極であるとき，

$$\mathrm{Res}(f(z), \alpha) = \frac{1}{(k-1)!} \lim_{z \to \alpha} \left\{ \frac{d^{k-1}}{dz^{k-1}} \left\{ (z-\alpha)^k f(z) \right\} \right\} \quad (4.17)$$

が成り立つことを示せ．

□ **4.11*（極の位数）** 公式 4.9 の仮定のもと，点 α は除去可能な特異点か k 位以下の極となることを示せ．また，公式 4.10 の仮定のもと，点 α は 1 位の極となることを示せ．

□ **4.12（留数）** つぎの関数の孤立特異点における留数を求めよ．

(1) $\dfrac{e^z}{z - \pi i}$ (2) $\dfrac{2z^2 + 1}{(z-1)^2}$ (3) $z^2 \exp\left(-\dfrac{1}{z}\right)$ (4) $z^2 \sin \dfrac{1}{z}$ (5) $\dfrac{1}{e^z - 1}$

□ **4.13（留数定理）** 留数定理によって以下の積分を求めよ．

(1) $\displaystyle\int_{C(0,1)} \dfrac{1}{\sin z} \, dz$ (2) $\displaystyle\int_{C(0,3)} \dfrac{z}{(z-1)(z+2)} \, dz$

(3) $\displaystyle\int_{C(0,2)} \dfrac{e^z}{(z-1)(z-3)} \, dz$ (4) $\displaystyle\int_{C(1,2)} \dfrac{1}{z^2(z^2-4)} \, dz$

(5) $\displaystyle\int_{C(1,2)} \dfrac{e^z}{z^2(z^2-4)} \, dz$ (6) $\displaystyle\int_{C(i,1)} \dfrac{1}{z^4-1} \, dz$

□ **4.14（べき級数による留数計算）** 0 以上の整数 k に対し，$A_k z^k + A_{k+1} z^{k+1} + \cdots$ の形の収束するべき級数（⇨ 付録 C）はすべて $O(z^k)$ と表すことにする．十分に 0 に近い z に対し，

$$(1 + Az^n + O(z^{n+1}))^{-p} = 1 - pAz^n + O(z^{n+1}) \quad (p \in \mathbb{Z})$$

であることを用いて，つぎの関数の原点における留数を求めよ[*14]．

(1) $\dfrac{1}{(e^z-1)^2}$　　(2) $\dfrac{1}{\sin^3 z}$　　(3) $\dfrac{e^z}{1-\cos z}$

☐ **4.15（三角関数の定積分）** つぎの定積分を計算せよ．ただし，$0<|\alpha|<1$ とする．

(1) $\displaystyle\int_0^{2\pi} \dfrac{1+\sin\theta}{3+\cos\theta}\, d\theta$　　(2) $\displaystyle\int_0^{2\pi} \dfrac{1}{(5+4\cos\theta)^2}\, d\theta$

(3) $\displaystyle\int_0^{2\pi} \dfrac{\cos\theta}{1+2\alpha\cos\theta+\alpha^2}\, d\theta$

☐ **4.16（実関数の定積分）** つぎの定積分を計算せよ．ただし，$a>0$ とする．

(1) $\displaystyle\int_{-\infty}^{\infty} \dfrac{1}{x^6+a^6}\, dx$　　(2) $\displaystyle\int_{-\infty}^{\infty} \dfrac{x^4}{(x^2+a^2)^4}\, dx$

(3) $\displaystyle\int_{-\infty}^{\infty} \dfrac{1}{(x^2-2x+2)^2}\, dx$　　(4) $\displaystyle\int_{-\infty}^{\infty} \dfrac{\cos x}{(1+x^2)^2}\, dx$

(5) $\displaystyle\int_{-\infty}^{\infty} \dfrac{x\sin x}{(1+x^2)^2}\, dx$　　(6) $\displaystyle\int_{-\infty}^{\infty} \dfrac{x^2\cos ax}{(1+x^2)^2}\, dx$

☐ **4.17**[*]**（フレネルの積分）** $\displaystyle\int_0^\infty e^{-x^2}\, dx = \dfrac{\sqrt{\pi}}{2}$ を用いて，

$$\int_0^\infty \sin x^2\, dx = \int_0^\infty \cos x^2\, dx = \dfrac{\sqrt{\pi}}{2\sqrt{2}}$$

を示せ．

[*14] 公式 4.9，公式 4.10 はそのまま適用できない形である．公式 4.9 を拡張した式 (4.17) は適用できるが，不定形の極限計算がでてきて大変面倒である．結局は，ここで紹介するべき級数を用いる方法がもっとも汎用性が高い．

5 正則関数の諸性質

本章のあらまし
- 連続関数が正則となる十分条件として**モレラの定理**を示し，原始関数の存在条件などを解説する．応用として，対数関数の主値 $\mathrm{Log}\, z$ の正則性を示す．
- 2 つの正則関数が一致するため必要十分条件として，**一致の定理**を示す．その応用として，正則関数の極めて重要な性質である**最大値原理**を示す．
- 正則関数の概念を拡張した**有理型関数**を導入し，零点や極の個数の数え上げに用いられる**偏角の原理**を証明する．応用として，方程式の解の個数に関する**ルーシェの定理**を示す．
- 複素平面に**無限遠点**を加えた**リーマン球面**について概説する．

なお，各節の内容はほとんど独立しているので，興味のある節だけ読むのもよいだろう．

5.1 モレラの定理と原始関数

単連結　複素平面内の領域 D が**単連結**であるとは，D 内の任意の単純閉曲線 C に対して，その内部が D に含まれることをいう．ようするに，「穴のない」領域である．たとえば次ページの図で，左は単連結領域だが，中央は単連結でない．しかし，右のように切り込み（スリット）を入れると，単連結となる．

例 1　複素平面 $\mathbb{C}$ や円板 $D(\alpha, r)$ は単連結領域だが，円環領域（アニュラス）$A = \{z \in \mathbb{C} \mid r < |z| < R\}$ は単連結ではない．　　□

5.1 モレラの定理と原始関数 —— *143*

積分路の変形　第3章，例7の結果はつぎのように一般化される．

> **定理 5.1（積分路の変形 2）**
> D を複素平面内の単連結領域とし，$f(z)$ を D 上の正則関数とする．D 内の2つの曲線 C_1, C_2 が共通の始点と終点をもつとき，
> $$\int_{C_1} f(z)\,dz = \int_{C_2} f(z)\,dz.$$

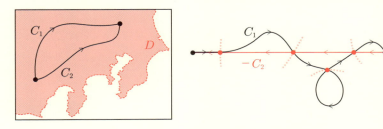

証明　C_1 と C_2 が端点以外で交差（自己交差も含む）しない場合，パラメータのとり替えにより $C_1 + (-C_2)$ は単純閉曲線となる．コーシーの積分定理（定理 3.10）より

$$\int_{C_1+(-C_2)} = 0 \iff \int_{C_1} = -\int_{-C_2} = \int_{C_2}.$$

それ以外の場合は，上図の右側のように C_1 と $-C_2$ を交差点で分割すれば，分割されたそれぞれの部分に対して同様の議論が適用できる[*1]．　∎

[*1] 上図の右側のように，曲線の一部が完全に重なっている場合もあるが，そこでの積分値は必ず一致するので問題ない．また，無限個に分割しなくてはならない場合もある．たとえば，$u(t) = t^4 \sin(1/t)$ $(0 < t \leq 1/\pi)$, $u(0) = 0$ と定義すると，$u'(t) = -t^2 \cos(1/t) + 4t^3 \sin(1/t)$ より，これは区間 $[0, 1/\pi]$ 上の C^1 級関数を定める．さらに $0 \leq t \leq 1/\pi$ に対し $C_1 : z = t$, $C_2 : z = t + iu(t)$ とおけば，C_1 と C_2 はともに滑らかな曲線であり，$t = 0$ と $t = 1/\pi, 1/(2\pi), 1/(3\pi), \cdots$ において無限個の交差点をもつ．

モレラの定理　定理 5.1 の証明と同じアイディアを用いて，つぎの「モレラ[*2]の定理」を示そう．これは，(単連結とは限らない)領域上の連続関数が正則になるための十分条件を与えるものである．

> **定理 5.2（モレラの定理）**
> $f(z)$ を領域 D 上の連続関数とする．D 内のすべての単純閉曲線 C に対し $\int_C f(z)\,dz = 0$ が成り立つならば，$f(z)$ は D 上で正則である．

証明　定理の仮定のもとで，つぎを示せばよい．

(∗)　ある D 上の関数 $F(z)$ が存在し，$F'(z) = f(z)$ をみたす．

なぜなら，そのような $F(z)$ は D 上で連続な導関数 $f(z)$ をもつことになり，正則関数である．したがって，定理 3.16 より，$f(z)$ も正則関数となるからである．以下，そのような $F(z)$ を具体的に構成して (∗) を示す．

点 $\alpha_0 \in D$ を任意に選び固定する．また，点 $\alpha \in D$ と，α_0 を始点とし α を終点とする D 内の曲線 C_1, C_2 を自由に選ぶ．このとき $C_1 + (-C_2)$ は（単純とはかぎらない）閉曲線であり，定理 5.1 の証明と同じ議論により，

$$\int_{C_1+(-C_2)} f(z)\,dz = 0 \iff \int_{C_1} = -\int_{-C_2} = \int_{C_2}$$

がわかる．よって，α_0 を始点とし α を終点とする D 内の曲線に沿った関数 $f(z)$ の積分はすべて同じ値を定める．そこで，

$$F(\alpha) := \int_{C_1} f(z)\,dz \quad \left(= \int_{C_2} f(z)\,dz\right)$$

とおく．この値は積分路に依存せず，端点のみで決まることから，

$$\boldsymbol{F(\alpha) = \int_{\alpha_0}^{\alpha} f(z)\,dz}$$

のようにも表す．こうして定まる D 上の関数 $F(z)$ は $f(z)$ を導関数にもつことを示そう．すなわち，任意の $\alpha \in D$ に対し，

[*2] Giacinto Morera(1856 – 1909)はイタリアの数学者．

$$\lim_{h\to 0}\frac{F(\alpha+h)-F(\alpha)}{h}=f(\alpha)$$
が成り立つことを示す．

領域 D に含まれる α 中心の円板 $D(\alpha,r_0)$ をとり，$0<|h|<r_0$ をみたす複素数 h に対して，
$$\frac{F(\alpha+h)-F(\alpha)}{h}=\frac{1}{h}\left\{\int_{\alpha_0}^{\alpha+h}-\int_{\alpha_0}^{\alpha}\right\} \tag{5.1}$$
という量を考えよう．積分は（D 内の）積分路に依存しないから，α_0 から α に至る曲線 C を自由に選び，α から $\alpha+h$ に至る線分 $L: z(t)=\alpha+ht$ ($0\le t\le 1$) をとると（右図），式 (5.1) は

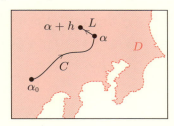

$$\begin{aligned}\frac{F(\alpha+h)-F(\alpha)}{h}&=\frac{1}{h}\left\{\int_{C+L}-\int_{C}\right\}\\&=\frac{1}{h}\int_L f(z)\,dz\end{aligned}$$
となる．さらに $\int_L 1\cdot dz=\int_0^1 h\cdot dt=h$ を用いれば，
$$\begin{aligned}\left|\frac{F(\alpha+h)-F(\alpha)}{h}-f(\alpha)\right|&=\left|\frac{1}{h}\int_L f(z)\,dz-\frac{f(\alpha)}{h}\int_L 1\cdot dz\right|\\&=\frac{1}{|h|}\left|\int_L\{f(z)-f(\alpha)\}\,dz\right|.\end{aligned}$$
ここで，$0<r<r_0$ をみたす r に対し，コンパクト集合 $D(\alpha,r)\cup C(\alpha,r)$ 上での $|f(z)-f(\alpha)|$ の最大値を $M(r)$ とおくと（⇨付録 A，例 1），関数 $f(z)$ の連続性から $r\to 0$ のとき $M(r)\to 0$ が成り立つ．したがって，$\ell(L)=|h|$（線分 L の長さ）と $M\ell$ 不等式（公式 3.3）より，
$$\frac{1}{|h|}\left|\int_L\{f(z)-f(\alpha)\}\,dz\right|\stackrel{M\ell 不等式}{\le}\frac{1}{|h|}\cdot M(|h|)\cdot|h|=M(|h|)\to 0\quad(h\to 0).$$
α は D 内の任意の点であったから，(*) が示された．∎

正則性とモレラの定理，原始関数　モレラの定理は一見，コーシーの積分定理（定理 3.10）の逆の命題のように見える．その関係を整理しておこう．

まず，$f(z)$ を（単連結とは限らない）領域 D 上の連続関数と仮定する．このとき，つぎの 4 条件を考える．

(H1) $f(z)$ は D 上で正則.

(H2) D 内の単純閉曲線 C で，その内部が D に含まれるようなものすべてに対し，$\int_C f(z)\,dz = 0.$

(H3) D 内のすべての単純閉曲線 C に対し，$\int_C f(z)\,dz = 0.$

(H4) $F'(z) = f(z)$ をみたす D 上の正則関数 $F(z)$ が存在する.

「(H1) ならば (H2)」というのがコーシーの積分定理(定理 3.10)である．一方，モレラの定理は「(H3) ならば (H1)」を主張する．また，「(H3) ならば (H2)」は明らかであろう．逆に，「(H2) ならば (H3)」は成立しない．つぎの反例があるからである．

例 2 D を穴あき平面 $\mathbb{C} - \{0\}$ とするとき，$f(z) = 1/z$ は D 上で正則である(すなわち (H1) をみたす)から，積分定理より (H2) が成り立つ．しかし，$f(z)$ を単位円に沿って積分すると $2\pi i \neq 0$ となるから，(H3) は成立しない． □

この例 2 は「(H1) ならば (H3)」の反例にもなっている．

モレラの定理の証明は，「(H4) ならば (H1)」という事実に基づいて，「(H3) ならば (H4)」を示す，という流れであった．じつは，つぎが成り立つ．

命題 5.3
領域 D 上の連続関数 $f(z)$ に対し，(H3) と (H4) は互いに同値(必要十分条件)である．

証明 (H3) ならば (H4) であることはモレラの定理(定理 5.2)の証明の中で示した．逆に (H4) を仮定すると，D 内の任意の曲線 $C : z = z(t)$ $(a \leq t \leq b)$ に対し

$$\int_C f(z)\,dz = F(z(b)) - F(z(a)) \tag{5.2}$$

が成り立つ．実際，命題 3.6 より

$$\frac{d}{dt}F(z(t)) = F'(z(t)) \cdot \dot{z}(t) = f(z(t)) \cdot \dot{z}(t)$$

であるから，命題 3.8 より

$$\int_C f(z)\,dz = \int_a^b f(z(t))\dot{z}(t)\,dt = \int_a^b \frac{d}{dt}F(z(t))\,dt = F(z(b)) - F(z(a)).$$

よって，C を D 内の任意の閉曲線とするとき，$z(a) = z(b)$ より $\int_C f(z)\,dz = 0$. すなわち (H3) が成り立つ． ∎

もし領域 D が単連結であれば，つぎが成り立つ．

> **定理 5.4（単連結領域上の正則関数の特徴づけ）**
> $f(z)$ が単連結領域 D 上の連続関数であるとき，条件 (H1), (H2), (H3), (H4) は互いに同値（必要十分条件）である．

証明 領域 D は単連結なので，(H2) と (H3) は同値である．モレラの定理より「(H3) ならば (H1)」，コーシーの積分定理より「(H1) ならば (H2)」であるから，(H1), (H2), (H3) は同値である．命題 5.3 より (H3) と (H4) は同値なので，定理の主張を得る． ∎

以上をまとめると，下図のようになる（赤い矢印がモレラの定理）．

$$\begin{array}{c}
(H1) \Longleftarrow (H4) \\
\Downarrow \quad \color{red}{\nwarrow} \quad \Updownarrow \\
(H2) \Longleftarrow (H3)
\end{array}
\quad\underset{\text{単連結}}{\overset{D\text{が}}{\Longrightarrow}}\quad
\begin{array}{c}
(H1) \Longleftrightarrow (H4) \\
\Updownarrow \quad\quad \Updownarrow \\
(H2) \Longleftrightarrow (H3)
\end{array}$$

原始関数 領域 D 上の連続関数 $f(z)$ に対し，同じく領域 D 上の関数 $F(z)$ が

$$F'(z) = f(z)$$

をみたすとき，$F(z)$ を $f(z)$ の**原始関数**もしくは**不定積分**という．原始関数は連続な導関数をもつので，正則関数である．命題 5.3 より，原始関数が存在することの必要十分条件は，条件 (H3) が成り立つことである．

例 3 $f(z) = z^2$ のとき，$F(z) = z^3/3 + C$（C は定数）の形の関数はすべて $F'(z) = f(z)$ をみたすから，$f(z)$ の原始関数となる． ∎

一般に，つぎが成り立つ（証明は章末問題 5.1）．

> **命題 5.5（原始関数の性質）**
> 領域 D 上の連続関数 $f(z)$ は原始関数 $F_1(z)$ と $F_2(z)$ をもつものとする．このとき，その差 $F_1(z) - F_2(z)$ は定数関数である．また，任意の $\alpha \in D$ と $A \in \mathbb{C}$ に対し，$F(\alpha) = A$ をみたす原始関数 $F(z)$ が 1 つだけ定まり，
> $$F(z) = \int_\alpha^z f(\zeta)\,d\zeta + A \tag{5.3}$$
> で与えられる．ただし，この積分は α を始点とし z を終点とする D 内の任意の曲線に沿った線積分を表す．

例 4（対数関数） 関数 $f(z) = \dfrac{1}{z}$ は $D = \mathbb{C} - \{0\}$ 上で連続である．このとき，原始関数は実関数のときのように $F(z) = \log z + C$（C は定数）の形だろうか．これはおかしい．$\log z$ は多価関数だからである．

例 2 で見たように，この D と $f(z)$ は条件 (H3) をみたさない．命題 5.3 より (H4) もみたされず，原始関数は存在しないのである． □

対数関数の主値 例 2，例 4 の $f(z) = 1/z$ は定義域 $D = \mathbb{C} - \{0\}$ 上で正則である．したがって，D に含まれる単連結領域 D' に制限して考えれば，定理 5.4 より，原始関数が D' 上で存在するはずである．

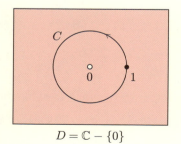
$D = \mathbb{C} - \{0\}$

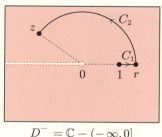
$D^- = \mathbb{C} - (-\infty, 0]$

そこで，$D = \mathbb{C} - \{0\}$ から負の実数全体の集合 $(-\infty, 0)$ を除いた単連結領域 $D^- := \mathbb{C} - (-\infty, 0]$ に $f(z)$ を制限してみよう．このとき，つぎが成り立つ．

5.1 モレラの定理と原始関数 — 149

> **命題 5.6（対数の主値）**
> 関数 $1/z$ を単連結領域 $D^- = \mathbb{C} - (-\infty, 0]$ に制限した正則関数を $f(z)$ とする．このとき，対数関数の主値 $F(z) = \text{Log}\, z$ は $f(z)$ の $F(1) = 0$ をみたす原始関数である．とくに，$\text{Log}\, z$ は D^- 上で正則であり，$z \in D^-$ に対し
> $$\text{Log}\, z = \int_1^z \frac{1}{\zeta}\, d\zeta, \qquad (\text{Log}\, z)' = \frac{1}{z} \tag{5.4}$$
> が成り立つ．ただし，積分は 1 を始点とし z を終点とする D^- 内の任意の曲線に沿った積分を表す．

証明 D^- 上の点 z は $z = re^{i\theta}$ ($r > 0$, $-\pi < \theta < \pi$) と極形式で表される．命題 5.5 より，$F(1) = 0$ をみたす $f(z) = 1/z$ の原始関数は

$$F(z) = \int_1^z \frac{1}{\zeta}\, d\zeta \tag{5.5}$$

で与えられる．ただし，右辺の積分路は具体的に，1 から r までを結ぶ線分 C_1 と，r から円 $C(0, r)$ に沿って z まで動く円弧 C_2 をつないだ $C_1 + C_2$ を考える（前ページの図右）．

$C_1: z(t) = t$, $C_2: z(t) = re^{it}$ とパラメーター表示すると，(r と 1 の大小，θ の正負によらず）式 (5.5) の右辺は

$$\begin{aligned}
\int_C \frac{1}{\zeta}\, d\zeta &= \int_{C_1} \frac{1}{\zeta}\, d\zeta + \int_{C_2} \frac{1}{\zeta}\, d\zeta \\
&= \int_1^r \frac{1}{t}\, dt + \int_0^\theta \frac{1}{re^{it}} \cdot i re^{it}\, dt \\
&= \Big[\, \log t \,\Big]_1^r + i \int_0^\theta dt \\
&= \log r + i\theta \\
&= \text{Log}\, z.
\end{aligned}$$

よって $F(z) = \text{Log}\, z$ である．連続関数の原始関数は正則関数であるから，$\text{Log}\, z$ が単連結領域 D^- 上で正則となることがわかった． ∎

対数関数の主値のマクローリン展開

命題 5.6 より，$\mathrm{Log}\,(1+z)$ は単位円板 $\mathbb{D} = D(0,1)$ 上で正則であるから，マクローリン展開（原点を中心とするテイラー展開 ⇨ 第 4 章）ができる．式 (5.4) より，自然数 n に対し

$$\{\mathrm{Log}\,(1+z)\}^{(n)} = (-1)^{n-1}\frac{(n-1)!}{(1+z)^n}$$

であるから，$|z|<1$ のとき

$$\mathrm{Log}\,(1+z) = z - \frac{z^2}{2} + \frac{z^3}{3} - \frac{z^4}{4} + \cdots. \tag{5.6}$$

つぎに，複素数 α を固定し $(1+z)^\alpha = e^{\alpha\log(1+z)}$ を考えよう（第 1 章）．これは一般に，有限もしくは無限個の複素数を表すが，便宜的に主値を用いて

$$(1+z)^\alpha := e^{\alpha\mathrm{Log}\,(1+z)}$$

と定義すれば，少なくとも単位円板 $\mathbb{D} = D(0,1)$ 上で正則であり，マクローリン展開ができる．原点での高階導関数の値を計算すれば，$|z|<1$ のとき

$$(1+z)^\alpha = 1 + \alpha z + \frac{\alpha(\alpha-1)}{2!}z^2 + \frac{\alpha(\alpha-1)(\alpha-2)}{3!}z^3 + \cdots \tag{5.7}$$

を得る．

5.2 一致の定理

2 人の人物がじつは同一人物であることを確認するには，どのくらいの情報（たとえば身長，座高，体重など）が必要だろうか．

「人物」を「関数」に置き換えて，つぎのような問題を考えてみよう．

問題 (a) 与えられた関数 $f(z)$ と $g(z)$ が異なる関数であることを示すには？

問題 (b) 与えられた関数 $f(z)$ と $g(z)$ が同じ関数であることを示すには？

問題 (a) のほうは $f(\alpha) \neq g(\alpha)$ となる α を 1 つでも見つければよい．一方，問題 (b) のほうは，すべての α で $f(\alpha) = g(\alpha)$ が成り立つことを確認する必要があり，一般には難しい．ところが正則関数の世界では，2 つの関数が一致するための必要十分条件としてつぎのものがある．

定理 5.7（一致の定理）

$f(z)$ と $g(z)$ はともに領域 D 上の正則関数とする．ある $\alpha \in D$ と，α に収束する $D - \{\alpha\}$ 内の点列 $\{z_n\}_{n=1}^{\infty}$ で $f(z_n) = g(z_n)$ $(n = 1, 2, \cdots)$ をみたすものが存在するとき，すべての $z \in D$ で $f(z) = g(z)$ が成り立つ．

注意！ もし，ある集合 E 上で $f(z) = g(z)$ であり，しかも E が $\underline{D\text{ 内に}}$集積点をもつならば，一致の定理（定理 5.7）より関数 $f(z)$ と $g(z)$ は D 全体で一致する．とくに，E がどんなに小さくとも，また，もとの領域 D がどんなに大きくても（たとえ $\mathbb{C}$ 全体でも）$f(z)$ と $g(z)$ は D 全体で一致する．

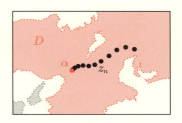

例 5 複素平面上の正則関数 $f(z)$ が $0 \leq x \leq 0.0001$ をみたす実数 x に対し $f(x) = e^x$ であれば，すべての複素数 z に対し $f(z) = e^z$ である．実際，$g(z) = e^z$, $z_n = 1/(10^4 + n)$ $(n = 1, 2, \cdots)$, $\alpha = 0$ として一致の定理（定理 5.7）を適用すると，複素平面全体で $f(z) = g(z) = e^z$ が成り立つ． □

注意！ 例 5 と同様の議論により，ある区間上の実関数が正則な複素関数へと拡張されるならば，その拡張の仕方は一意的である（すなわち，異なる 2 つの拡張をもつことはできない）ことがわかる．

一致の定理の証明 まず，つぎの命題を示す．

命題 5.8

$h(z)$ を領域 D 上の正則関数とする．ある $\alpha \in D$ が存在し $h^{(n)}(\alpha) = 0$ $(n = 0, 1, 2, \cdots)$ であるとき，D 上で $h(z) = 0$（定数関数）である．

以後は便宜的に，集合 E のすべての元 z について $h(z) = 0$ であるとき，「E 上 $h(z) \equiv 0$」と表すことにする．

証明 (命題 5.8)　D 上の α でない点 β を任意にとる．D は領域 (連結な開集合) であるから，α を始点とし，β を終点とする D 内の折れ線 (有限個の線分に分割できるような曲線) $C: z = z(t)\ (a \leq t \leq b)$ が存在する．この C の長さを $\ell(C)$ としよう．集合としての C は領域 D 内のコンパクト集合なので，正の数 R を十分に小さくとれば，任意の $t \in [a, b]$ に対して円板 $D(z(t), R)$ が D に含まれるようにできる (⇨ 付録 B，命題 B.8)．また，必要なら R を小さくとり直し，$R/2 < \ell(C)$ が成り立つものとする．このとき，C の長さ $\ell(C)$ は有限であるから，C の分割点 $\alpha_0, \alpha_1, \cdots, \alpha_N, \alpha_{N+1}\ (N \geq 1)$ を以下のようにとることができる．

- $\alpha_0 = \alpha$ かつ $\alpha_{N+1} = \beta$．
- $k = 0, 1, 2, \cdots, N-1$ に対し，α_{k+1} は α_k から折れ線 C の進行方向 (α から β に進む向き) に長さ (道のり) $R/2$ だけ進んだ点．
- $\beta \in D(\alpha_N, R)$．

関数 $h(z)$ は円板 $D(\alpha_0, R)$ 上で正則であるから，テイラー展開 (定理 4.3) ができて
$$h(z) = \sum_{n=0}^{\infty} \frac{h^{(n)}(\alpha_0)}{n!}(z - \alpha_0)^n \qquad (z \in D(\alpha_0, R))$$
が成り立つ．よって，$\alpha_0 = \alpha$ および条件 $h^{(n)}(\alpha) = 0\ (n = 0, 1, 2, \cdots)$ より，$D(\alpha_0, R)$ 上 $h(z) \equiv 0$ である．

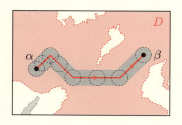
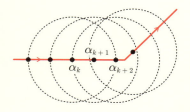

いま，ある $k \geq 0$ に対して円板 $D(\alpha_k, R)$ 上で $h(z) \equiv 0$ が成り立つと仮定する．このとき $\alpha_{k+1} \in D(\alpha_k, R)$ なので，$h^{(n)}(\alpha_{k+1}) = 0\ (n = 0, 1, 2, \cdots)$．よって，開円板 $D(\alpha_{k+1}, R)$ 上のテイラー展開は
$$h(z) = \sum_{n=0}^{\infty} \frac{h^{(n)}(\alpha_{k+1})}{n!}(z - \alpha_{k+1})^n = 0 \qquad (z \in D(\alpha_{k+1}, R)).$$

よって，$D(\alpha_{k+1}, R)$ 上でも $h(z) \equiv 0$ となる．この議論を $k = 0$ から $N-1$ まで繰り返せば，$D(\alpha_N, R)$ 上で $h(z) \equiv 0$ となり，とくに $h(\beta) = 0$ を得る．β は任意であるから，命題が証明された． ∎

証明（一致の定理, 定理 5.7） 関数 $h(z) = f(z) - g(z)$ は $h(z_n) = 0$ $(n = 1, 2, \cdots)$ をみたす．このとき，D 上 $h(z) \equiv 0$ であることを示そう．

関数 $h(z)$ は D 上正則なので，連続である（命題 2.6）．$z_n \to \alpha$ $(n \to \infty)$ より，

$$h(\alpha) = \lim_{n \to \infty} h(z_n) = 0.$$

ここで，「D 上 $h(z) \equiv 0$ でない」と仮定しよう．命題 5.8 の対偶を用いると，ある自然数 k が存在し，$h^{(j)}(\alpha) = 0$ $(0 \leq j \leq k-1)$ かつ $h^{(k)}(\alpha) \neq 0$ となる（このような α を「$h(z)$ の位数 k の零点」という．5.4 節参照）．このとき，α を中心とするある円板上の正則関数 $H(z)$ で $H(\alpha) \neq 0$ をみたすものが存在し，

$$h(z) = (z - \alpha)^k H(z)$$

と表される（章末問題 5.5）．ここで $z = z_n$ $(n = 1, 2, \cdots)$ を代入すると，$z_n \neq \alpha$ より

$$0 = h(z_n) = (z_n - \alpha)^k H(z_n) \iff H(z_n) = 0.$$

したがって，$H(z)$ の連続性と $z_n \to \alpha$ $(n \to \infty)$ より，

$$H(\alpha) = \lim_{n \to \infty} H(z_n) = 0.$$

これは $H(\alpha) \neq 0$ に矛盾する．よって，D 上 $h(z) \equiv 0$ が示された． ∎

応用 複素関数 $f(z)$ に対し，$f(z) = 0$ となる複素数 z を関数 $f(z)$ の零点（れいてん，ゼロてん）という．一致の定理（定理 5.7）から，つぎがわかる．

> **命題 5.9（零点は孤立）**
> 領域 D 上の定数関数でない正則関数 $f(z)$ に対し，$f(z)$ の零点全体からなる D の部分集合を Z とする．このとき，Z は空集合であるか，その元はすべて孤立点のみからなる．とくに，Z は D 内に集積点をもたない．

> **注意!** D の境界には集積点をもつことがある．たとえば，$f(z) = \sin(1/z)$，$D = \mathbb{C} - \{0\}$ のとき，集合 $Z = \left\{ \dfrac{1}{n\pi} \mid n \in \mathbb{Z} \right\}$ は原点を集積点にもつ．

証明 Z が空集合でなく，D 内に集積点をもつならば，一致の定理(定理 5.7)より D 上 $f(z) \equiv 0$．これは $f(z)$ が定数関数でないことに反する． ∎

5.3 最大値原理

$f(z)$ を複素平面内の集合 E 上で定義された複素関数とする．関数 $f(z)$ が点 $\alpha \in E$ で**最大絶対値をとる**とは，すべての $z \in E$ に対し

$$|f(z)| \leq |f(\alpha)|$$

が成り立つことをいう．そのような α が存在しないとき，関数 $f(z)$ は「E 上で最大絶対値をもたない」という．

つぎの定理は非常に強力で，応用も多い．

定理 5.10 (最大値原理)

$f(z)$ を領域 D 上の正則関数とするとき，つぎのいずれか一方のみが成り立つ．

(a) $f(z)$ は定数関数．
(b) $f(z)$ は領域 D 上で最大絶対値をもたない．

この定理を**最大値原理**もしくは**最大絶対値の原理**という．

証明 定数関数ではない正則関数 $f(z)$ が領域 D 内の点 α において最大絶対値をもったと仮定する．円 $C = C(\alpha, r)$ およびその内部が D に含まれるように $r > 0$ を十分に小さくとると，$z \in C$ では $\left| \dfrac{f(z)}{z - \alpha} \right| = \dfrac{|f(z)|}{r} \leq \dfrac{|f(\alpha)|}{r}$ であるから，コーシーの積分公式(定理 3.14)と $M\ell$ 不等式(公式 3.3)より

$$|f(\alpha)| \overset{\text{積分公式}}{=} \left| \dfrac{1}{2\pi i} \int_C \dfrac{f(z)}{z - \alpha} \, dz \right| \overset{M\ell\text{不等式}}{\leq} \dfrac{1}{2\pi} \cdot \dfrac{|f(\alpha)|}{r} \cdot \ell(C) = |f(\alpha)|.$$

したがって，中央の不等号は等号であり，とくに C 上で $|f(z)| = |f(\alpha)|$ が成り立つ．

この結果は C の半径 r に依存しないから，各 $r' < r$ で同様の議論をすることで C

の内部ではつねに $|f(z)| = |f(\alpha)|$ が成立することがわかる．絶対値が一定の正則関数は定数関数に限るので（章末問題 2.15），C の内部で $f(z)$ は定数関数（$f(z) = f(\alpha)$）である．一致の定理（定理 5.7）より，$f(z)$ は D 上で定数関数となる．

最大値原理（定理 5.10）から，つぎの定理が導かれる．

> **定理 5.11（境界で最大）**
> $f(z)$ を領域 D 上の正則関数，E を D のコンパクト部分集合とする．このとき，ある E の境界点 α が存在し，任意の $z \in E$ に対し
> $$|f(z)| \leq |f(\alpha)|.$$

すなわち，正則関数 $f(z)$ をコンパクト集合 E に制限した関数 $f_E(z)$ を考えると，それは E の境界点において最大絶対値をとるのである（下図）．

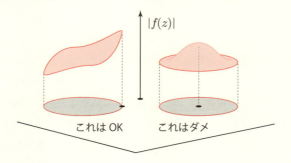

例 6 つぎの図は左から $\exp z$, $\sin z$, $\cos z$, $z^2 - 1$ の絶対値のグラフを単位円板 $\mathbb{D}$ 上で描いたものである（矢印は実軸）．境界の単位円上で最大値をとる様子がわかる．

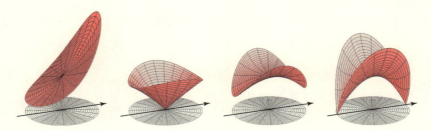

例 7（卵の黄身は飛び出ない） 領域 D 内に任意の円板 E をえらび，それを「割った卵」に見立てて，図の左側のように「黄身」と「白身」に塗り分ける．このとき，D 上の定数関数ではない正則関数 $f(z)$ による E の像は，決して図の右側のようにならない．すなわち，「黄身」が「白身」よりも外側に飛び出すことはない．これは定理 5.11 からの帰結である（章末問題 5.3）． □

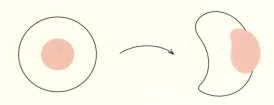

証明（定理 5.11） 関数 $|f(z)|$ は D 上連続なので，D のコンパクト部分集合 E 上で必ず最大値をもつ（⇨ 付録 A，例 1）．いま，ある $\alpha \in E$ が存在し，$|f(\alpha)|$ が関数 $|f(z)|$ の E における最大値になっていると仮定しよう．E に属する点は内点か境界点のいずれかであるから，それぞれの場合に定理 5.11 の主張を確認すればよい．もし α が E の境界点であれば定理 5.11 の主張は明らかである．もし α が E の内点であれば，α を中心とする円板 $D' = D(\alpha, r)$ で，E に含まれるものが存在する．正則関数 $f(z)$ の定義域をこの円板 D' だと思って最大値原理（定理 5.10）を適用すると，$f(z)$ が点 α で最大絶対値をとることから，$f(z)$ は D' 上で定数関数でなくてはならない．よって，一致の定理（定理 5.7）より $f(z)$ は D 全体で定数関数となり，この場合も定理 5.11 の主張は正しい． ∎

シュワルツの補題 最大値原理の応用として，つぎの定理を示そう．

定理 5.12（シュワルツの補題）
$f(z)$ は単位円板 $\mathbb{D}$ を含む領域上で定義された正則関数であり，$f(0) = 0$ かつ $\mathbb{D}$ の像 $f(\mathbb{D})$ が $\mathbb{D}$ に含まれるものとする．このとき，つぎが成り立つ．

(1) $|f'(0)| \leq 1$
(2) $\mathbb{D}$ 内のすべての点 z に対し，$|f(z)| \leq |z|$．

> また，(1) で等号が成り立つか，もしくは (2) において等号をみたす $z \neq 0$ が存在するための必要十分条件は，関数が $f(z) = e^{i\theta}z$ ($\theta \in \mathbb{R}$) の形となることである．

この定理（**シュワルツ**[*3]**の補題**とよばれる）は見かけ以上に強力で，正則関数のバラエティーを著しく制限している．

注意! 区間 $E = (-1, 1)$ 上の実関数 $f(x)$ が $f(0) = 0$ かつ $f(E) \subset E$ をみたすとしても，$|f'(0)| \leq 1$, $|f(x)| \leq |x|$ とならない例はいくらでもある（たとえば，$f(x) = (1/2)\sin \pi x$）．

証明（定理 5.12） 穴あき円板 $\mathbb{D} - \{0\}$ 上の関数 $g(z) = \dfrac{f(z)}{z}$ を考える．$z \to 0$ のとき $g(z) = \dfrac{f(z) - f(0)}{z - 0} \to f'(0)$ より，$g(z)$ は原点の十分近くで有界であるから，原点は $g(z)$ の除去可能な特異点である（章末問題 4.7）．よって，$g(0) := f'(0)$ とおくことで，$g(z)$ は $\mathbb{D}$ 上の正則関数となる（章末問題 4.8）．$0 < r < 1$ をみたす正の数 r をとり，集合 $E := D(0, r) \cup C(0, r)$ に対して定理 5.11 を適用すると，ある $z_0 \in \partial E = C(0, r)$ が存在し，$|g(z)| \leq |g(z_0)| = |f(z_0)|/|z_0| \leq 1/r$ が任意の $z \in E$ に対して成り立つ．よって，$r \to 1 - 0$ のときの極限を取ることで，任意の $z \in \mathbb{D}$ について $|g(z)| \leq 1$ すなわち $|f(z)| \leq |z|$ を得る．とくに，$|f'(0)| = |g(0)| \leq 1$．

つぎに等号成立条件を確認する．もし $|f(z_0)| = |z_0|$ をみたす $z_0 \neq 0$ が存在したとすると，$|g(z_0)| = 1$ が成立する．また，もし $|f'(0)| = 1$ であれば，$g(0) = f'(0)$ より $|g(0)| = 1$ が成立することになる．いずれの場合も，最大値原理より $g(z)$ は定数関数である．とくに，その絶対値は 1 であるから，$g(z) = f(z)/z = e^{i\theta}$（$\theta$ は実数）の形となる．逆に，$f(z) = e^{i\theta}z$ のとき，(1) と (2) で等号が成り立つことは明らか．∎

5.4 偏角の原理とルーシェの定理

有理型関数 D を複素平面内の領域とする．D 上の関数 $f(z)$ に対し，「正則性」の概念を少しだけ拡張しよう．

[*3] Hermann Amandus Schwarz (1843 – 1921) はドイツの数学者．「シュヴァルツ」とも．「コーシー・シュワルツの不等式」で有名．

関数 $f(z)$ が D 上で有理型もしくは D 上の有理型関数であるとは，

- D 内の点の集合 $P := \{\alpha_1, \alpha_2, \cdots\}$ が存在して，$f(z)$ は $D - P$ 上で正則，かつ
- 各 α_k $(k = 1, 2, \cdots)$ はそれぞれ $f(z)$ の極

であることをいう．ただし，$P = \emptyset$ (空集合) の場合も許す．このとき，$f(z)$ は D 上の正則関数である．

注意! 2番目の条件は「各 α_k を中心とする十分に小さな半径をもつ穴あき円板 D_k をとれば，そこで $f(z)$ はローラン展開可能であり，しかも主要部が有限個の項のみからなる」ということである．この場合，D_k の中に他の α_j $(j \neq k)$ は存在できないから，集合 $P = \{\alpha_1, \alpha_2, \cdots\}$ は孤立点のみからなる集合である．すなわち P 自体は無限個の点を含んでもよいが，D 内には集積点をもたない (もし集積点があれば，それは ∂D に属する)．

例8 $f(z) = \dfrac{e^z}{z + z^2}$ は複素平面上の有理型関数である．実際，$f(z)$ は $P = \{0, -1\}$ のみで極をもち，$\mathbb{C} - P$ 上正則である． □

例9 $f(z) = \dfrac{1}{\sin \pi z}$ は複素平面上の有理型関数である．実際，$f(z)$ は $P = \mathbb{Z}$ (整数全体の集合) のみで (1位の) 極をもち，$\mathbb{C} - \mathbb{Z}$ 上正則である． □

例10 領域 D 上の有理型関数 $f(z), g(z)$ に対し，$f(z) + g(z), f(z)g(z)$ は有理型関数である．また，$g(z)$ が D 上で恒等的に 0 でなければ，$f(z)/g(z)$ も有理型関数である (章末問題 5.6)[*4]． □

零点と極の位数 関数 $f(z)$ に対し，$f(\alpha) = 0$ となる α を $f(z)$ の零点というのであった (153 ページ)．いま，$f(z)$ は領域 D 上の定数関数ではない有理型関数であるとする．

[*4] 新たに除去可能な特異点が生じた場合，その点まで局所的に正則になるように関数を拡張するものと約束する (章末問題 4.8)．たとえば，$D = \mathbb{C}, f(z) = z, g(z) = 1/z$ のとき，原点は $g(z)$ の極だが，$f(z)g(z)$ に対しては除去可能な特異点となる．

- $\alpha \in D$ が $f(z)$ の零点のとき，ある自然数 k と複素数 $A_k \neq 0$ が存在して，α を中心とするテイラー展開は

$$f(z) = A_k (z-\alpha)^k + A_{k+1} (z-\alpha)^{k+1} + \cdots$$

の形となる．この k を零点 α の**位数**もしくは**重複度**という．

- $\beta \in D$ が $f(z)$ の極のとき，ある自然数 k と複素数 $A_{-k} \neq 0$ が存在して，ローラン展開が

$$f(z) = \frac{A_{-k}}{(z-\beta)^k} + \cdots + \frac{A_{-1}}{z-\beta} + A_0 + A_1(z-\beta) + \cdots$$

の形で書ける．この k を極 β の**位数**もしくは**重複度**という．

注意！ α が零点のとき，位数 k は「方程式 $f(z)=0$ の解の重複度」だとみなすことができる．実際，α が位数 k の零点であることの必要十分条件は，α を中心とする円板で定義されたある正則関数 $g(z)$ で $g(\alpha) \neq 0$ をみたすものが存在し，

$$f(z) = (z-\alpha)^k g(z) \tag{5.8}$$

と表されることである．一方，β が位数 k の極であることの必要十分条件も，同様の正則関数 $g(z)$ で $g(\beta) \neq 0$ をみたすものが存在し，

$$f(z) = \frac{g(z)}{(z-\beta)^k} \tag{5.9}$$

と表されることである (章末問題 5.5)．β が極のときも，位数 k は適切な定式化のもとで「方程式 $f(z) = \infty$ の解の重複度」と解釈できる．これは，次節で「リーマン球面」を導入することで正当化される．

例 11 多項式関数 $f(z) = z^8(z-2)^3$ に対し，0 と 2 はそれぞれ位数 8 と 3 の零点である． □

例 12 有理関数 $f(z) = \dfrac{z^3(z-2)}{(z^2+1)^2}$ に対し，零点は 0 と 2 で位数はそれぞれ 3 と 1，極は i と $-i$ で位数はともに 2 である． □

例 13　領域 D 上の定数関数ではない有理型関数 $f(z)$ に対し，$1/f(z)$ も有理型関数である（例 10）．$\alpha \in D$ が $f(z)$ の位数 k の零点であれば，それは $1/f(z)$ の位数 k の極であり，その逆も成り立つ（章末問題 5.7）．　□

偏角の原理　有理型関数にとって，零点と極はある意味で対等な存在である．たとえば，つぎが成り立つ．

定理 5.13（偏角の原理）

$f(z)$ を領域 D 上の定数関数でない有理型関数，C を D 内の単純閉曲線とする．曲線 C の内部が D に含まれ，C 上には $f(z)$ の零点も極も存在しないとき，

$$\frac{1}{2\pi i} \int_C \frac{f'(z)}{f(z)} dz = [C \text{ の内部にある零点の数}]$$
$$- [C \text{ の内部にある極の数}]. \quad (5.10)$$

ただし，「C の内部にある零点の数」とは，「C の内部にある零点の位数（重複度）の和」のことである．極についても同様．

注意！　$g(z) := 1/f(z)$ は $g'(z)/g(z) = -f'(z)/f(z)$ をみたすから，

$$\frac{1}{2\pi i} \int_C \frac{g'(z)}{g(z)} dz = -\frac{1}{2\pi i} \int_C \frac{f'(z)}{f(z)} dz.$$

一方，例 13 より $f(z)$ と $g(z) = 1/f(z)$ では零点と極の役割が入れ替わるから，

$$[C \text{ の内部の } g(z) \text{ の零点の数}] - [C \text{ の内部の } g(z) \text{ の極の数}]$$
$$= [C \text{ の内部の } f(z) \text{ の極の数}] - [C \text{ の内部の } f(z) \text{ の零点の数}].$$

これら 2 つの等式は式 (5.10) とつじつまが合っており，極と零点の対等性（対称性）がよく現れている．

注意！　5.1 節で見たように，対数の主値 $\mathrm{Log}\, z$ は領域 $D^- = \mathbb{C} - (-\infty, 0]$ 上の正則関数である．よって，領域 $D_0 \subset D$ を $f(D_0) \subset D^-$ となるように

選べば，関数 $\operatorname{Log} f(z)$ は D_0 上で正則であり，

$$\{\operatorname{Log} f(z)\}' = \frac{f'(z)}{f(z)}$$

をみたす．すなわち，$\operatorname{Log} f(z)$ は $f'(z)/f(z)$ の原始関数である．命題 5.5 より D_0 内の任意の z_0 から z_1 に至る積分路に対し，

$$\int_{z_0}^{z_1} \frac{f'(z)}{f(z)}\, dz = \operatorname{Log} f(z_1) - \operatorname{Log} f(z_0) \tag{5.11}$$

が成り立つ．とくに，右辺の虚部は $\arg f(z_1) - \arg f(z_0)$ であり，積分路における $\arg f(z)$ の変化量に相当する．式 (5.10) 左辺の積分 $\int_C \frac{f'(z)}{f(z)}\, dz$ は，曲線 C を細かく分割することで式 (5.11) のような積分の和として表されるから，その虚部は偏角 $\arg f(z)$ の C に沿ったトータルの変化量に相当する．これが，「偏角の原理」という名前の由来である．

例 14　$f(z) = \dfrac{z^3(z-2)}{(z^2+1)^2}$ とする．例 12 と定理 5.13 より，$C = C(0,3)$ のとき，$\dfrac{1}{2\pi i}\displaystyle\int_C \dfrac{f'(z)}{f(z)}\, dz = (3+1) - (2+2) = 0$．また，$C = C(0,3/2)$ のとき，$\dfrac{1}{2\pi i}\displaystyle\int_C \dfrac{f'(z)}{f(z)}\, dz = 3 - (2+2) = -1$．　　□

偏角の原理 (定理 5.13) の証明には，つぎの事実を用いる．

> **命題 5.14**
>
> 定理 5.13 の仮定のもと，つぎが成り立つ．
>
> (1) 関数 $\dfrac{f'(z)}{f(z)}$ は領域 D から $f(z)$ の零点と極を除いた領域上で正則．
> (2) C の内部に含まれる零点および極はそれぞれ有限個．

証明　(1) 領域 D から $f(z)$ の零点と極を除いた領域を $\widetilde{D}$ とおく．$f(z)$ は $\widetilde{D}$ 上で正則であるから，$f'(z)$ も $\widetilde{D}$ 上で正則である (定理 3.16)．また，$f(z)$ は $\widetilde{D}$ に零点をもたないので，$1/f(z)$ も $\widetilde{D}$ 上で正則である．よって，$f'(z)$ と $1/f(z)$ の積 $f'(z)/f(z)$ も $\widetilde{D}$ 上で正則となる．

(2) C と C の内部の和集合を Ω とすると，これは D のコンパクト部分集合である．もし極が C の内部に無限個あれば，集積点 α が Ω 上に存在するはずである（⇨ 付録 B, 定理 B.7）．α は領域 D に含まれ，$f(z)$ は D 上の有理型関数であることから，α を中心とするある穴あき円板上で正則であり，ローラン展開ができる．これは α が極の集積点であったことに矛盾する．

零点が C の内部に無限個あるときも，同様に Ω 内に集積点をもつことになるが，こちらは命題 5.9 に反する． ∎

証明(偏角の原理, 定理 5.13) C の内部にある零点を $\alpha_1, \cdots, \alpha_N$，極を $\beta_1, \cdots, \beta_M$ とする（命題 5.14 よりこれらは有限個．ただし，重複は許さず，互いに異なる点とする）．

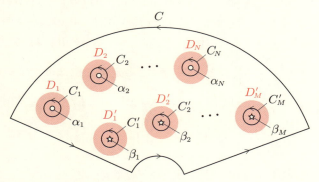

また，十分小さな $r > 0$ を選んで固定し，
$$C_n := C(\alpha_n, r/2), \quad D_n := D(\alpha_n, r) \quad (1 \leq n \leq N)$$
$$C'_m := C(\beta_m, r/2), \quad D'_m := D(\beta_m, r) \quad (1 \leq m \leq M)$$
とおく．ただし，円板 $D_1, \cdots, D_N, D'_1, \cdots, D'_M$ は互いに共通部分をもたず，すべて C の内部に含まれるものとする（上図）．

このとき，C と $C_1, \cdots, C_N$ および $C'_1, \cdots, C'_M$ で囲まれた領域は D から $f(z)$ の零点と極を除いた領域 $\widetilde{D}$ に含まれている．命題 5.14 より関数 $f'(z)/f(z)$ に定理 3.11 が適用できるので，等式
$$\frac{1}{2\pi i} \int_C \frac{f'(z)}{f(z)} dz = \underbrace{\sum_{n=1}^{N} \frac{1}{2\pi i} \int_{C_n} \frac{f'(z)}{f(z)} dz}_{(1)} + \underbrace{\sum_{m=1}^{M} \frac{1}{2\pi i} \int_{C'_m} \frac{f'(z)}{f(z)} dz}_{(2)}.$$
を得る．

(1) の計算(零点の位数の数え上げ)　各 $n = 1, \cdots, N$ に対し，α_n は位数 k_n をもつとする．このとき，式 (5.8) のように，D_n 上で正則な関数 $g(z) = g_n(z)$ で $g(\alpha_n) \neq 0$ をみたすものが存在し，

$$f(z) = (z - \alpha_n)^{k_n} g(z)$$

と表される．よって，

$$\frac{f'(z)}{f(z)} = \frac{k_n (z - \alpha_n)^{k_n - 1} g(z) + (z - \alpha_n)^{k_n} g'(z)}{(z - \alpha_n)^{k_n} g(z)} = \frac{k_n}{z - \alpha_n} + \frac{g'(z)}{g(z)}.$$

ここで $g(\alpha_n) \neq 0$ と $g(z)$ の連続性より，（必要なら r を十分小さく取り直して）D_n 上で $g(z) \neq 0$ と仮定してよいので，関数 $g'(z)/g(z)$ は D_n 上で正則である．したがって，基本公式 1（公式 3.9）とコーシーの積分定理（定理 3.10）より，

$$\frac{1}{2\pi i} \int_{C_n} \frac{f'(z)}{f(z)} \, dz = \frac{1}{2\pi i} \int_{C_n} \frac{k_n}{z - \alpha_n} \, dz + \frac{1}{2\pi i} \int_{C_n} \frac{g'(z)}{g(z)} \, dz = k_n + 0 = k_n.$$

ゆえに，

$$(1) = \sum_{n=1}^{N} k_n = [\, C \text{ の内部に含まれる零点の位数の和}\,].$$

(2) の計算(極の位数の数え上げ)　(1) の計算とほぼ同様である．各 $m = 1, \cdots, M$ に対し，β_m は位数 l_m をもつとする．このとき，式 (5.9) のように，D'_m 上で正則な関数 $h(z) = h_m(z)$ で $h(\beta_m) \neq 0$ をみたすものが存在し，

$$f(z) = \frac{h(z)}{(z - \beta_m)^{l_m}}$$

と表される．よって，

$$f'(z) = \frac{-l_m}{(z - \beta_m)^{l_m + 1}} h(z) + \frac{1}{(z - \beta_m)^{l_m}} h'(z)$$

より，

$$\frac{f'(z)}{f(z)} = \frac{-l_m}{z - \beta_m} + \frac{h'(z)}{h(z)}.$$

ここで，(1) の $g(z)$ のときと同様にして，$h(\beta_m) \neq 0$ より $h'(z)/h(z)$ は D'_m 上で正則と仮定してよい．よって，基本公式 1（公式 3.9）とコーシーの積分定理（定理 3.10）より

$$\frac{1}{2\pi i} \int_{C'_m} \frac{f'(z)}{f(z)} \, dz = \frac{1}{2\pi i} \int_{C'_m} \frac{-l_m}{z - \beta_m} \, dz + \frac{1}{2\pi i} \int_{C'_m} \frac{h'(z)}{h(z)} \, dz = -l_m + 0 = -l_m.$$

ゆえに，

$$(2) = \sum_{m=1}^{M} (-l_m) = -[\,C\text{ の内部に含まれる極の位数の和}\,].$$

偏角の原理と零点の個数　　関数 $f(z)$ が D 上で正則関数である（すなわち，有理型だが極をもたない）場合，式 (5.10) は

$$\frac{1}{2\pi i} \int_C \frac{f'(z)}{f(z)}\, dz = [\,C\text{ の内部にある零点の数}\,] \qquad (5.12)$$

となる．左辺の積分の幾何学的な意味を理解しておこう．

単純閉曲線 C を $C: z = z(t)\ (a \leq t \leq b)$ とパラメーター表示する．このとき，（集合としての）曲線 C の関数 $f(z)$ による像 $f(C)$ は $f(C): w = w(t) := f\bigl(z(t)\bigr)\ (a \leq t \leq b)$ とパラメーター表示される閉曲線である．$\dot{w}(t) = f'\bigl(z(t)\bigr) \cdot \dot{z}(t)$ が（高々有限個の時刻を除いて）成り立つことに注意すると[*5]，

$$\int_C \frac{f'(z)}{f(z)}\, dz = \int_a^b \frac{f'\bigl(z(t)\bigr)}{f\bigl(z(t)\bigr)} \dot{z}(t)\, dt = \int_a^b \frac{1}{w(t)} \dot{w}(t)\, dt = \int_{f(C)} \frac{1}{w}\, dw. \qquad (5.13)$$

たとえば，$f(z) = 3z^3 - 4z - 2,\ C = C(0,1)$ の場合を考えてみよう．$f(z)$ の零点の近似値は 1.352 と $-0.676 \pm 0.191\,i$ であり，この 2 つの虚数解だけが C の内部に属する．閉曲線 $f(C)$ は下図中央のようになっており，積分路としては同図の右側のような 3 つの閉曲線 C_1, C_2, C_3 に分割できる．$f(C)$ は原点のまわりを実質的に 2 周（C_1 と C_2）しており，基本公式 2（公式 3.12）より

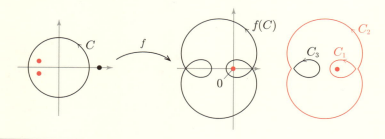

[*5] C が区分的に滑らかである場合，高々有限個の時刻において $\dot{z}(t)$ が確定しないが，積分には影響しない．

$$\int_{f(C)} \frac{1}{w}\,dw = \int_{C_1} \frac{1}{w}\,dw + \int_{C_2} \frac{1}{w}\,dw + \int_{C_3} \frac{1}{w}\,dw$$

$$= 2\pi i + 2\pi i + 0 \quad \text{← 基本公式 2}$$

$$= 4\pi i$$

が成り立つ．式 (5.13) より $\dfrac{1}{2\pi i}\displaystyle\int_C \dfrac{f'(z)}{f(z)}\,dz = \dfrac{1}{2\pi i}\cdot 4\pi i = 2$ を得るが，この値は「$f(C)$ が原点のまわりを実質的に何周しているか」（この場合は 2 周）を表している．式 (5.12) は，それが C の内部の $f(z)$ の零点の個数と一致することを主張するものである．

零点の個数とルーシェの定理　偏角の原理（定理 5.13）を正則関数に限定した式 (5.12) を活用して，与えられた単純閉曲線の内部にある正則関数の零点の数を評価することができる．とくに，つぎの「ルーシェ[*6]の定理」は有用である．

定理 5.15（ルーシェの定理）

関数 $f(z), g(z)$ はともに領域 D 上の正則関数とし，D は単純閉曲線 C とその内部を含むものとする．さらに，C 上で $|f(z)| > |g(z)|$ であるとき，

$$[\,C \text{ の内部の } f(z) + g(z) \text{ の零点の数}\,]$$
$$= [\,C \text{ の内部の } f(z) \text{ の零点の数}\,]$$

が成り立つ．ただし，零点の個数は重複度込みで数えるものとする．

注意!　ルーシェの定理（定理 5.15）は「$f(z)$ に C 上で $|f(z)| > |g(z)|$ をみたす $g(z)$ を加えても，C の内部に含まれる零点の数は変化しない」ことを主張している．

注意!　「C 上で $|f(z)| > |g(z)|$」という条件より，C 上で $|f(z)| > 0$ かつ $|f(z) + g(z)| \geq |f(z)| - |g(z)| > 0$（三角不等式）．よって，$C$ 上には $f(z)$ と $f(z) + g(z)$ の零点は存在しない．

[*6] Eugène Rouché(1832 – 1910)，フランスの数学者．

証明(ルーシェの定理,定理 5.15) 偏角の原理(定理 5.13),とくに式 (5.12) より,

$$\frac{1}{2\pi i}\int_C \frac{\{f(z)+g(z)\}'}{f(z)+g(z)}\,dz = \frac{1}{2\pi i}\int_C \frac{f'(z)}{f(z)}\,dz \tag{5.14}$$

を示せばよい.そこで,$f(z)+g(z)=f(z)\,h(z)$ が成り立つように

$$h(z) := 1 + \frac{g(z)}{f(z)}$$

とおく.関数 $h(z)$ は D から $f(z)$ の零点をすべて除いた領域 D' 上で正則であり,単純閉曲線 C はこの D' に含まれる(前ページの注意を参照).よって,$h(z)$ と $h'(z)$ は C 上でも定義されており,式 (5.14) の左辺は

$$\begin{aligned}
\frac{1}{2\pi i}\int_C \frac{\{f(z)h(z)\}'}{f(z)h(z)}\,dz &= \frac{1}{2\pi i}\int_C \frac{f'(z)h(z)+f(z)h'(z)}{f(z)h(z)}\,dz \\
&= \frac{1}{2\pi i}\int_C \left(\frac{f'(z)}{f(z)} + \frac{h'(z)}{h(z)}\right)dz \\
&= \frac{1}{2\pi i}\int_C \frac{f'(z)}{f(z)}\,dz + \underline{\frac{1}{2\pi i}\int_C \frac{h'(z)}{h(z)}\,dz}
\end{aligned}$$

となる.よって,下線部が 0 になることを示せば式 (5.14) が示される.

C 上の点 z に対し $w=h(z)$ とおくと,式 (5.13) と同様の議論により

$$\underline{\frac{1}{2\pi i}\int_C \frac{h'(z)}{h(z)}\,dz} = \frac{1}{2\pi i}\int_{h(C)} \frac{1}{w}\,dw$$

が成り立つ.ただし,$h(C)$ は曲線 C: $z=z(t)$ $(a \leq t \leq b)$ に対し $h(C)$: $w = h(z(t))$ $(a \leq t \leq b)$ として定まる閉曲線である.いま,仮定より C 上の点 z と $w=h(z)$ に対し

$$|w-1| = |h(z)-1| = \left|\frac{g(z)}{f(z)}\right| < 1$$

が成り立つから,$h(C)$ は $\underline{w \text{ 平面の円板 } D(1,1)}$ に含まれる閉曲線である.$D(1,1)$ は単連結であり,関数 $1/w$ は $D(1,1)$ 上で正則であるから,(定理 5.1 の証明と同様の議論により,必要なら $h(C)$ を複数の単純閉曲線に分割して)

$$\int_{h(C)} \frac{1}{w}\,dw = 0.$$

以上で定理が示された.∎

例題 5.1（ルーシェの定理の応用）
方程式 $z^3 + 3z + 1 = 0$ の円板 $D(0,2)$ 内にある解の（重複度込みの）数を求めよ．また，単位円板 $\mathbb{D} = D(0,1)$ の場合はどうか．

証明 $f(z) = z^3$, $g(z) = 3z + 1$ とする．$|z| = 2$ のとき，$|f(z)| = 8$, $|g(z)| = |3z+1| \leq 3|z| + 1 = 7$. 円 $C = C(0,2)$ に対しルーシェの定理（定理 5.15）を適用すれば，$D(0,2)$ 内で $f(z) + g(z) = z^3 + 3z + 1$ と $f(z) = z^3$ は重複度込みで同じ数の零点をもつことがわかる．$D(0,2)$ 内の $f(z) = z^3$ の零点は重複度（位数）3 の零点 0 のみであるから，$D(0,2)$ 内の $f(z) + g(z) = z^3 + 3z + 1$ の零点は重複度込みで 3 個だとわかる．代数学の基本定理（定理 3.18）より方程式 $z^3 + 3z + 1 = 0$ は重複度込みで 3 つの解をもつが，そのすべてが円板 $D(0,2)$ 内にあることがわかった．

つぎに $|z| = 1$ のとき，$|g(z)| = |3z+1| \geq 3|z| - 1 = 2$, $|f(z)| = 1$. 円 $C = C(0,1)$ に対しルーシェの定理（定理 5.15）を適用すれば，単位円板 $\mathbb{D}$ 内において $g(z) + f(z)$ と $g(z)$ は重複度込みで同じ数の零点をもつことがわかる．$\mathbb{D}$ 内における $g(z) = 3z + 1$ の零点は重複度（位数）1 の零点 $-1/3$ のみであるから，$\mathbb{D}$ 内の $f(z) + g(z) = z^3 + 3z + 1$ の零点は 1 個だけだとわかる．すなわち，方程式 $z^3 + 3z + 1 = 0$ は $\mathbb{D}$ 内に重複度込みで 1 個だけ解をもつ． ∎

5.5 リーマン球面とメビウス変換

複素平面 $\mathbb{C}$ に「無限遠点」とよばれる 1 点を加えた集合が「球面」として解釈できることを説明する[*7].

リーマン球面 XYZ 空間 $\mathbb{R}^3$ 内の単位球面

$$S := \{(X, Y, Z) \in \mathbb{R}^3 \mid X^2 + Y^2 + Z^2 = 1\}$$

を考え，「北極」に当たる点 $(0, 0, 1)$ を $\mathbf{N}$ で表す．また，単位球面 S から北極 N を除いた集合を S^* と表し，便宜的に「穴あき球面」とよぶことにする．

[*7] 詳細は，たとえば小平邦彦 著『複素解析』（岩波書店）の第 3 章 3.2 節と 3.3 節を参照せよ．

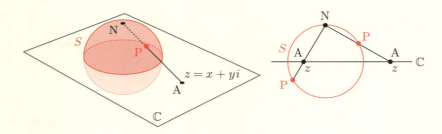

いま，XY 平面（Z 座標が 0 の点全体）上の任意の点 $A = (x, y, 0)$ に対し，A と N を通る直線は，穴あき球面 S^* のある 1 点 $P = (X, Y, Z)$ において交差する．このとき，$A = (x, y, 0)$ を複素平面上の点 $z = x + yi$ と同一視すれば，これらの関係はつぎの公式で与えられる．

> **命題 5.16（立体射影の公式）**
> 上述の対応によって $P = (X, Y, Z)$ と複素数 $z = x + yi$ が対応するとき，つぎが成り立つ．
> $$(X, Y, Z) = \left(\frac{2x}{1+|z|^2}, \frac{2y}{1+|z|^2}, \frac{-1+|z|^2}{1+|z|^2} \right) \quad (5.15)$$
> $$x + yi = \frac{X}{1-Z} + \frac{Y}{1-Z} i \quad (5.16)$$

この公式が定める点 $P = (X, Y, Z)$ から複素数 $z = x + yi$ への対応を**立体射影**という．立体射影は穴あき球面 S^* と複素平面 $\mathbb{C}$ の間に過不足のない対応を与える．

単位球面 S 上の円 C の立体射影による像 C' は複素平面 $\mathbb{C}$ 上の円または直線であることが知られている．とくに，C が北極 N を通らないとき，像 C' は $\mathbb{C}$ 上の円であり，C が北極 N を通るとき，像 C' は $\mathbb{C}$ 上の直線である．

無限遠点 複素平面上の点 z を $|z| \to \infty$ となるように動かすと，式 (5.15) より，対応する S^* 上の点 P は必ず N に近づく．そこで，北極 N に対応する**無限遠点** ∞ を複素平面に付け加えた集合 $\mathbb{C} \cup \{\infty\}$ を**リーマン球面**といい，$\widehat{\mathbb{C}}$ で

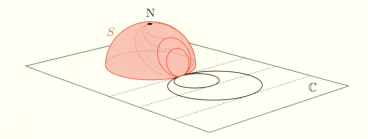

表す*8. 単位球面 S とリーマン球面 $\widehat{\mathbb{C}}$ は互いに「別名」だとみなされる.

メビウス変換　複素数 a, b, c, d が $ad - bc \neq 0$ をみたすとき，有理関数

$$T(z) = \frac{az+b}{cz+d}$$

を**メビウス変換***9 もしくは **1次分数変換**という．関数 $T(z)$ は複素平面 $\mathbb{C}$ 上の有理型関数であるが，$c = 0$ のとき，$T(\infty) := \infty$, $c \neq 0$ のとき $T(\infty) := a/c$, $T(-d/c) := \infty$ と定義することで，メビウス変換はリーマン球面 $\widehat{\mathbb{C}}$ 上の，$\widehat{\mathbb{C}}$ に値をとる関数に拡張することができる．

例15（拡大と回転） 0 でない複素数 A に対し $T(z) = Az = \dfrac{Az+0}{0 \cdot z + 1}$ はメビウス変換であり，$T(\infty) := \infty$ と定める．2.4 節ではこれを「比例関数」とよび，複素平面全体を原点を中心に「拡大と回転」することを見た． □

例16（平行移動） 複素数 $B \neq 0$ に対し $T(z) = z + B = \dfrac{z+B}{0 \cdot z + 1}$ はメビウス変換であり，やはり $T(\infty) := \infty$ と定める．これは複素平面全体を B の表す複素数の分だけ「平行移動」する． □

例17（反転） $T(z) = \dfrac{1}{z} = \dfrac{0 \cdot z + 1}{z + 0}$ はメビウス変換であり，$T(0) := \infty$, $T(\infty) := 0$ と定義する．$T(z)$ は $T(\pm 1) = \pm 1$ かつ $T(T(z)) = z$ をみたしているが，その意味は単位球面で見るとわかりやすい．$z = x + yi$ に対応する S 上

---

*8 $\widehat{\mathbb{C}}$ は「シーハット」と読む．この集合にはさまざまな数学的解釈があり，それに応じて $\overline{\mathbb{C}}$, $\mathbb{C}_\infty$, $\mathbb{C}P^1$, $\mathbf{P}^1(\mathbb{C})$ などとも表される．

*9 August Ferdinand Möbius (1790 – 1868) はドイツの数学者．

の点を (X, Y, Z) とするとき，命題 5.16 より，$T(z) = \dfrac{1}{z} = \dfrac{x - yi}{x^2 + y^2}$ に対応する S 上の点は $(X, -Y, -Z)$ だとわかる．すなわち，$T(z)$ の作用は XYZ 空間における X 軸に関する 180 度回転に相当する．この意味で，$T(z) = 1/z$ のことを**反転**ともいう． □

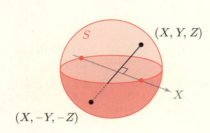
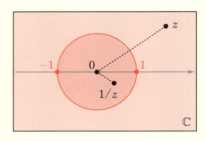

例 18（**合成と逆関数**）　$T(z), S(z)$ がメビウス変換であるとき，合成 $T(S(z))$ もメビウス変換である．また，$T(z) = \dfrac{az + b}{cz + d}$ $(ad - bc \neq 0)$ の逆変換（逆関数）は $\boldsymbol{T^{-1}(z) = \dfrac{dz - b}{-cz + a}}$ で与えられ，これもメビウス変換である． □

例 19（**円円対応**）　$\widehat{\mathbb{C}}$ 上の円（$\mathbb{C}$ 上の円，もしくは $\mathbb{C}$ 上の直線に ∞ を加えたもの）のメビウス変換による像は $\widehat{\mathbb{C}}$ 上の円であることが知られている． □

有理型関数の極　$f(z)$ を複素平面上の領域 D 上の有理型関数とし，点 $\alpha \in D$ を位数 k の極とする．このとき，十分小さな $r > 0$ に対し，円板 $D(\alpha, r)$ 上の正則関数 $g(z)$ で，$g(\alpha) \neq 0$ かつ

$$f(z) = \frac{g(z)}{(z - \alpha)^k} \qquad (z \neq \alpha)$$

をみたすものが存在する（式 (5.9)，章末問題 5.5）．$z \to \alpha$ のとき $|f(z)| \to \infty$ であるから，メビウス変換のときと同様に $f(\alpha) := \infty$ と定義すれば，<u>有理型関数 $f(z)$ を領域 D 上のリーマン球面 $\widehat{\mathbb{C}}$ に値をもつ関数と解釈できる</u>．

章末問題

☐ **5.1（原始関数の性質）** 命題 5.5（原始関数の性質）を証明せよ．

☐ **5.2（多項式の一致の定理）** $f(z), g(z)$ を n 次多項式とする．ある互いに異なる $n+1$ 個の点 $\alpha_1, \cdots, \alpha_{n+1}$ が存在して $f(\alpha_k) = g(\alpha_k)$ $(k = 1, \cdots, n+1)$ が成り立つとき，すべての複素数 z に対し $f(z) = g(z)$ が成り立つことを示せ．

☐ **5.3（卵の黄身は飛び出ない）** 本章例 7 について，その理由を説明せよ．

☐ **5.4（微分係数の絶対値の評価）** 円板 $D(\alpha, r)$ を含む領域で定義された正則関数 $f(z)$ に対し，$D(\alpha, r)$ の像 $f(D(\alpha, r))$ が円板 $D(f(\alpha), R)$ に含まれるならば，
$$|f'(\alpha)| \leq \frac{R}{r}$$
が成り立つことを示せ．

☐ **5.5*（極と零点の位数）** 領域 D 上の有理型関数 $f(z)$ に対し，以下を示せ．

(1) 点 $\alpha \in D$ が位数 k の零点であることの必要十分条件は，α を中心とする円板で定義された正則関数 $g(z)$ で $g(\alpha) \neq 0$ をみたすものが存在し，$f(z) = (z-\alpha)^k g(z)$ と表されることである．

(2) $\alpha \in D$ が位数 k の極であることの必要十分条件も，同様の正則関数 $g(z)$ で $g(\alpha) \neq 0$ をみたすものが存在し，$f(z) = \dfrac{g(z)}{(z-\alpha)^k}$ と表されることである．

☐ **5.6*（有理型関数の四則）** ある領域 D 上の有理型関数 $f(z), g(z)$ に対し，$f(z) + g(z), f(z)g(z)$ は有理型関数であることを示せ．また，$g(z)$ が D 上で恒等的に 0 でなければ，$f(z)/g(z)$ も有理型関数であることを示せ（本章例 10, 脚注 4 参照）．

☐ **5.7*（零点と極）** 領域 D 上の定数関数ではない有理型関数 $f(z)$ に対し，$1/f(z)$ も有理型関数である．$\alpha \in D$ が $f(z)$ の k 位の零点であれば，それは $1/f(z)$ の k 位の極であり，その逆も成り立つことを示せ．

☐ **5.8*（真性特異点）** 関数 $f(z)$ は穴あき円板 $D = \{z \in \mathbb{C} \mid 0 < |z - \alpha| < R\}$ 上で正則であり，α は $f(z)$ の真性特異点であるとする．このとき，任意の複素数 A に対し，ある α に収束する $\{z_n\}_{n=1}^{\infty}$ が存在し，$f(z_n) \to A$ $(n \to \infty)$ とできることを示せ．

□ **5.9（偏角の原理）** 積分 $\int_{C(0,1)} \dfrac{2z+a}{z^2+az+b}\,dz$ がちょうど $2\pi i$ となるような実数 (a,b) の範囲を求め，図示せよ．

□ **5.10（ルーシェの定理 1）** 方程式 $z^3 - 4z^2 + 1 = 0$ は円板 $D(0,1/3)$ 内に解を持たないことを示せ．また，単位円板 $D(0,1)$ 内には（重複度込みで）いくつの解をもつか．

□ **5.11（ルーシェの定理 2）** 複素数 $a,\ b$ が $|a|+|b|<1$ をみたすとき，2次方程式 $z^2+az+b=0$ の解はすべて単位円 $D(0,1)$ 内に含まれることを示せ．

□ **5.12*（偏角の原理の拡張）** D を $\mathbb{C}$ 内の単連結領域，$f(z)$, $F(z)$ を D 上の正則関数とする．単純閉曲線 $C \subset D$ をとり，その上で $f(z)$ は零点を持たないとする．C の内部にある $f(z)$ の零点を $\alpha_1, \alpha_2, \cdots, \alpha_N$ とし，各 $\alpha_n\ (1 \le n \le N)$ は k_n 位の零点とするとき，

$$\frac{1}{2\pi i}\int_C F(z)\frac{f'(z)}{f(z)}\,dz = k_1 F(\alpha_1) + \cdots + k_N F(\alpha_N)$$

が成り立つことを示せ（$F(z)=1$（定数関数）のときが，偏角の原理で極を持たない場合に相当する）．

□ **5.13*（代数学の基本定理の証明）** 代数学の基本定理（定理 3.18）をつぎの方法で示せ．

(1) 最大値原理（定理 5.10）を用いて証明する．
(2) ルーシェの定理（定理 5.15）を用いて証明する．

付録A　　微分積分学の重要事項

> **本付録のあらまし**
>
> 本書で必要となる実 2 変数関数の微分・積分について，基本事項を証明なしでまとめておく．参考文献としては，もはや古典であるが現在でも手に入れやすい高木貞治著『解析概論』（改訂第 3 版，岩波書店）をあげておく．本文中では [高木] として引用する．

A.1　連続関数と最大値・最小値の存在定理

関数の連続性　　$\mathbb{R}^2$ の部分集合 E 上の実 2 変数関数 $u(x,y)$ が E 上の点 (a,b) において連続であるとは，

$$\lim_{(x,y)\to(a,b)} u(x,y) = u(a,b)$$

が成り立つことをいう．ただし，極限における「$(x,y) \to (a,b)$」は $(x,y) \in E$ かつ $(x,y) \neq (a,b)$ をみたしながら $x \to a$ かつ $y \to b$ となることを意味する（38 ページの図も参照）．関数 $u(x,y)$ が E 上のすべての点 (a,b) において連続であるとき，$u(x,y)$ は E 上で連続であるという．

最大値と最小値　　$\mathbb{R}^2$ 内の集合 E 上で定義された関数 $u(x,y)$ が E 上で最大値を持つとは，ある点 $(a,b) \in E$ が存在し，すべての $(x,y) \in E$ に対し

$$u(x,y) \leq u(a,b)$$

が成り立つことをいう．最小値についても同様である．

第 2 章，2.1 節では複素平面上の「開集合」，「閉集合」，「領域」，「有界集合」，「コンパクト集合」などを定義したが，これらの定義はそのまま，$\mathbb{R}^2$ の部分集合に対して

も適用される．「複素数 $x+yi$ は平面ベクトル (x,y) の別名」であるから，単純に定義を平面ベクトルの言葉に読み替えていけばよい．

コンパクト集合（空集合ではないと仮定）に関しては，つぎの定理が重要である．

> **定理 A.1**（[高木]，第 1 章 11 節，定理 13）
> コンパクト集合 E 上で連続な関数 $u(x,y)$ は，E 上で最大値と最小値を持つ．

例 1 複素平面内の領域 D 上の連続な複素関数 $f(z)$ に対し，z に $|f(z)|$ を対応させる関数は D の任意のコンパクト部分集合 E 上で最大値を持つ．実際，$z=x+yi$ に対し $u(x,y):=|f(x+yi)|$ とすれば，これは E 上の連続関数とみなすことができ，定理 A.1 が適用できるからである． □

A.2　2 次元写像の偏微分・ヤコビ行列

偏微分　$\mathbb{R}^2$ 内の領域 D 上で定義された実 2 変数関数 $u(x,y)$ が D 内の点 (a,b) において**偏微分可能**であるとは，2 つの極限

$$\lim_{x \to a} \frac{f(x,b)-f(a,b)}{x-a}, \quad \lim_{y \to b} \frac{f(a,y)-f(a,b)}{y-b}$$

が存在することをいう．これらの極限（実数）をそれぞれ $u_x(a,b)$, $u_y(a,b)$ と表す．領域 D の部分集合 E に対し，関数 $u(x,y)$ が E 上すべての点 (a,b) において偏微分可能であるとき，関数 $u(x,y)$ は E 上で**偏微分可能**であるという．このとき，E 上の各点 (x,y) に $u_x(x,y)$, $u_y(x,y)$ を対応させる関数をそれぞれ $u(x,y)$ の **x 偏導関数**，**y 偏導関数**という．

実 2 変数関数 $u(x,y)$ が E 上で偏微分可能であり，偏導関数 $u_x(x,y)$, $u_y(x,y)$ がともに E 上で連続であるとき，関数 $u(x,y)$ は **E 上で C^1 級**である，もしくは **E 上の C^1 級関数**であるという．同様に，偏導関数 $u_x(x,y)$, $u_y(x,y)$ がそれぞれ E 上で C^1 級であるとき，関数 $u(x,y)$ は **E 上で C^2 級**である，もしくは **E 上の C^2 級関数**であるという．C^2 級関数は $u_{xy}(x,y)=u_{yx}(x,y)$ をみたす．

全微分　領域 D 上の関数 $u(x,y)$ が D 内の点 (a,b) において**全微分可能**であるとは，ある実数 P と Q が存在し，関係式

A.2 2次元写像の偏微分・ヤコビ行列 —— *175*

$$u(x,y) = u(a,b) + P(x-a) + Q(y-b) + R(x,y)$$

が定める関数 $R(x,y) := u(x,y) - \{u(a,b) + P(x-a) + Q(y-b)\}$ が

$$\lim_{(x,y)\to(a,b)} \frac{|R(x,y)|}{\sqrt{(x-a)^2+(y-b)^2}} = 0 \tag{A.1}$$

をみたすことをいう．点 (a,b) で全微分可能であれば偏微分可能であり，定数 P, Q は

$$P = u_x(a,b), \qquad Q = u_y(a,b)$$

をみたす．全微分可能性は，関数 $u(x,y)$ が点 (a,b) のまわりで 1 次関数 $u(a,b) + P(x-a) + Q(y-b)$ によって近似されることを意味する．$R(x,y)$ はその誤差を表す関数である．

たとえば，C^1 級関数は全微分可能である．

命題 A.2（C^1 級なら全微分可能，[高木]，第 2 章 22 節，定理 26）
領域 D 上の C^1 級関数 $u(x,y)$ は D 内のすべての点 (a,b) で全微分可能である．

ヤコビ行列 $\mathbb{R}^2$ 内の領域 D 上の C^1 級関数 $u = u(x,y)$, $v = v(x,y)$ によって定まるベクトル値関数 $(u,v) = F(x,y)$ を **C^1 級ベクトル値関数**という．点 $(a,b) \in D$ に対し，$P_1 := u_x(a,b)$, $Q_1 := u_y(a,b)$, $P_2 := v_x(a,b)$, $Q_2 := v_y(a,b)$ とおくと，命題 A.2 より，関係式

$$\begin{cases} u(x,y) = u(a,b) + P_1(x-a) + Q_1(y-b) + \underline{R_1(x,y)} \\ v(x,y) = v(a,b) + P_2(x-a) + Q_2(y-b) + \underline{R_2(x,y)} \end{cases} \tag{A.2}$$

が定める関数 $R_1(x,y)$, $R_2(x,y)$ は，$(x,y) \to (a,b)$ のとき

$$\frac{|R_1(x,y)|}{\sqrt{(x-a)^2+(y-b)^2}} \to 0, \qquad \frac{|R_2(x,y)|}{\sqrt{(x-a)^2+(y-b)^2}} \to 0 \tag{A.3}$$

をみたす．$X := x-a$, $Y := y-b$, $U := u(x,y) - u(a,b)$, $V := v(x,y) - v(a,b)$ とおき，$R_1(x,y)$, $R_2(x,y)$ を誤差とみなせば，式 (A.2) は

$$\begin{cases} U = P_1 X + Q_1 Y + \underline{[\text{誤差}]} \\ V = P_2 X + Q_2 Y + \underline{[\text{誤差}]} \end{cases}$$

$$\iff \begin{pmatrix} U \\ V \end{pmatrix} = \begin{pmatrix} P_1 & Q_1 \\ P_2 & Q_2 \end{pmatrix} \begin{pmatrix} X \\ Y \end{pmatrix} + [\text{誤差}] \tag{A.4}$$

となる．(X, Y) と (U, V) は，それぞれ点 (a, b) と点 $(u(a,b), v(a,b))$ においた顕微鏡内の座標系と解釈できる（下図）．

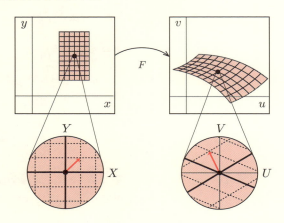

このとき，式 (A.4) は平面ベクトル (U, V) と (X, Y) の関係がほとんど線形変換

$$\begin{pmatrix} U \\ V \end{pmatrix} = \begin{pmatrix} P_1 & Q_1 \\ P_2 & Q_2 \end{pmatrix} \begin{pmatrix} X \\ Y \end{pmatrix}$$

になっていることを意味する．ここで現れた行列

$$\begin{pmatrix} P_1 & Q_1 \\ P_2 & Q_2 \end{pmatrix} = \begin{pmatrix} u_x(a,b) & u_y(a,b) \\ v_x(a,b) & v_y(a,b) \end{pmatrix}$$

をベクトル値関数 $(u, v) = F(x, y)$ の (a, b) における**ヤコビ行列**という．これは 1 変数関数における「微分係数」に相当する．

注意!　$(u, v) = F(x, y)$ は C^1 級ベクトル値関数なので，ヤコビ行列の成分はそれぞれ変数 (x, y) の連続関数である．

拡大と回転を表す線形変換　第 2 章では正則関数をベクトル値関数とみなして，そのヤコビ行列が特殊な形をしていることを確認した（2.7 節の注意を参照）．その際，線形代数で学ぶつぎの性質が重要な意味をもつ．

命題 A.3（拡大と回転）

$r > 0$, θ を実数とする．$\mathbb{R}^2$ から $\mathbb{R}^2$ への線形変換のうち，原点を中心とする r 倍拡大と，θ ラジアン回転を表す線形変換はそれぞれつぎで与えられる．

$$\begin{pmatrix} U \\ V \end{pmatrix} = \begin{pmatrix} r & 0 \\ 0 & r \end{pmatrix} \begin{pmatrix} X \\ Y \end{pmatrix}, \qquad \begin{pmatrix} U \\ V \end{pmatrix} = \begin{pmatrix} \cos\theta & -\sin\theta \\ \sin\theta & \cos\theta \end{pmatrix} \begin{pmatrix} X \\ Y \end{pmatrix}. \tag{A.5}$$

証明 原点を中心とする r 倍拡大の場合，$\mathbb{R}^2$ の基底 $(1,0)$ と $(0,1)$ の像がそれぞれ $(r,0)$, $(0,r)$ になる．また，原点を中心とする θ ラジアン回転の場合，$(1,0)$ と $(0,1)$ の像がそれぞれ $(\cos\theta, \sin\theta)$, $(-\sin\theta, \cos\theta)$ になる．これらの条件から，線形変換を表現する行列は式 (A.5) のように一意的に定まる． ∎

平面上の曲線と線積分 $\mathbb{R}^2$ 内の滑らかな曲線とは，$C: (x, y) = (x(t), y(t))$ $(a \le t \le b)$ のようにパラメーター表示される曲線で，連続な導関数 $\dot{x}(t), \dot{y}(t)$ $(a \le t \le b)$ が存在し，$(\dot{x}(t), \dot{y}(t))$ がゼロベクトルとならないことをいう．曲線 C の軌跡がある領域 D に含まれており，D 上の C^1 級関数のペア $u = u(x,y)$, $v = v(x,y)$ が与えらえているとき，C^1 級ベクトル値関数 $(u,v) = (u(x,y), v(x,y))$ の曲線 C に沿った線積分を

$$\int_C u\,dx + v\,dy := \int_a^b \{u(x(t), y(t))\dot{x}(t) + v(x(t), y(t))\dot{y}(t)\}\,dt \tag{A.6}$$

と定義する([高木], 第 3 章 41 節)．右辺の被積分関数は t に関して連続であり，積分はある実数値を定める．ベクトル値関数 $(u,v) = (u(x,y), v(x,y))$ は各点に風速（風の向きと強さ）を表現する矢印を対応付けた「ベクトル場」(a vector field) とも解釈できる．ちょうど，小麦畑(a wheat field)の麦たちが風になびくように，ベクトル場では矢印たちが何らかの力によってなびいている．式 (A.6) が定める線積分は，そのような矢印 $(u(x(t), y(t)), v(x(t), y(t)))$ と，曲線 C の速度ベクトル $(\dot{x}(t), \dot{y}(t))$ の内積を積分したものである．

付録B　ε-δ 論法による複素関数論

本付録のあらまし
- 数列と級数の収束性をいわゆる ε-N 論法により定式化し，その基本性質を厳密に証明する．とくに，**コーシー列**の概念を導入し，極限の値を知らなくても収束性が判定できるようにする．
- 関数の**連続性**と**一様連続性**をいわゆる ε-δ 論法により定式化する．これにより，線積分の存在が厳密に証明される．
- 関数からなる列や級数に対し，解析的に扱いやすい**一様収束**の概念を導入する．たとえば，正則関数の列が一様収束するならば，その極限も正則関数となることを示す．

付録 A に引き続き，必要に応じて [高木] を引用する．

B.1　数列と級数の極限

以下，複素数からなる列を単に数列もしくは点列といい，実数のみからなる列をとくに**実数列**という．

数列の極限とコーシー列　　数列 $\{z_n\}_{n=1}^{\infty}$ が複素数 A に**収束**するとは，任意の正の数 ε に対し，ある自然数 N が存在し，

$$n \geq N \implies |z_n - A| < \varepsilon$$

が成り立つことをいう．このとき，

$$z_n \to A \quad (n \to \infty)$$

と表す．また，複素数 A を数列 $\{z_n\}_{n=1}^{\infty}$ の**極限**といい，

$$A = \lim_{n \to \infty} z_n$$

と表す.

数列 $\{z_n\}_{n=1}^{\infty}$ が<u>コーシー列</u>であるとは，任意の正の数 ε に対し，ある自然数 N が存在し，

$$n \geq m \geq N \implies |z_n - z_m| < \varepsilon$$

が成り立つことをいう.

> **注意!** 「任意の正の数 ε に対し，ある自然数 N が存在し」とは，感覚的には「どんなに小さな正の数 ε に対しても，ある十分に大きな自然数 N を選ぶことで」という意味である．しかし，「小さい（大きい）」という言葉は，「どの数と比べて小さい（大きい）のか」を明確にしてこそ数学的意味をもつ．「任意の正の数」という書き方の妙は，そのようなあいまいさを持ち出さない点であろう．

つぎの事実は，実数論の根幹をなす定理である．

定理 B.1（[高木]，第 1 章 6 節，定理 8）
実数列が収束することの必要十分条件は，コーシー列であることである．

これより，つぎが成り立つ．

定理 B.2
複素数列が収束することの必要十分条件は，コーシー列であることである．

> **注意!** 数列の収束性を定義通り確認するには，極限の値をあらかじめ知っておく必要がある．一方，<u>極限の値を知らなくても，コーシー列かどうかの確認はできる</u>．

証明 $\{z_n\}_{n=1}^{\infty}$ がある複素数 A に収束するとき，任意の $\varepsilon > 0$ に対し，ある自然数 N が存在し，$n \geq N$ のとき $|z_n - A| < \varepsilon$ が成り立つ．よって $n \geq m \geq N$ とすれば，三角不等式（命題 2.1）より

$$|z_n - z_m| = |(z_n - A) - (z_m - A)| \stackrel{\text{三角不等式}}{\leq} |z_n - A| + |z_m - A| < \varepsilon + \varepsilon = 2\varepsilon.$$

ε は任意なので，$\{z_n\}_{n=1}^{\infty}$ はコーシー列である．逆に $\{z_n\}_{n=1}^{\infty} = \{x_n + y_n i\}_{n=1}^{\infty}$ がコーシー列であるとき，任意の $\varepsilon > 0$ に対し，ある自然数 N が存在し，$n \geq m \geq N$ のとき $|z_n - z_m| < \varepsilon$ が成り立つ．命題 2.2 より，

$$|x_n - x_m| \leq |z_n - z_m| < \varepsilon$$

であるから，$\{x_n\}_{n=1}^{\infty}$ もコーシー列であり，定理 B.1 よりある実数 a に収束する．とくに，必要であれば N をより大きく取り直して，$n \geq N$ のとき $|x_n - a| < \varepsilon$. 同様に $\{y_n\}_{n=1}^{\infty}$ もコーシー列であり，ある実数 b に収束し，$n \geq N$ のとき $|y_n - b| < \varepsilon$. したがって，ふたたび命題 2.2 より，$|z_n - (a + bi)| \leq |x_n - a| + |y_n - b| < 2\varepsilon$. $\varepsilon > 0$ は任意に選べるから，$\{z_n\}_{n=1}^{\infty}$ は $a + bi$ に収束する． ∎

命題 B.3（極限の四則）

$\lim\limits_{n \to \infty} z_n = A$, $\lim\limits_{n \to \infty} w_n = B$ のとき，つぎが成り立つ．

(1) $\lim\limits_{n \to \infty} (z_n + w_n) = A + B$ 　　(2) $\lim\limits_{n \to \infty} z_n w_n = AB$

(3) $B \neq 0$ のとき，$\lim\limits_{n \to \infty} \dfrac{z_n}{w_n} = \dfrac{A}{B}$．

証明 仮定より，任意の正の数 ε に対し，ある自然数 N が存在し，

$$n \geq N \implies |z_n - A| < \varepsilon \text{ かつ } |w_n - B| < \varepsilon \tag{B.1}$$

が成り立つ[*1]．

(1) 三角不等式（命題 2.1）と式 (B.1) より，$|(z_n + w_n) - (A + B)| = |(z_n - A) + (w_n - B)| \leq |z_n - A| + |w_n - B| < \varepsilon + \varepsilon = 2\varepsilon$. ε は任意に小さく選ぶことができるので，$a_n + b_n \to A + B \ (n \to \infty)$.

(2) $\lim\limits_{n \to \infty} z_n = A$ より，$\varepsilon_0 = 1$ に対してある自然数 N_0 が存在し，$n \geq N_0$ のとき $|z_n - A| < \varepsilon_0 = 1$ が成り立つ．三角不等式より，$|z_n| - |A| \leq |z_n - A| < 1$, よって $|z_n| < |A| + 1$. いま $n \geq \max\{N_0, N\}$ とすれば，ふたたび三角不等式より

$$|z_n w_n - AB| = |z_n w_n - z_n B + z_n B - AB| \leq |z_n||w_n - B| + |z_n - A||B|$$

[*1] 正確には，$n \geq N_A$ のとき $|z_n - A| < \varepsilon$, $n \geq N_B$ のとき $|w_n - B| < \varepsilon$ となるように N_A, N_B を選び，$N := \max\{N_A, N_B\}$ とおけばよい．

$$< (|A|+1)\varepsilon + \varepsilon|B| = (|A|+|B|+1)\varepsilon.$$

ε は任意に小さく選べるので，$a_n b_n \to AB \ (n \to \infty)$.

(3) (2) より $1/w_n \to 1/B \ (n \to \infty)$ を示せば十分である．$B \neq 0$ より，ある自然数 N_1 が存在し，$n \geq N_1$ のとき $|w_n - B| < |B|/2$ が成り立つ．よって，三角不等式より，$|w_n| = |B + (w_n - B)| \geq |B| - |w_n - B| > |B|/2$. いま $n \geq \max\{N_1, N\}$ とすれば，

$$\left|\frac{1}{w_n} - \frac{1}{B}\right| = \frac{|w_n - B|}{|w_n||B|} < \frac{|w_n - B|}{(|B|/2) \cdot |B|} < \frac{2}{|B|^2}\varepsilon.$$

ε は任意に小さく選べるので，$1/w_n \to 1/B \ (n \to \infty)$. ∎

級数の収束 数列 $\{z_n\}_{n=0}^{\infty}$ に対し，n 項目までの和

$$S_n = \sum_{k=0}^{n} z_k = z_0 + z_1 + \cdots + z_n$$

が定める数列 $\{S_n\}_{n=0}^{\infty}$ の極限 $\lim_{n\to\infty} S_n$ を

$$\sum_{n=0}^{\infty} z_n, \quad \sum_{n \geq 0} z_n, \quad z_0 + z_1 + z_2 + \cdots$$

などと表し，数列 $\{z_n\}_{n=0}^{\infty}$ の定める**級数**という．極限 $\lim_{n\to\infty} S_n$ が存在するとき，級数 $z_0 + z_1 + z_2 + \cdots$ は**収束**するといい，存在しないとき**発散**するという．

注意！ 逆に数列 $\{S_n\}_{n=0}^{\infty}$ が先に与えられたとき，$z_0 := S_0$, $z_n := S_n - S_{n-1} \ (n = 1, 2, \cdots)$ と定義すれば，数列 $\{S_n\}_{n=0}^{\infty}$ の収束・発散は級数 $\sum_{n=0}^{\infty} z_n$ の収束・発散へといい換えられる．すなわち，

$$\lim_{n\to\infty} S_n = \lim_{n\to\infty} \{S_0 + (S_1 - S_0) + \cdots + (S_n - S_{n-1})\}$$
$$= \lim_{n\to\infty} \{z_0 + z_1 + \cdots + z_n\} = \sum_{n=0}^{\infty} z_n.$$

数列と級数は表裏一体なのである．

級数の絶対収束性　数列 $\{z_n\}_{n=0}^{\infty}$ が定める級数 $\sum_{n=0}^{\infty} z_n = z_0 + z_1 + \cdots$ が**絶対収束**するとは，級数 $\sum_{n=0}^{\infty} |z_n| = |z_0| + |z_1| + \cdots$ が収束することをいう．

定理 B.4（絶対収束なら収束）

絶対収束する級数は収束する．

注意！　級数 $\sum_{n=0}^{\infty} |z_n|$ はつぎの図のように，原点 0 から $+z_0$ 移動，さらに $+z_1$ 移動，と繰り返したときの道のりにあたる．級数 $\sum_{n=0}^{\infty} |z_n|$ が収束し有限の正の値であるとき，もとの級数 $\sum_{n=0}^{\infty} z_n$ の表現する（無限に折れ曲がった）折れ線は有界な範囲に収まり，しかも無限に振動し続けることができない．むしろ，「発散できない」状態が絶対収束なのである．

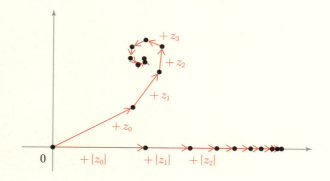

証明　$S_n := z_0 + \cdots + z_n$, $T_n := |z_0| + \cdots + |z_n| \geq 0$ $(n = 0, 1, 2, \cdots)$ とおくと，絶対収束性より $\{T_n\}_{n=0}^{\infty}$ は収束列であり，したがってコーシー列である（定理 B.2）．よって，任意の $\varepsilon > 0$ に対し，ある自然数 N が存在し，$n \geq m \geq N$ のとき，$|T_n - T_m| = T_n - T_m < \varepsilon$ とできる．一方，三角不等式 (2.1) より

$$|S_n - S_m| = |z_n + z_{n-1} + \cdots + z_{m+1}|$$
$$\leq |z_n| + |z_{n-1}| + \cdots + |z_{m+1}| \quad \text{← 三角不等式}$$
$$= T_n - T_m < \varepsilon$$

であるから，$\{S_n\}_{n=0}^{\infty}$ もコーシー列である．すなわち，級数 $z_0 + z_1 + \cdots$ は収束する． ∎

例 1 $n = 0, 1, \cdots$ に対し $x_n := \left(-\dfrac{1}{2}\right)^n, z_n := \left(\dfrac{i}{2}\right)^n$ と定義する．このとき，$\displaystyle\sum_{n=0}^{\infty} x_n$ と $\displaystyle\sum_{n=0}^{\infty} z_n$ はともに絶対収束するから定理 B.4 より収束する． □

例 2 $n = 0, 1, \cdots$ に対し $x_n := \dfrac{(-1)^n}{n+1}, z_n := \dfrac{i^n}{n+1}$ と定義する．このとき，$\displaystyle\sum_{n=0}^{\infty} x_n$ と $\displaystyle\sum_{n=0}^{\infty} z_n$ はともに収束するが，ともに絶対収束はしない． □

> **定理 B.5（絶対収束する級数の並べ替え）**
> 絶対収束する級数を並べ替えた級数も絶対収束する．すなわち，級数 $\displaystyle\sum_{n=0}^{\infty} z_n$ が絶対収束するならば，0 以上の整数全体の集合のすべての元を重複なく並べ替えて得られる任意の数列 $n_0, n_1, n_2, \cdots$ に対し，級数 $\displaystyle\sum_{k=0}^{\infty} z_{n_k}$ も絶対収束する．

証明 $\displaystyle\sum_{n=0}^{\infty} |z_n|$ は正項級数（0 の項があってもよい）であり，その任意の並べ替えは収束する（[高木]，第 4 章 43 節）．とくに $\displaystyle\sum_{k=0}^{\infty} |z_{n_k}|$ は収束するから，$\displaystyle\sum_{k=0}^{\infty} z_{n_k}$ は絶対収束する． ∎

級数の和と積 絶対収束するという仮定のもと，つぎが成り立つ．

> **命題 B.6（和と積の級数）**
> 級数 $\displaystyle\sum_{n=0}^{\infty} z_n, \sum_{n=0}^{\infty} w_n$ が絶対収束するとき，級数 $\displaystyle\sum_{n=0}^{\infty} (z_n + w_n)$ と $\displaystyle\sum_{n=0}^{\infty} (z_0 w_n + z_1 w_{n-1} + \cdots + z_n w_0)$ も絶対収束し，つぎの等式が成り立つ．
>
> (1) $\displaystyle\sum_{n=0}^{\infty} (z_n + w_n) = \sum_{n=0}^{\infty} z_n + \sum_{n=0}^{\infty} w_n$
>
> (2) $\displaystyle\sum_{n=0}^{\infty} (z_0 w_n + z_1 w_{n-1} + \cdots + z_n w_0) = \left(\sum_{n=0}^{\infty} z_n\right)\left(\sum_{n=0}^{\infty} w_n\right)$

証明 まず絶対収束性を確認する．自然数 N を固定すると，三角不等式 (2.1) より，

$$\sum_{n=0}^{N}|z_n+w_n| \overset{\text{三角不等式}}{\leq} \sum_{n=0}^{N}\bigl(|z_n|+|w_n|\bigr) = \sum_{n=0}^{N}|z_n| + \sum_{n=0}^{N}|w_n|.$$

仮定より，$N\to\infty$ のとき最右辺は収束するから，$\displaystyle\sum_{n=0}^{\infty}(z_n+w_n)$ は絶対収束する．

つぎに，任意の $n=0,1,\cdots$ に対し，三角不等式 (2.1) より

$$|z_0\,w_n + z_1\,w_{n-1} + \cdots + z_n\,w_0| \overset{\text{三角不等式}}{\leq} \sum_{\substack{j+k=n\\ 0\leq j,k\leq n}}|z_j||w_k|$$

が成り立つことに注意する．ここで，自然数 N に対し，

$$I(N) := \bigl\{(j,k)\in\mathbb{R}^2 \ \bigm|\ j,k=0,1,\cdots,N\bigr\}$$
$$J(N) := \bigl\{(j,k)\in I(N) \ \bigm|\ 0\leq j+k\leq N\bigr\}$$

とおくと，$J(N)\subset I(N)\subset J(2N)\subset I(2N)$ が成り立つ．よって，

$$\sum_{n=0}^{N}|z_0\,w_n + z_1\,w_{n-1} + \cdots + z_n\,w_0| \overset{\text{三角不等式}}{\leq} \sum_{n=0}^{N}\left(\sum_{\substack{j+k=n\\ 0\leq j,k\leq n}}|z_j||w_k|\right)$$

$$= \sum_{(j,k)\in J(N)}|z_j||w_k| \leq \sum_{(j,k)\in I(N)}|z_j||w_k| = \left(\sum_{n=0}^{N}|z_n|\right)\left(\sum_{n=0}^{N}|w_n|\right).$$

仮定より，$N\to\infty$ のとき最後の式は収束するから，級数 $\displaystyle\sum_{n=0}^{N}(z_0\,w_n + z_1\,w_{n-1} + \cdots + z_n\,w_0)$ は絶対収束する．

(1) の等式は，有限和 $\displaystyle\sum_{n=0}^{N}(z_n+w_n) = \sum_{n=0}^{N}z_n + \sum_{n=1}^{N}w_n$ に対し $N\to\infty$ とした極限をとれば得られる．(2) の等式を示そう．

$$\left|\left(\sum_{n=0}^{2N}z_n\right)\left(\sum_{n=0}^{2N}w_n\right) - \sum_{n=0}^{2N}\left(\sum_{\substack{j+k=n\\ 0\leq j,k\leq n}}z_j w_k\right)\right| = \left|\sum_{(i,j)\in I(2N)-J(2N)}z_j w_k\right|$$

$$\leq \sum_{(i,j)\in I(2N)-J(2N)}|z_j||w_k| \leq \sum_{(i,j)\in I(2N)-I(N)}|z_j||w_k| \quad \text{← 三角不等式}$$

$$= \left(\sum_{n=0}^{2N}|z_n|\right)\left(\sum_{n=0}^{2N}|w_n|\right) - \left(\sum_{n=0}^{N}|z_n|\right)\left(\sum_{n=0}^{N}|w_n|\right).$$

最後の式は $N\to 0$ のとき 0 に収束するから，(2) の等式を得る． ∎

コンパクト集合と点列　数列 $\{z_n\}_{n=1}^\infty$ に対し,$n_1 < n_2 < \cdots$ をみたす自然数の列 $\{n_k\}_{k=1}^\infty$ を選んで得られる数列 $\{z_{n_k}\}_{k=1}^\infty$ を,数列 $\{z_n\}_{n=1}^\infty$ の部分列という.つぎの性質は極めて重要である.

> **定理 B.7**
> 数列 $\{z_n\}_{n=1}^\infty$ があるコンパクト集合 E に含まれるとき,収束する部分列 $\{z_{n_k}\}_{k=1}^\infty$ が存在し,その極限も E に含まれる.

証明　E はコンパクト集合なので,十分大きな $R > 0$ を選んで正方形 $S_0 = \{x + yi \mid |x| \leq R/2, |y| \leq R/2\}$ に含まれているとしてよい.この正方形を一辺 $R/2$ の正方形 4 つに等分すると,そのうち少なくとも 1 つは数列 $\{z_n\}_{n=1}^\infty$ の項を無限個含むから,それを S_1 とする.さらに S_1 を正方形 4 つに等分し,同様の操作を続けていくと,各 $k = 1, 2, \cdots$ に対し,数列 $\{z_n\}_{n=1}^\infty$ の項を無限個含む一辺 $R/2^k$ の正方形 S_k で,$S_{k+1} \subset S_k$ をみたすものを見つけることができる.そこで,$z_n \in S_k$ をみたす自然数 n の中から,n_k を $1 \leq n_1 < \cdots < n_{k-1} < n_k$ をみたすように選んでおこう.任意の $\varepsilon > 0$ に対し,$\sqrt{2}R/2^K < \varepsilon$ となるように十分に大きな自然数 K をとれば,$k \geq l \geq K$ のとき $z_{n_k}, z_{n_l} \in S_K$ より

$$|z_{n_k} - z_{n_l}| \leq \sqrt{2}R/2^K < \varepsilon.$$

よって,$\{z_{n_k}\}_{k=1}^\infty$ はコーシー列であり,ある複素数 α に収束する(定理 B.2).背理法により,$\alpha \in E$ を示す.もし $\alpha \in E^c$(これはコンパクト集合の補集合であり,開集合)に属しているならば,α は E^c の内点である.すなわち,α は E^c の点のみからなる円板内にあり,E 内の数列が収束することはできない.これは矛盾である.∎

つぎの性質も頻繁に用いられる.

> **命題 B.8(領域内のコンパクト集合)**
> 領域 D 内のコンパクト集合 E と正の数 r に対し,E から r 以下の距離にある点全体の集合を E_r と表す.すなわち,$z \in E_r$ であるとは,$|z - \alpha| \leq r$ となる $\alpha \in E$ が存在することをいう.このとき,E_r もコンパクト集合であり,ある十分に小さな正の数 r_0 が存在し,$0 \leq r < r_0$ のとき $E_r \subset D$ とできる.

証明 E はコンパクト集合（すなわち，有界な閉集合）なので，十分に大きな $R > 0$ を選んで $E \subset D(0, R)$ とできる．任意の正の数 $r > 0$ に対し $E_r \subset D(0, R + r)$ であるから，E_r は有界である．また，E_r の補集合は E 上の各点からの距離が r より真に大きな点からなる集合であり，開集合となる．すなわち，E_r は閉集合．よって，コンパクト集合である．

もし $E_r \subset D$ をみたす $r > 0$ が存在しなければ，すべての自然数 n に対し $E_{1/n} - D$ の点 z_n と E_0 の点 α_n を $|z_n - \alpha_n| \leq 1/n$ をみたすように選ぶことができる．これらはすべてコンパクト集合 E_1 に含まれるから，定理 B.7 より点列 $\{z_n\}_{n=1}^\infty$ から収束する部分列 $\{z_{n_k}\}_{k=1}^\infty$ を選ぶことができる．その極限を α とすれば，$|z_{n_k} - \alpha_{n_k}| < 1/k$ より $\{\alpha_{n_k}\}_{k=1}^\infty$ も同じ極限 α をもつ．もし $\alpha \in E_0 \subset D$ であれば，D は領域（開集合）なので α は D の内点である．これは $z_{n_k} \notin D$ が α に収束することに矛盾．同様に，もし $\alpha \in \mathbb{C} - E_0$ であれば，$\mathbb{C} - E_0$ は開集合なので $\alpha_{n_k} \in E_0$ が α に収束することに矛盾．よって $E_r \subset D$ となる $r > 0$ が存在する． ∎

例 3 単位円板 $\mathbb{D} = D(0, 1)$ 内の任意のコンパクト集合 E に対し，ある $R < 1$ が存在して $E \subset D(0, R)$ とできる．実際，命題 B.8 より $E_r \subset \mathbb{D}$ となる $r > 0$ が存在するが，$1 - r/2 \leq |z| < 1$ のとき $D(z, r)$ は $\mathbb{D}$ からはみ出るので，$z \notin E$ である．よって，$R = 1 - r/2$ とすれば $E \subset D(0, R)$ をみたす． □

B.2 関数の極限，連続性，積分の存在

$f(z)$ を集合 D 上の複素関数とし，複素数 z は D に，α は D もしくはその境界 ∂D に属するものとする．ある複素数 A に対し，関数 $f(z)$ が $z \to \alpha$ のとき A に収束するとは，任意の正の数 ε に対し，ある正の数 δ が存在し，

$$0 < |z - \alpha| < \delta \implies |f(z) - A| < \varepsilon \tag{B.2}$$

が成り立つことをいう．このとき，

$$f(z) \to A \quad (z \to \alpha)$$

と表す．複素数 A を関数 $f(z)$ の $z \to \alpha$ のときの極限といい，

$$\lim_{z \to \alpha} f(z) = A$$

と表す.

注意! 幾何学的には「円板 $D(A, \varepsilon)$ をターゲットとして設定したとき, $z \neq \alpha$ が円板 $D(\alpha, \delta)$ の点であれば, $f(z)$ が円板 $D(A, \varepsilon)$ 内に入るようにできる」ということである.

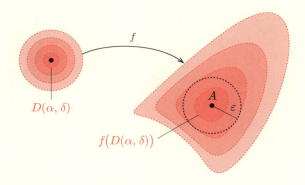

関数の連続性　複素関数 $f(z)$ は集合 E 上で定義されており, z は E 内のみを変化するものとする. $f(z)$ が E 上の点 α において<u>連続</u>であるとは, $z \to \alpha$ のとき $f(z) \to f(\alpha)$ が成り立つことをいう. ε-δ 式に述べれば, 任意の $\varepsilon > 0$ に対し, ある $\delta > 0$ が存在し,

$$|z - \alpha| < \delta \implies |f(z) - f(\alpha)| < \varepsilon \tag{B.3}$$

が成り立つことをいう[*2]. <u>E 上のすべての点において関数 $f(z)$ が連続であるとき, $f(z)$ は E 上で(各点)連続</u>, もしくは **E 上の連続関数**であるという.

一様連続性　関数 $f(z)$ が集合 **E 上で一様連続**であるとは, 任意の $\varepsilon > 0$ に対し, ある $\delta > 0$ が存在し,

$$z, \alpha \in E \text{ かつ } |z - \alpha| < \delta \implies |f(z) - f(\alpha)| < \varepsilon$$

[*2] 式 (B.2) をそのまま適用すると $0 < |z - \alpha| < \delta \implies |f(z) - f(\alpha)| < \varepsilon$ となるが, $z = \alpha$ のときも $|f(z) - f(\alpha)| < \varepsilon$ は明らかに成り立つので, このように書くのがならわしである.

が成り立つことをいう．式 (B.3) における δ は E 上の各点 α に依存したが，ここでの δ は z や α に依存しない，E 上で共通の値でなくてはならない．とくに，E 上で一様連続ならば（各点）連続である．また，つぎの性質は重要である．

> **定理 B.9**
> コンパクト集合 E 上で連続な関数は E 上で一様連続である．

証明 背理法を用いる．コンパクト集合 E 上の連続関数 $f(z)$ が一様連続でないと仮定すると，ある $\varepsilon > 0$ とある E 内の点列（数列）$\{z_n\}_{n=1}^{\infty}$ と $\{\alpha_n\}_{n=1}^{\infty}$ が存在し，$|z_n - \alpha_n| < 1/n$ かつ $|f(z_n) - f(\alpha_n)| \geq \varepsilon$ が成り立つ．E はコンパクト集合であるから，定理 B.7 より，$\{z_n\}_{n=1}^{\infty}$ の部分列 $\{z_{n_k}\}_{k=1}^{\infty}$ がある E 上の点 α に収束するとしてよい．また，$|z_{n_k} - \alpha_{n_k}| < 1/n_k$ より，$\{\alpha_{n_k}\}_{k=1}^{\infty}$ も $k \to \infty$ のとき α に収束する．このとき，

$$\begin{aligned}\varepsilon &\leq |f(z_{n_k}) - f(\alpha_{n_k})| \\ &\leq |f(z_{n_k}) - f(\alpha) + f(\alpha) - f(\alpha_{n_k})| \\ &\leq |f(z_{n_k}) - f(\alpha)| + |f(\alpha) - f(\alpha_{n_k})| \quad \color{red}{\Leftarrow \text{三角不等式}}\end{aligned}$$

が成り立つが，関数 $f(z)$ の連続性より，最後の式は $k \to \infty$ のときいくらでも 0 に近くなる．これは矛盾である．∎

例 4 閉区間 $[a,b] \subset \mathbb{R}$ は $\mathbb{C}$ のコンパクト部分集合である．よって（滑らかとは限らない）曲線 $C: z = z(t) \ (a \leq t \leq b)$ に定理 B.9 を適用することができる．すなわち，変数 t に関する連続関数としての $z = z(t) \ (a \leq t \leq b)$ は一様連続である．とくに，閉区間上の連続な実関数も一様連続である． □

例 5 例 4 の曲線 $C: z = z(t) \ (a \leq t \leq b)$ に対し，さらに（集合としての）曲線 C 上で連続な関数 $f(z)$ を合成した $f(z(t)) \ (a \leq t \leq b)$ も t に関して一様連続である．これは，線積分の存在を保証する上で重要な性質である． □

複素線積分の存在と計算公式 第 3 章で述べた，曲線上の連続関数に対する線積分の存在（定理 3.1）と，パラメーターの積分による計算公式（公式 3.4）をまとめて証明しよう．すなわち，滑らかな曲線 $C: z = z(t) \ (a \leq t \leq b)$ 上で連続な関数 $f(z)$

に対し,定理 3.1 において式 (3.9) をみたす複素数 I が,じつは公式 3.4 のパラメーター t に関する積分

$$\int_a^b f(z(t))\,\dot{z}(t)\,dt \tag{B.4}$$

で与えられることを示す.

証明(定理 3.1, 公式 3.4) 例 5 でみたように,滑らかな曲線 $C: z = z(t)$ $(a \leq t \leq b)$ に対し連続な複素関数 $f(z)$ を合成した関数 $f(z(t))$ $(a \leq t \leq b)$ は一様連続である. そこで,$L := \ell(C)$ を曲線 C の長さ(道のり)とするとき,任意の $\varepsilon > 0$ に対し,ある $\delta > 0$ が存在し,

$$t, t' \in [a, b] \text{ かつ } |t - t'| < \delta \implies |f(z(t)) - f(z(t'))| < \varepsilon/L$$

とできる.いま,曲線 C の分割点 $\{z_k = z(t_k)\}_{k=0}^{N}$ が

$$\max_{1 \leq k \leq N} |t_k - t_{k-1}| < \delta$$

をみたすように与えられているとしよう.このとき,分割点 $\{z_k = z(t_k)\}_{k=0}^{N}$ および代表点 $\{z_k^* = z(t_k^*)\}_{k=1}^{N}$ が定めるリーマン和に対し,

$$\left| \int_a^b f(z(t))\,\dot{z}(t)\,dt - \sum_{k=1}^{N} f(z_k^*)(z_k - z_{k-1}) \right| < \varepsilon \tag{B.5}$$

が成り立つことを示せばよい.

まず,代表点 $\{z_k^* = z(t_k^*)\}_{k=1}^{N}$ を与えるパラメーターは $t_{k-1} \leq t_k^* \leq t_k$ をみたすから,$t_{k-1} \leq t \leq t_k$ のとき

$$|f(z(t)) - f(z(t_k^*))| < \varepsilon/L \tag{B.6}$$

をみたす.一方,命題 3.8 より,

$$z_k - z_{k-1} = z(t_k) - z(t_{k-1}) = \int_{t_{k-1}}^{t_k} \dot{z}(t)\,dt$$

であるから,

$$f(z(t_k^*))(z_k - z_{k-1}) = \int_{t_{k-1}}^{t_k} f(z(t_k^*))\,\dot{z}(t)\,dt. \tag{B.7}$$

よって，分割点 $\{z_k = z(t_k)\}_{k=0}^{N}$ および代表点 $\{z_k^* = z(t_k^*)\}_{k=1}^{N}$ が定めるリーマン和に対し，

$$\left| \int_a^b f(z(t))\,\dot{z}(t)\,dt - \sum_{k=1}^{N} f(z_k^*)(z_k - z_{k-1}) \right|$$

$$= \left| \sum_{k=1}^{N} \int_{t_{k-1}}^{t_k} f(z(t))\,\dot{z}(t)\,dt - \sum_{k=1}^{N} \int_{t_{k-1}}^{t_k} f(z(t_k^*))\,\dot{z}(t)\,dt \right| \quad \Leftarrow \text{式 (B.7)}$$

$$= \left| \sum_{k=1}^{N} \int_{t_{k-1}}^{t_k} \{f(z(t)) - f(z(t_k^*))\}\,\dot{z}(t)\,dt \right|$$

$$\leq \sum_{k=1}^{N} \left| \int_{t_{k-1}}^{t_k} \{f(z(t)) - f(z(t_k^*))\}\,\dot{z}(t)\,dt \right| \quad \Leftarrow \text{三角不等式（命題 2.1）}$$

$$\leq \sum_{k=1}^{N} \int_{t_{k-1}}^{t_k} |f(z(t)) - f(z(t_k^*))|\,|\dot{z}(t)|\,dt \quad \Leftarrow \text{公式 3.7}$$

$$\leq \frac{\varepsilon}{L} \sum_{k=1}^{N} \int_{t_{k-1}}^{t_k} |\dot{z}(t)|\,dt \quad \Leftarrow \text{式 (B.6)}$$

$$= \frac{\varepsilon}{L} \int_a^b |\dot{z}(t)|\,dt.$$

式 (3.6) より最後の式の積分は C の長さ $L = \ell(C)$ であるから，式 (B.5) を得る．∎

B.3 関数の一様収束と微分・積分

複素関数論では，関数列や関数の無限和の収束性について扱うことが多い．ここでは「収束」の意味を「一様収束」という概念で定式化し，極限についてさまざまな結果が得られることをみておく．

標語的にまとめておくと，関数の列 $\{g_n(z)\}_{n=1}^{\infty}$ が $g(z)$ に一様収束するとき，

（ア） $g_n(z)$ $(n = 1, 2, \cdots)$ が連続なら，極限 $g(z)$ も連続．
（イ） $g_n(z)$ $(n = 1, 2, \cdots)$ の積分は，$n \to \infty$ のとき $g(z)$ の積分に収束．
（ウ） $g_n(z)$ $(n = 1, 2, \cdots)$ が正則なら，極限 $g(z)$ も正則．

関数列の一様収束 以下，D を複素平面内の領域とする．自然数 $n = 1, 2, \cdots$ に対し D 上の関数 $g_n(z)$ が与えられているとき，D 上の関数列といい，$\{g_n(z)\}_{n=1}^{\infty}$

と表す*3．E を D の部分集合，$g(x)$ を E 上の関数とするとき，関数列 $\{g_n(z)\}_{n=1}^{\infty}$ が E 上で関数 $g(z)$ に**一様収束**するとは，任意の正の数 ε に対し，ある自然数 N が存在し，<u>$z \in E$ のとき</u>

$$n \geq N \implies |g_n(z) - g(z)| < \varepsilon \tag{B.8}$$

が成り立つことをいう（N が $z \in E$ に依存しないことが重要）．このとき，関数 $g(z)$ を**極限関数**もしくは**一様収束極限**という．

> **注意！** 関数列 $\{g_n(z)\}_{n=1}^{\infty}$ が E 上で関数 $g(z)$ に**各点収束**するとは，E 上の任意の点 z に対し，数列の極限の意味で $\lim_{n \to \infty} g_n(z) = g(z)$ が成り立つことをいう．すなわち，E 上の任意の点 z を固定したとき，任意の正の数 ε に対し，ある自然数 N が存在し，
>
> $$n \geq N \implies |g_n(z) - g(z)| < \varepsilon$$
>
> が成り立つことをいう．このとき，N は $\varepsilon > 0$ と $z \in E$ の両方に依存する．一様収束であれば各点収束する．

例6 $n = 1, 2, \cdots$ に対し $g_n(z) = z + \dfrac{1}{n}$ とおくと，関数列 $\{g_n(z)\}_{n=1}^{\infty}$ は $\mathbb{C}$ 上 $g(z) = z$ に一様収束する． □

定理 B.10（関数のコーシー列）

領域 D 上の関数列 $\{g_n(z)\}_{n=1}^{\infty}$ が D の部分集合 E 上である関数に一様収束することの必要十分条件は，任意の正の数 ε に対し，ある自然数 N が存在し，<u>$z \in E$ のとき</u>

$$n \geq m \geq N \implies |g_n(z) - g_m(z)| < \varepsilon \tag{B.9}$$

が成り立つことである．

> **注意！** この命題の長所は，極限関数 $g(z)$ が何か予測できない場合に，収束性を保証できるところである．

---

*3 記号の上ではある $z \in D$ を固定して得られる数列 $g_1(z), g_2(z), \cdots$ と区別が付かないが，本書では「数列 $\{g_n(z)\}_{n=1}^{\infty}$」，「関数列 $\{g_n(z)\}_{n=1}^{\infty}$」などと，言葉を添えて区別する．

証明 関数列 $\{g_n(z)\}_{n=1}^{\infty}$ が E 上である関数 $g(z)$ に一様収束したと仮定すると，任意の $\varepsilon > 0$ に対し，ある N が存在し，$z \in E$ かつ $n \geq N$ のとき $|g_n(z) - g(z)| < \varepsilon/2$ が成り立つ．よって，$n \geq m \geq N$ であれば，三角不等式 (2.1) より

$$|g_n(z) - g_m(z)| \overset{\text{三角不等式}}{\leq} |g_n(z) - g(z)| + |g(z) - g_m(z)| \leq \varepsilon/2 + \varepsilon/2 = \varepsilon.$$

逆に，任意の $\varepsilon > 0$ に対し，ある N が存在し，$z \in E$ かつ $n \geq m \geq N$ のとき $|g_n(z) - g_m(z)| < \varepsilon$ が成り立つならば，各 $z \in E$ を固定したとき数列 $\{g_n(z)\}_{n=1}^{\infty}$ はコーシー列であり極限 $g(z)$ をもつ．m を固定して $n \to \infty$ とすれば，$g_n(z) - g_m(z) \to g(z) - g_m(z)$ より $|g(z) - g_m(z)| \leq \varepsilon < 2\varepsilon$．よって，任意の $z \in E$ に対し，$m \geq N$ のとき，$|g(z) - g_m(z)| < 2\varepsilon$ となる．$\varepsilon > 0$ は任意にとれるから，関数列 $\{g_n(z)\}_{n=1}^{\infty}$ は E 上で $g(z)$ に一様収束する． ∎

広義一様収束 領域 D 上の関数 $g_n(z)$ $(n = 1, 2, \cdots)$ と $g(z)$ に対し，関数列 $\{g_n(z)\}_{n=1}^{\infty}$ が D 上で関数 $g(z)$ に**広義一様収束**もしくは**コンパクト一様収束**するとは，領域 D の<u>任意のコンパクト部分集合 E 上で関数列</u> $\{g_n(z)\}_{n=1}^{\infty}$ が関数 $g(z)$ に一様収束することをいう．

注意！ 関数列 $\{g_n(z)\}_{n=1}^{\infty}$ が D 上で関数 $g(z)$ に一様収束すれば，広義一様収束する．

例7 $n = 1, 2, \cdots$ に対し $g_n(z) = \dfrac{z}{n}$ とおくと，関数列 $\{g_n(z)\}_{n=1}^{\infty}$ は $\mathbb{C}$ 上 $g(z) = 0$ (定数関数)に広義一様収束する．実際，任意のコンパクト集合 E はある円板 $D(0, r)$ に含まれるので，$z \in E \subset D(0, r)$ のとき

$$|g_n(z) - g(z)| = \left|\frac{z}{n}\right| < \frac{r}{n} \to 0 \quad (n \to \infty).$$

よって，任意のコンパクト部分集合上で一様収束する．一方で，たとえば $z = n^2$ のとき $g_n(z) = n \to \infty$ $(n \to \infty)$ であるから，一様収束ではない． □

以下，本節の冒頭に述べた (ア)(イ)(ウ) を厳密な形で述べていこう．

B.3 関数の一様収束と微分・積分

連続性の保存　一様収束する関数列は連続性を保存する.

> **定理 B.11（一様収束極限の連続性）**
> D を領域, E をその部分集合とする. D 上の連続関数からなる関数列 $\{g_n(z)\}_{n=1}^{\infty}$ が E 上で関数 $g(z)$ に一様収束しているとき, $g(z)$ は E 上の連続関数である.

注意!　連続関数の列が各点収束する場合, 極限関数が連続になるとは限らない.

証明　関数 $g(z)$ が E 上の任意の点 α において連続であることを示す. 一様収束性より, 任意の $\varepsilon > 0$ に対し, ある自然数 N が存在して, $z, \alpha \in E$ のとき

$$n \geq N \implies |g_n(z) - g(z)| < \varepsilon/3 \quad \text{かつ} \quad |g_n(\alpha) - g(\alpha)| < \varepsilon/3$$

が成り立つ. ここで $m \geq N$ を 1 つ固定すると, 関数 $g_m(z)$ は領域 D 上で連続なので, とくに $\alpha \in E$ においても連続である. すなわち, ある $\delta > 0$ が存在して,

$$z \in D \quad \text{かつ} \quad |z - \alpha| < \delta \implies |g_m(z) - g_m(\alpha)| < \varepsilon/3.$$

よって, $z \in E \subset D$ かつ $|z - \alpha| < \delta$ という条件のもと,

$$|g(z) - g(\alpha)| \overset{\text{三角不等式}}{\leq} |g(z) - g_m(z)| + |g_m(z) - g_m(\alpha)| + |g_m(\alpha) - g(\alpha)|$$
$$< \varepsilon/3 + \varepsilon/3 + \varepsilon/3 = \varepsilon.$$

∎

線積分の収束性　つぎに線積分の収束性を確かめよう.

> **定理 B.12（一様収束極限の線積分）**
> D を領域, C を D 内の区分的に滑らかな曲線とする. D 上の連続関数からなる関数列 $\{g_n(z)\}_{n=1}^{\infty}$ が C 上で関数 $g(z)$ に一様収束しているとき,
> $$\int_C g_n(z)\, dz \to \int_C g(z)\, dz \quad (n \to \infty).$$

注意!　定理 B.11 より, $g(z)$ は曲線 C 上の連続関数であり, C に沿った線積分が定義できる.

証明 一様収束性より，任意の $\varepsilon > 0$ に対し，ある自然数 N が存在し，$z \in C$ のとき
$$n \geq N \implies |g_n(z) - g(z)| < \varepsilon.$$
よって，$n \geq N$ のとき，$M\ell$ 不等式（公式 3.3）より
$$\left| \int_C g_n(z)\,dz - \int_C g(z)\,dz \right| = \left| \int_C \{g_n(z) - g(z)\}\,dz \right| \underset{M\ell\text{不等式}}{<} \varepsilon \cdot \ell(C).$$
ただし，$\ell(C)$ は区分的に滑らかな曲線 C の長さである．ε は任意に小さく取れるので，$\displaystyle\lim_{n\to\infty} \int_C g_n(z)\,dz = \int_C g(z)\,dz$ が示された．∎

正則性の保存　一様収束は正則性も保存する．

> **定理 B.13（一様収束極限の正則性）**
> 領域 D 上の正則関数からなる関数列 $\{g_n(z)\}_{n=1}^{\infty}$ が D 上で関数 $g(z)$ に一様収束するとき，$g(z)$ は D 上の正則関数である．

証明　D に含まれる任意の円板 $D' = D(\alpha, r)$ において極限関数 $g(z)$ が正則であることを示せばよい．C を D' 内の任意の単純閉曲線とすれば，$g_n(z)$ $(n = 1, 2, \cdots)$ は D' 上正則なので，コーシーの積分定理（定理 3.10）より $\displaystyle\int_C g_n(z)\,dz = 0$．正則関数からなる列 $\{g_n(z)\}_{n=1}^{\infty}$（これは連続関数からなる列でもある．命題 2.6 を参照）は $D' \subset D$ 上で関数 $g(z)$ に一様収束するから，定理 B.11 より $g(z)$ は D' 上連続である．さらに定理 B.12 より $\displaystyle\int_C g(z)\,dz = 0$．$C$ は任意であるから，モレラの定理（定理 5.2）より $g(z)$ は D' 上で正則となる．∎

導関数の収束性　正則関数列の（広義）一様収束性は，その導関数からなる列にまで遺伝する．これはワイエルシュトラス[*4]の定理とよばれる．

> **定理 B.14（ワイエルシュトラスの定理）**
> 領域 D 上の正則関数からなる関数列 $\{g_n(z)\}_{n=1}^{\infty}$ が D 上で関数 $g(z)$ に広義一様収束するとき，$g(z)$ も正則であり，導関数からなる列 $\{g_n'(z)\}_{n=1}^{\infty}$ も D 上で関数 $g'(z)$ に広義一様収束する．

[*4] Karl Weierstrass (1815 – 1897)，ヴァイエルシュトラスとも．ドイツの数学者．コーシーと並び，近代解析学の始祖とされる．

証明 E_0 を D 内のコンパクト集合としよう．また，E_r を E_0 から距離 r 以下の点からなるコンパクト集合とし，E_r が D の部分集合となるように，十分小さな $r > 0$ を選んで固定しておく（命題 B.8）．

関数列 $\{g_n(z)\}_{n=1}^{\infty}$ はコンパクト集合 E_r 上で $g(z)$ に一様収束するから，任意の $\varepsilon > 0$ に対し，ある自然数 N が存在し，$z \in E_r$ のとき，

$$n \geq N \implies |g_n(z) - g(z)| < \varepsilon$$

が成り立つ．いま $\alpha \in E_0$ を任意に選ぶとき，円 $C = C(\alpha, r)$ は $E_r \subset D$ に含まれることに注意しよう．定理 3.15（とくに式 (3.28)）より，

$$g_n'(\alpha) = \frac{1}{2\pi i}\int_C \frac{g_n(z)}{(z-\alpha)^2}\,dz, \quad g'(\alpha) = \frac{1}{2\pi i}\int_C \frac{g(z)}{(z-\alpha)^2}\,dz$$

が成り立つから，$M\ell$ 不等式（公式 3.3）より

$$|g_n'(\alpha) - g'(\alpha)| = \left|\frac{1}{2\pi i}\int_C \frac{g_n(z) - g(z)}{(z-\alpha)^2}\,dz\right| \overset{M\ell\text{不等式}}{\leq} \frac{1}{2\pi} \cdot \frac{\varepsilon}{r^2} \cdot 2\pi r = \frac{\varepsilon}{r}.$$

ε/r は $\alpha \in E_0$ の取り方に依存しないので，$g_n'(z)$ は $g'(z)$ に E_0 上で一様収束することが示された．∎

注意！ 実関数でワイエルシュトラスの定理は成立しない．たとえば $g_n(x) = \dfrac{\sin nx}{n}$ と定義するとき，関数列 $\{g_n(x)\}_{n=1}^{\infty}$ は $g(x) = 0$（定数関数）に $\mathbb{R}$ 上で一様収束するが，導関数からなる列 $\{g_n'(x)\}_{n=1}^{\infty} = \{\cos nx\}_{n=1}^{\infty}$ は $g'(x) = 0$ に広義一様収束しない．

零点の個数 広義一様収束する正則関数列とそれぞれの零点の個数について，つぎの「フルヴィッツ[*5]の定理」が成り立つ．

定理 B.15（フルヴィッツの定理）
領域 D は単純閉曲線 C とその内部を含み，D 上の正則関数 $g(z)$ は C 上に零点をもたないものとする．D 上の正則関数列 $\{g_n(z)\}_{n=1}^{\infty}$ が関数 $g(z)$ に D 上で広義一様収束するならば，十分大きなすべての自然数 n に対し，

[*5] Adolf Hurwitz(1859 – 1919)，ドイツの数学者．

> [C の内部の $g_n(z)$ の零点の数] = [C の内部の $g(z)$ の零点の数]
>
> が成り立つ．ただし，零点の個数は重複度込みで数えるものとする．

証明 C 上 $g(z) \neq 0$ より，ある $M > 0$ が存在して C 上 $|g(z)| > M$ が成り立つ[*6]．$h_n(z) := g(z) - g_n(z)$ とおくと，仮定より $h_n(z)$ は D 上で定数関数 0 に広義一様収束する．よって，n が十分大きいとき，C 上では $|g(z)| > M > |h_n(z)|$ が成り立つ．ルーシェの定理（定理 5.15）より，C の内部の $g_n(z) = g(z) + h_n(z)$ と $g(z)$ の零点の個数は等しい． ∎

> **注意！** 実関数の場合，零点の個数は一様収束によって保存されない（再度 $n = 1, 2, \cdots$ に対し $g_n(x) = \dfrac{\sin nx}{n}$ を考えよ）．

B.4 項別微分と項別積分

応用上重要な，関数からなる級数の項別微分と項別積分についてまとめておく．

領域 D 上の関数列 $\{f_n(z)\}_{n=0}^{\infty}$ に対し，

$$g_n(z) := f_0(z) + f_1(z) + \cdots + f_n(z) \qquad (n = 0, 1, \cdots) \tag{B.10}$$

とおく．D の部分集合 E 上で関数列 $\{g_n(z)\}_{n=0}^{\infty}$ がある関数 $g(z)$ に一様収束するとき，関数列 $\{f_n(z)\}_{n=0}^{\infty}$ が定める関数項級数は **E 上で一様収束**するといい，極限関数 $g(z)$ を

$$\sum_{n=0}^{\infty} f_n(z), \quad \sum_{n \geq 0} f_n(z), \quad f_0(z) + f_1(z) + \cdots \tag{B.11}$$

などと表す．関数列 $\{f_n(z)\}_{n=0}^{\infty}$ が定める関数項級数が D の任意のコンパクト部分集合上で一様収束するとき，D 上で**広義一様収束**もしくは**コンパクト一様収束**するという．

B.3 節の定理や命題より，関数項級数の積分と微分に関して，つぎが成り立つ．

[*6] C はコンパクト集合なので，$|g(z)|$ は最小値 $M \geq 0$ をもつ（付録 A，例 1）．$M = 0$ のとき，$g(z)$ は C 上に零点を持つことになるので，$M > 0$ である．

定理 B.16(微分・積分と無限和の順序交換)

領域 D 上の関数列 $\{f_n(z)\}_{n=0}^{\infty}$ が定める関数項級数 $\sum_{n=0}^{\infty} f_n(z)$ は D 上で広義一様収束するものとする.このとき,つぎが成り立つ.

(1) D 内の区分的に滑らかな曲線 C に対し,各 $f_n(z)$ $(n=1,2,\cdots)$ が C 上で連続ならば,
$$\int_C \sum_{n=0}^{\infty} f_n(z)\,dz = \sum_{n=0}^{\infty} \int_C f_n(z)\,dz.$$

(2) 各 $f_n(z)$ $(n=1,2,\cdots)$ が D 上で正則ならば,$\sum_{n=0}^{\infty} f_n(z)$ も D 上で正則.

(3) (2) において,導関数からなる列 $\{f_n'(z)\}_{n=0}^{\infty}$ が定める関数項級数も D 上で広義一様収束し,
$$\left(\sum_{n=0}^{\infty} f_n(z)\right)' = \sum_{n=0}^{\infty} f_n'(z).$$

証明は,式 (B.10) のようにして得られる関数列 $\{g_n(z)\}_{n=0}^{\infty}$ に定理 B.12,定理 B.13,定理 B.14 を適用するだけである.重要な応用例として,付録 C で扱う「べき級数」がある.

例 8(幾何級数) 「べき級数」の特別な場合として,正則関数列 $\{f_n(z) = z^n\}_{n=0}^{\infty}$ が定める関数項級数
$$\sum_{n=0}^{\infty} z^n = 1 + z + z^2 + \cdots$$
を考えよう.これは幾何級数(⇨ 第 4 章,4.1 節)にほかならない.$|z| < r < 1$ のとき,$n = 1, 2, \cdots$ に対し
$$\left|\frac{1}{1-z} - (1 + z + \cdots + z^{n-1})\right| = \left|\frac{z^n}{1-z}\right| \leq \frac{r^n}{1-r} \to 0 \quad (n \to \infty)$$
が成り立つ.単位円板 $\mathbb{D}$ の任意のコンパクト集合はある $D(0,r)$ $(r<1)$ に含まれるから(例 3),この関数項級数は単位円板 $\mathbb{D}$ 上で関数 $\frac{1}{1-z}$ に広義一様収束する.定理 B.16 を適用すると,(3) より関数項級数

$$\sum_{n=1}^{\infty} n z^{n-1} = 1 + 2z + 3z^2 + \cdots$$

も $\mathbb{D}$ 上で広義一様収束し，各 z での値は $\left(\dfrac{1}{1-z}\right)' = \dfrac{1}{(1-z)^2}$ と一致する．

つぎに，z を $-z$ に置き換えて $\mathbb{D}$ 上の正則関数

$$\frac{1}{1+z} = 1 - z + z^2 - z^3 + \cdots$$

を考えよう．命題 5.6 より $\mathrm{Log}\,(1+z)$ は左辺の関数の原始関数であるから，命題 5.5 より

$$\mathrm{Log}\,(1+z) = \int_0^z \frac{1}{1+\zeta}\,d\zeta = \int_0^z \sum_{n=0}^{\infty} (-\zeta)^n\,d\zeta.$$

ただし，積分路は 0 から z へ至る線分とする．定理 B.16 の (1) より，上の式に続けて

$$\int_0^z \sum_{n=0}^{\infty} (-\zeta)^n\,d\zeta = \sum_{n=0}^{\infty} \int_0^z (-\zeta)^n\,d\zeta = \sum_{n=0}^{\infty} (-1)^n \frac{z^{n+1}}{n+1}.$$

よって，$z \in \mathbb{D}$ のとき，

$$\mathbf{Log\,(1+z) \;=\; z - \frac{z^2}{2} + \frac{z^3}{3} - \frac{z^4}{4} + \cdots.} \tag{B.12}$$

すなわち，式 (5.6) がふたたび得られた．以上の議論は，付録 C の定理 C.3 において一般化される． □

絶対収束性 関数列 $\{f_n(z)\}_{n=0}^{\infty}$ に対し，関数項級数 $\sum_{n=0}^{\infty} |f_n(z)|$ が D の部分集合 E 上で一様収束するとき，関数項級数 $\sum_{n=0}^{\infty} f_n(z)$ は **E 上で一様に絶対収束**するという．また，$\sum_{n=0}^{\infty} |f_n(z)|$ が D の任意のコンパクト部分集合上で一様に絶対収束するとき，関数項級数 $\sum_{n=0}^{\infty} f_n(z)$ は D 上で**広義一様に絶対収束**するという．

つぎは，定理 B.4 の関数項級数版である．

命題 B.17
領域 D 上の関数列 $\{f_n(z)\}_{n=0}^{\infty}$ に対し，つぎが成り立つ．

(1) D の部分集合 E に対し，関数項級数 $\sum_{n=0}^{\infty} f_n(z)$ が E 上で一様に絶対収束するならば，一様収束する．

(2) 関数項級数 $\sum_{n=0}^{\infty} f_n(z)$ が D 上で広義一様に絶対収束するならば，広義一様収束する．

証明 (2) は (1) と「広義一様に絶対収束する」ことの定義から導かれるので，(1) を証明する．$g_n(z) := f_0(z) + \cdots + f_n(z)$ $(n = 0, 1, \cdots)$ として定まる関数列 $\{g_n(z)\}_{n=0}^{\infty}$ の E 上での一様収束性を示せばよい．$\sum_{n=0}^{\infty} |f_n(z)|$ が E 上で一様収束することから，$G_n(z) := |f_0(z)| + \cdots + |f_n(z)|$ $(n = 0, 1, \cdots)$ として定まる関数列 $\{G_n(z)\}_{n=0}^{\infty}$ に対し定理 B.10 が適用できる．すなわち，任意の $\varepsilon > 0$ に対し，ある自然数 N が存在し，$z \in E$ のとき，

$$n \geq m \geq N \implies |G_n(z) - G_m(z)| = G_n(z) - G_m(z) < \varepsilon.$$

よって，$n \geq m \geq N$ のとき，

$$\begin{aligned} |g_n(z) - g_m(z)| &= |f_{m+1}(z) + \cdots + f_n(z)| \\ &\leq |f_{m+1}(z)| + \cdots + |f_n(z)| \quad \text{← 三角不等式} \\ &= G_n(z) - G_m(z) < \varepsilon. \end{aligned}$$

ふたたび定理 B.10 より，関数列 $\{g_n(z)\}_{n=0}^{\infty}$ は E 上で一様収束する． ∎

命題 B.17(1) を適用するときは，つぎの定理が便利である．

定理 B.18（ワイエルシュトラスの M テスト）
領域 D 上の関数列 $\{f_n(z)\}_{n=0}^{\infty}$ と D の部分集合 E に対し，ある正の実数列 $\{M_n\}_{n=0}^{\infty}$ が存在し

- すべての $z \in E$ に対し $|f_n(z)| \leq M_n$ $(n = 0, 1, \cdots)$，かつ

- 級数 $M_0 + M_1 + \cdots + M_n + \cdots$ は収束する

ならば，関数列 $\{f_n(z)\}_{n=0}^{\infty}$ が定める関数項級数 $\displaystyle\sum_{n=0}^{\infty} f_n(z)$ は E 上で一様に絶対収束する．

証明 級数 $\displaystyle\sum_{n=0}^{\infty} M_n$ が収束することから，部分和が定める数列 $\{M_0 + \cdots + M_n\}_{n=0}^{\infty}$ はコーシー列を定める．すなわち，任意の $\varepsilon > 0$ に対し，ある自然数 N が存在し，$n \geq m \geq N$ のとき

$$\bigl| (M_0 + \cdots + M_n) - (M_0 + \cdots + M_m) \bigr| = M_{m+1} + \cdots + M_n < \varepsilon.$$

このとき，仮定より $z \in E$ に対し

$$|f_{m+1}(z)| + \cdots + |f_n(z)| \leq M_{m+1} + \cdots + M_n < \varepsilon$$

であるから，関数列 $\bigl\{|f_0(z)| + \cdots + |f_n(z)|\bigr\}_{n=0}^{\infty}$ に定理 B.10 を適用できる．よって，E 上で $\displaystyle\sum_{n=0}^{\infty} |f_n(z)|$ は一様収束する． ∎

例 9（ゼータ関数） 複素数 s と自然数 n に対し $f_n(s) := 1/n^s := e^{-s \operatorname{Log} n}$（ここで，$\operatorname{Log} n$ は実対数関数と同じ）と定める．これは s を変数とする正則関数である．任意の $r > 1$ を固定し，$E_r := \{ s \in \mathbb{C} \mid \operatorname{Re} s \geq r \}$，$M_n := 1/n^r$ とおくと，$s \in E_r$ のとき $|f_n(s)| = e^{-(\operatorname{Re} s) \operatorname{Log} n} \leq M_n$ が成り立つので，定理 B.18 を適用できる．すなわち，$\mathbb{C}$ 上の正則関数列 $\{f_n(s)\}_{n=1}^{\infty}$ が定める関数項級数

$$\sum_{n=1}^{\infty} f_n(s) = 1 + \frac{1}{2^s} + \frac{1}{3^s} + \cdots + \frac{1}{n^s} + \cdots \tag{B.13}$$

は E_r 上で一様に絶対収束する．とくに，領域 $D := \{ s \in \mathbb{C} \mid \operatorname{Re} s > 1 \}$ 上で広義一様に絶対収束する．命題 B.17 および定理 B.16(2) より式 (B.13) は D 上の正則関数を定める．これを**リーマンのゼータ関数**といい，$\zeta(s)$ と表す． □

付録C　べき級数と正則関数の局所理論

本付録のあらまし

- 付録 B の結果をもとに，**べき級数**の一般論を概説する．とくに，収束するべき級数は正則関数を定めることを示す．
- つぎに，第 4 章で扱った**テイラー展開やローラン展開の広義一様収束性**を証明する．
- べき級数（テイラー展開）を用いると，正則関数を局所的に多項式関数で近似することができる．その誤差の評価や，逆関数の存在（**逆関数定理**）を示す．

C.1　べき級数の収束性と微分・積分

複素数 α と複素数の列 $A_0, A_1, \cdots$ を用いて，

$$A_0 + A_1\,(z-\alpha) + A_2\,(z-\alpha)^2 + A_3\,(z-\alpha)^3 + \cdots \qquad \text{(C.1)}$$

の形の級数で与えられる関数を**べき級数**もしくは**整級数**という．べき級数とは，複素平面上の正則関数からなる列 $\{A_n(z-\alpha)^n\}_{n=0}^{\infty}$ が定める関数項級数（付録 B，B.4 節）である．付録 B の例 8 はその典型例である．

式 (C.1) のべき級数は $z = \alpha$ のとき明らかに収束するが，それ以外の z での（一様）収束性と，関数としての局所的な性質について調べていこう．以下では $\alpha = 0$ とした

$$\sum_{n=0}^{\infty} A_n z^n = A_0 + A_1 z + A_2 z^2 + A_3 z^3 + \cdots$$

の形のべき級数をおもに扱うが，z を $z-\alpha$ に換えれば議論はそのまま一般化される．

収束性の判定　まず，べき級数の収束性に関する重要な命題を示す．

命題 C.1（収束性の十分条件）
べき級数 $f(z) = A_0 + A_1 z + \cdots + A_n z^n + \cdots$ がある $z_0 \neq 0$ において収束するとき，$f(z)$ は円板 $D(0, |z_0|)$ 上で広義一様に絶対収束する．

証明 いま $f(z_0) = A_0 + A_1 z_0 + \cdots + A_n z_0^n + \cdots$ は収束するから，$A_n z_0^n \to 0$ ($n \to \infty$) でなくてはならない．実際，部分和 $S_n = A_0 + A_1 z_0 + \cdots + A_n z_0^n$ が $n \to \infty$ のとき複素数 $f(z_0)$ に収束することから，$A_n z_0^n = S_n - S_{n-1} \to f(z_0) - f(z_0) = 0$ ($n \to \infty$)．よって，ある $K > 0$ が存在し，すべての $n \geq 0$ で $|A_n z_0^n| \leq K$ が成り立つ．

いま，$r < |z_0|$ をみたす任意の r を固定し，$\delta := r/|z_0| < 1$ としよう．このとき，任意の $z \in D(0, r)$ に対し，
$$|A_n z^n| = |A_n z_0^n| \cdot \left|\frac{z}{z_0}\right|^n \leq K \cdot \left(\frac{r}{|z_0|}\right)^n = K\delta^n$$
である．$M_n := K\delta^n$ とおくと，級数 $M_0 + M_1 + \cdots$ は収束するので，関数列 $\{A_n z^n\}_{n=0}^{\infty}$ と $\{M_n\}_{n=0}^{\infty}$ に対して定理 B.18 が適用でき，べき級数 $f(z)$ は $D(0, r)$ 上で一様に絶対収束することがわかる．$D(0, |z_0|)$ の任意のコンパクト部分集合はある $D(0, r)$ ($r < |z_0|$) に含まれるから（付録 B 命題 B.8 および付録 B の例 3），べき級数 $f(z)$ は $D(0, |z_0|)$ 上で広義一様に絶対収束する． ∎

例 1 有名なライプニッツ級数[*1]
$$\frac{\pi}{4} = 1 - \frac{1}{3} + \frac{1}{5} - \frac{1}{7} + \cdots$$
（すなわち，右辺の級数は収束し，その極限は左辺に一致する）より，べき級数
$$f(z) = z - \frac{z^2}{3} + \frac{z^3}{5} - \frac{z^4}{7} + \cdots$$
は $z = 1$ において収束する．よって，命題 C.1 より，$f(z)$ は単位円板 $\mathbb{D} = D(0, 1)$ 上で広義一様に絶対収束する． □

収束半径 正の数 ρ がべき級数 $A_0 + A_1 z + \cdots$ の**収束半径**であるとは，$A_0 + A_1 z + \cdots$ が $|z| < \rho$ のとき収束し，$|z| > \rho$ のとき発散することをいう．べき級数

[*1] Gottfried Leibniz (1646 – 1716)，ドイツの数学者・哲学者．ニュートンと並ぶ，微分積分学の始祖．ライプニッツ級数は収束するが，絶対収束はしない．

$A_0 + A_1 z + \cdots$ がすべての複素数 z で収束する場合も収束半径を例外的に ∞ と定め，$z=0$ でのみ収束する場合も収束半径を例外的に 0 と定める．

べき級数の収束半径は必ず存在し，以下で述べる「コーシー・アダマール[*2]の公式」によって与えられる．まず準備として，0 以上の実数からなる列 $\{R_n\}_{n=0}^{\infty}$ に対し，記号 $\limsup\limits_{n\to\infty} R_n$ をつぎで定める．$\{R_n\}_{n=0}^{\infty}$ が $+\infty$ に発散する単調増加な部分列をもつとき，$\limsup\limits_{n\to\infty} R_n := \infty$．そうでないとき，すなわち $\{R_n\}_{n=0}^{\infty}$ が有界であるとき，その部分列が収束できるような実数のうち最大のものを $\limsup\limits_{n\to\infty} R_n$ とする．

> **命題 C.2**（コーシー・アダマールの公式）
>
> べき級数 $A_0 + A_1 z + \cdots$ の収束半径 ρ は
>
> $$\rho = \frac{1}{\limsup\limits_{n\to\infty} |A_n|^{1/n}} \tag{C.2}$$
>
> で与えられ，$|z| < \rho$ をみたす範囲で広義一様に絶対収束する．ただし，$1/0 = \infty$，$1/\infty = 0$ と定める．

証明 べき級数 $A_0 + A_1 z + \cdots$ がある $z \neq 0$ で収束したと仮定する．このとき $A_n z^n \to 0 \,(n \to \infty)$ であるから，命題 C.1 と同様の議論により，すべての $n \geq 0$ で $|A_n z^n| \leq K$ となる $K > 0$ が存在する．$A_n \neq 0$ のとき，$|A_n|^{1/n}|z| \leq K^{1/n} \to 1\,(n \to \infty)$ であるから，$\limsup\limits_{n\to\infty} |A_n|^{1/n}|z| \leq 1$ が成り立つ．よって，$z \neq 0$ において収束するための必要条件として，$\limsup\limits_{n\to\infty} |A_n|^{1/n} \neq \infty$ かつ $0 < |z| < \rho\,(\leq \infty)$ が得られた．とくに，$\rho = 0$ のとき，べき級数は $z \neq 0$ において発散する．

つぎに $0 < \rho \leq \infty$，すなわち $\limsup\limits_{n\to\infty} |A_n|^{1/n} \neq \infty$ であると仮定する．$|z| < \rho$ となる z に対し，$|z| < r < \rho$ となる r を選べば，$\limsup\limits_{n\to\infty} |A_n|^{1/n} = 1/\rho < 1/r$ より，ある十分に大きな N が存在し，$n \geq N$ に対し $|A_n|^{1/n} < 1/r$ が成り立つ．よって，$|A_n| r^n < 1$ であり，

$$\sum_{n=N}^{\infty} |A_n z^n| = \sum_{n=N}^{\infty} |A_n r^n| \cdot \left(\frac{|z|}{r}\right)^n < 1 \cdot \frac{(|z|/r)^N}{1-(|z|/r)}$$

より，べき級数 $A_0 + A_1 z + \cdots$ は絶対収束する．よって，命題 C.1 より，$|z| < \rho$ を

[*2] Jacques Hadamard (1865 – 1963)，フランスの数学者．

みたす範囲で広義一様に絶対収束する．以上から，ρ はべき級数 $A_0 + A_1 z + \cdots$ の収束半径であることが示された． ∎

べき級数の正則性と微分・積分　以上の考察により，べき級数 $\sum_{n=0}^{\infty} A_n z^n$ は収束半径 ρ が正のとき $D(0, \rho)$ 上で，∞ のとき $\mathbb{C}$ 上で広義一様に絶対収束する．以下，$\rho = \infty$ の場合は $D(0, \rho) := \mathbb{C}$ と約束しておこう．べき級数は正則関数列 $\{A_n z^n\}_{n=0}^{\infty}$ が定める関数項級数とみなされるから，定理 B.16 がそのまま適用でき，つぎが成り立つ．

定理 C.3（べき級数の微分と積分）
0 でない収束半径 ρ をもつべき級数 $\sum_{n=0}^{\infty} A_n z^n$ が定める関数を $f(z)$ と表すとき，以下が成り立つ．

(1) $f(z)$ は $D(0, \rho)$ 上の正則関数であり，級数 $\sum_{n=0}^{\infty} A_n z^n$ は $f(z)$ のテイラー級数である．すなわち，$A_n = f^{(n)}(0)/n!\ (n = 0, 1, \cdots)$．

(2) べき級数 $\sum_{n=1}^{\infty} n A_n z^{n-1}$ の収束半径は ρ であり，$f'(z) = \sum_{n=1}^{\infty} n A_n z^{n-1}$．

(3) べき級数 $F(z) = \sum_{n=0}^{\infty} \dfrac{A_n}{n+1} z^{n+1}$ の収束半径は ρ であり，$F(z)$ は $f(z)$ の原始関数である．

証明　(1)　べき級数 $f(z) = \sum_{n=0}^{\infty} A_n z^n$ は正則関数列 $\{A_n z^n\}_{n=0}^{\infty}$ が定める関数項級数である．とくに $D(0, \rho)$ 上で広義一様収束することから，定理 B.16(2) より $f(z)$ は $D(0, \rho)$ 上の正則関数である．テイラー展開の一意性（命題 4.4）より，このべき級数は関数 $f(z)$ の 0 を中心とするテイラー展開である．

(2)　(1) と定理 B.16 の (3) より，$D(0, \rho)$ 上でべき級数 $\sum_{n=0}^{\infty} (A_n z^n)' = \sum_{n=1}^{\infty} n A_n z^{n-1}$ は広義一様収束し，導関数 $f'(z)$ と一致する．べき級数 $\sum_{n=1}^{\infty} n A_n z^{n-1}$ の収束半径 ρ' は z を掛けた $\sum_{n=1}^{\infty} n A_n z^n$ のそれと同じであるが，$n^{1/n} \to 1\ (n \to \infty)$ とコーシー・アダマールの公式（命題 C.2）より $\rho' = \rho$ を得る．

(3)　(2) の $f'(z)$ と $f(z)$ を $f(z)$ と $F(z)$ に置き換えて同様の議論をすればよい． ∎

C.2 テイラー展開とローラン展開

テイラー級数とローラン級数の広義一様収束性　命題 C.1 を用いて，定理 4.3 (テイラー展開) と定理 4.5 (ローラン展開) を改良しよう．

定理 C.4 (テイラー級数の広義一様収束性)
円板 $D(\alpha, R)$ を含む領域上で正則な関数 $f(z)$ に対し，定理 4.3 で与えられるテイラー級数

$$f(z) = f(\alpha) + f'(\alpha)(z-\alpha) + \frac{f''(\alpha)}{2!}(z-\alpha)^2 + \cdots \quad \text{(C.3)}$$

は $D(\alpha, R)$ 上で広義一様に絶対収束する．

証明　$D(\alpha, R)$ の任意のコンパクト集合 E に対し，$r < R$ を選んで $E \subset D(\alpha, r)$ となるようにできる ($\Rightarrow$ 命題 B.8, 付録 B の例 3)．いま $z_0 \in D(\alpha, R)$ を $|z_0 - \alpha| = r$ となるように選ぶと，定理 4.3 より，式 (C.3) 右辺のべき級数は収束するから，命題 C.1 (もちろん，z を $z - \alpha$ に置き換えて適用する) より $D(\alpha, r)$ 上で広義一様に絶対収束する．とくに，任意のコンパクト集合 $E \subset D(\alpha, R)$ 上で一様に絶対収束することが示された．∎

同様のアイディアで，定理 4.5 (ローラン展開) も改良できる．

定理 C.5 (ローラン級数の広義一様収束性)
複素数 α を中心とする円環領域

$$D = \{z \in \mathbb{C} \mid R_1 < |z - \alpha| < R_2\} \quad (0 \leq R_1 < R_2 \leq \infty)$$

を含む領域上で正則な関数 $f(z)$ に対し，定理 4.5 で与えられるローラン級数

$$f(z) = \cdots + \frac{A_{-2}}{(z-\alpha)^2} + \frac{A_{-1}}{z-\alpha}$$

$$+ A_0 + A_1(z-\alpha) + A_2(z-\alpha)^2 + \cdots \quad \text{(C.4)}$$

は，円環領域 D 上で広義一様に絶対収束する．すなわち，二重下線部と下線部の関数項級数はそれぞれ D 上で広義一様に絶対収束し，その和は $f(z)$ と一致する．

証明 円環領域 D の任意のコンパクト集合 E に対し，$R_1 < r_1 < r_2 < R_2$ かつ $E \subset \{z \in \mathbb{C} \mid r_1 < |z-\alpha| < r_2\}$ となるように r_1 と r_2 を選ぶことができる（⇨ 命題 B.8）．$z_2 \in D$ を $|z_2 - \alpha| = r_2$ が成り立つように選ぶと，定理 C.4 と同様の議論により，式 (C.4) の下線部のべき級数は $D(\alpha, r_2)$ 上で広義一様に絶対収束することがわかる．

つぎに $z_1 \in D$ を $|z_1 - \alpha| = r_1$ が成り立つように選ぶと，定理 4.5 より式 (C.4) の二重下線部の級数が $z = z_1$ のとき収束することから，関数列 $\{A_{-k}(z-\alpha)^{-k}\}_{k=1}^{\infty}$ が定める関数項級数に関して命題 C.1 と同様の議論が適用でき，領域 $\{z \in \mathbb{C} \mid |z-\alpha| > r_1\}$ 上で二重下線部の級数は広義一様に絶対収束する．よって，$D(\alpha, R)$ の任意のコンパクト集合 E 上で式 (C.4) の下線部と二重下線部は一様に絶対収束する． ∎

応用 定理 C.5 と命題 B.17 より，円環領域上の正則関数のローラン級数は広義一様収束する（命題 B.17）．よって，定理 B.16(1) が適用でき，項別積分が可能になる．これを用いて，命題 4.6（ローラン展開の一意性）と定理 4.7（積分と留数）の証明を見直してみよう．

証明（命題 4.6（ローラン展開の一意性）の別証明） 定理 C.5 のような α を中心とした円環領域 D 上の正則関数 $f(z)$ に対し，ローラン級数が式 (C.4) のように与えられており，それとは別に D 上で $f(z) = \sum_{n=-\infty}^{\infty} B_n (z-\alpha)^n$ とも表されていると仮定する．このとき，定理 C.5 と同様の議論により，べき級数 $\sum_{n=-\infty}^{\infty} B_n (z-\alpha)^n$ も D 上広義一様収束する．とくに，円 $C = C(\alpha, r)$ を $R_1 < r < R_2$ となるように選ぶとき，C 上では一様収束する．よって，任意の整数 N に対し，

$$\begin{aligned}
A_N &:= \frac{1}{2\pi i} \int_C \frac{f(z)}{(z-\alpha)^{N+1}} dz \\
&= \frac{1}{2\pi i} \int_C \frac{1}{(z-\alpha)^{N+1}} \cdot \sum_{n=-\infty}^{\infty} B_n (z-\alpha)^n \, dz \\
&= \frac{1}{2\pi i} \int_C \sum_{n=-\infty}^{\infty} B_n (z-\alpha)^{n-N-1} dz \quad \text{← この級数も } C \text{ 上で一様収束}
\end{aligned}$$

$$= \frac{1}{2\pi i} \sum_{n=-\infty}^{\infty} \int_C B_n (z-\alpha)^{n-N-1} dz \quad \Leftarrow \text{定理 B.16(1)}$$

$$= B_N. \quad \Leftarrow \text{基本公式 1(公式 3.9)}$$

証明(定理 4.7(積分と留数),別証明の正当化) 「別証明」(123 ページ)の中にある項別積分(積分と無限和の交換,$=^*$ の部分の式変形)を正当化すればよい.

ここで現れるローラン級数 $f(z) = \sum_{n=-\infty}^{\infty} A_n (z-\alpha)^n$ は,定理 C.5 から C 上で一様収束している.よって,定理 B.16(1) を ($n < 0$ の項の無限和と $n \geq 0$ の項の無限和に分けてから) 適用して,

$$\int_C f(z)\,dz = \int_C \sum_{n=-\infty}^{\infty} A_n(z-\alpha)^n\,dz = \sum_{n=-\infty}^{\infty} \int_C A_n(z-\alpha)^n\,dz = 2\pi i \cdot A_{-1}$$

を得る.

C.3 正則関数の局所的性質

正則関数の多項式近似 正則関数のテイラー展開を有限項で打ち切ると,その関数の局所的な多項式近似(それは,複素数の和と積だけで計算できる)が得られる.つぎの命題はその誤差評価を与えるもので,使い勝手がよい.

> **命題 C.6**
> 原点を含む領域で定義された正則関数 $f(z)$ と 0 以上の整数 N に対し,ある正の数 r, C が存在し,円板 $D(0, r)$ 上で
> $$\left| f(z) - \{A_0 + A_1 z + \cdots + A_N z^N\} \right| \leq C|z|^{N+1} \tag{C.5}$$
> が成り立つ.ただし,$A_n = f^{(n)}(0)/n!$ $(n = 0, 1, \cdots)$ である.

上の式 (C.5) は

$$f(z) = A_0 + A_1 z + \cdots + A_N z^N + O(z^{N+1}) \tag{C.6}$$

とも表される.

証明 仮定より，$f(z)$ が定義されている領域内に原点中心の円板 $D(0, R)$ が存在し，その上で式 (C.3) のようなテイラー展開ができる．すなわち，$A_n = f^{(n)}(0)/n!$ ($n = 0, 1, \cdots$) とおくと $D(0, R)$ 上で $f(z) = A_0 + A_1 z + A_2 z^2 + \cdots$ が成り立つ．いま $|z_0| = R/2$ をみたすように z_0 をとると，命題 C.1 と同様の議論により，ある定数 M が存在してすべての n に対し $|A_n z_0^n| \le M$ が成り立つ．任意の $z \in D(0, R/4)$ に対し $|z/z_0| < 1/2$ かつ $|A_n z^n| = |A_n z_0^n||z/z_0|^n \le M \cdot |z/z_0|^n$ となることから，

$$\left| f(z) - \{A_0 + A_1 z + \cdots + A_N z^N\} \right|$$
$$= \left| \sum_{n=N+1}^{\infty} A_n z^n \right| \le \sum_{n=N+1}^{\infty} M \left| \frac{z}{z_0} \right|^n \le M \left| \frac{z}{z_0} \right|^{N+1} \sum_{k=0}^{\infty} \frac{1}{2^k} = 2M \left| \frac{z}{z_0} \right|^{N+1}.$$

よって $r := R/4$，$C := 2M/|z_0|^{N+1} = 2^{N+2} M / R^{N+1}$ とおけば式 (C.5) が成り立つ．∎

逆関数定理 正則関数に対し，局所的に逆関数が存在するための必要十分条件を与えよう．

ある領域 D 上の関数 $f(z)$ が D の部分集合 E 上で **1 対 1** であるとは，$z, \hat{z} \in E$ かつ $z \ne \hat{z}$ ならば $f(z) \ne f(\hat{z})$ をみたすことをいう[*3]．標語的にいえば，「異なる点を異なる点に写す」ということである．

例2 自然数 N に対し，単位円板 $\mathbb{D}$ 上の関数 $f(z) = z^N$ を考える．これは $N = 1$ のとき 1 対 1 だが，$N \ge 2$ のときは 1 対 1 でない．たとえば $N = 2$ のとき，任意の $\alpha \in \mathbb{D} - \{0\}$ に対し $f(\alpha) = f(-\alpha)$． □

定理 C.7（逆関数定理）

領域 D 上の正則関数 $f(z)$ は，ある点 $\alpha \in D$ において $A = f'(\alpha) \ne 0$ をみたすものとする．このとき，ある $r > 0$ が存在し，つぎが成り立つ．

(1) $f(z)$ は $D(\alpha, r)$ 上で $f'(z) \ne 0$ かつ 1 対 1．

[*3] 対偶をとると，$z, \hat{z} \in E$ かつ $f(z) = f(\hat{z})$ ならば $z = \hat{z}$．証明するときはこちらのほうが確認しやすい．

(2) ある $f(D(\alpha,r))$ 上の 1 対 1 な正則関数 $g(w)$ が存在し，
$$z \in D(\alpha,r) \implies \boldsymbol{g(f(z)) = z}$$
かつ
$$w \in f(D(\alpha,r)) \implies \boldsymbol{f(g(w)) = w}.$$
(3) $f(D(\alpha,r))$ 上で $\boldsymbol{g'(w) = 1/f'(g(w))}$.

関数 $g(w)$ を $f(z)$ の $D(\alpha,r)$ における逆関数といい，$\boldsymbol{f^{-1}(w)}$ と表す.

証明 $\alpha = 0$, $f(\alpha) = 0$ と仮定しても一般性は失われない．定理 3.16 より，導関数 $f'(z)$ も正則である．命題 C.6 を $N = 0, f'(0) = A$ として適用すると，ある $r_0, C > 0$ が存在して，$D(0,r_0)$ 上で $|f'(z) - A| \leq C|z|$ が成り立つ．$|A| > 0$ より，$Cr \leq |A|/2$ となるように十分小さな $r > 0$ を選ぶと，$|z| \leq r$ のとき

$$|f'(z) - A| \leq |A|/2 \tag{C.7}$$

が成り立つ．いま z と $\hat{z}$ を円板 $D(0,r)$ 内からとり，z から $\hat{z}$ に至る線分を $[z, \hat{z}]$ と表すと，式 (C.7) と $M\ell$ 不等式 (公式 3.3) より

$$\left| \int_{[z,\hat{z}]} \{f'(\zeta) - A\} d\zeta \right| \overset{M\ell\text{不等式}}{\leq} \frac{|A|}{2}|\hat{z} - z|. \tag{C.8}$$

一方，関数 $f(z) - Az$ は $f'(z) - A$ の原始関数なので，命題 5.5 より

$$\{f(\hat{z}) - f(z)\} - A(\hat{z} - z) = \{f(\hat{z}) - A\hat{z}\} - \{f(z) - Az\} = \int_{[z,\hat{z}]} \{f'(\zeta) - A\} d\zeta.$$

式 (C.8) と合わせて，三角不等式 (2.1) より

$$|\{f(\hat{z}) - f(z)\} - A(\hat{z} - z)| \leq \frac{|A|}{2}|\hat{z} - z|$$
$$\implies \frac{|A|}{2}|\hat{z} - z| \leq |f(\hat{z}) - f(z)| \leq \frac{3|A|}{2}|\hat{z} - z|. \tag{C.9}$$

よって，$z \neq \hat{z}$ ならば $f(z) \neq f(\hat{z})$ であり，逆も成り立つことがわかる．とくに，$w \in f(D(\alpha,r))$ に対し，$f(z) = w$ となる $z \in D(\alpha,r)$ が 1 つだけ存在するから，これを $g(w) := z$ と定める．$\hat{w} \in f(D(\alpha,r))$ に対し $g(\hat{w}) = \hat{z}$ と表すとき，式 (C.9)

より $\hat{w} \to w$ のとき $\hat{z} \to z$ であるから，$g(\hat{w}) \to g(w)$. よって，$g(w)$ は連続関数である．さらに式 (C.9) より $D(0, r)$ 上で $0 < |A|/2 \leq |f'(z)| \leq 3|A|/2$ が成り立つから，

$$\lim_{\hat{w} \to w} \frac{g(\hat{w}) - g(w)}{\hat{w} - w} = \lim_{\hat{z} \to z} \frac{\hat{z} - z}{f(\hat{z}) - f(z)} = \frac{1}{f'(z)} \neq 0.$$

よって，関数 $g(w)$ は $f(D(\alpha, r))$ 上で導関数 $g'(w) = 1/f'(z)$ をもつ．$g(w)$ と $f'(z) \neq 0$ が連続関数であることから $g'(w) = 1/f'(g(w))$ は $f(D(\alpha, r))$ 上で連続である．すなわち，$g(w)$ は正則関数である．

局所的に 1 対 1 でない場合 定理 C.7 より，領域 D 上の正則関数 $f(z)$ がある $\alpha \in D$ において $f'(\alpha) \neq 0$ であれば，局所的に正則な逆関数が存在する．つぎに $f'(\alpha) = 0$ の場合を考えてみよう．話を簡単にするために，$\alpha = 0, f(\alpha) = 0$ とする．

命題 C.8
原点を含む領域上で定義された正則関数 $w = f(z)$ に対し，ある自然数 N が存在して，

$$f(0) = 0, f'(0) = 0, \cdots, f^{(N-1)}(0) = 0, f^{(N)}(0) = A \neq 0$$

をみたすものとする．このとき，ある $\delta > 0$ と円板 $D(0, \delta)$ 上の 1 対 1 な正則関数 $\zeta = h(z)$ が存在し，

$$\boldsymbol{f(z) = (h(z))^N} \quad \text{すなわち} \quad \boldsymbol{w = \zeta^N}$$

をみたす．とくに $N \geq 2$ のとき，$f(z)$ は $D(0, \delta)$ 上で 1 対 1 ではない．

たとえば $N = 3$ のとき，$w = 0$ を中心とする十分に小さな円板を上下に色分けすると，対応する ζ と z は次ページの図のように色分けされる．

証明 仮定より $f(z)$ は原点を中心とするテイラー展開 $f(z) = Az^N + \sum_{n=N+1}^{\infty} A_n z^n$ をもつとしてよい．命題 C.6 より，ある $r, C > 0$ が存在し，$D(0, r)$ 上で $|f(z) - Az^N| \leq C|z|^{N+1}$ が成り立つ．いま，$z \neq 0$ に対し $g(z) := f(z)/(Az^N)$ とおくと，

$$\left| \frac{f(z)}{Az^N} - 1 \right| \leq \frac{C}{|A|}|z| \quad \Longleftrightarrow \quad |g(z) - 1| \leq \frac{C}{|A|}|z|.$$

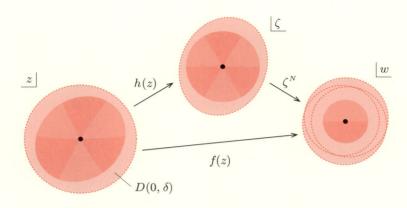

よって $z=0$ のとき $g(z):=1$ と定義すれば $g(z)$ は $D(0,r)$ 上で連続となる．また，$C\delta/|A|<1$ となるように十分小さな $\delta>0$ を選ぶと，$D(0,\delta)$ 上で $|g(z)-1|<1$ である．ところで，5.1 節の式 (5.7) より，$|z|<1$ に対し $(1+z)^{1/N}=e^{(\mathrm{Log}(1+z))/N}$ は $\mathbb{D}$ 上の正則関数であった．よって，

$$h_0(z):=\{g(z)\}^{1/N}=\{1+(g(z)-1)\}^{1/N}$$

は $D(0,\delta)$ 上の正則関数であり，$h_0(0)=1$ かつ $\{h_0(z)\}^N=g(z)$ をみたす．ゆえに，$A\neq 0$ の N 乗根の 1 つを $B\neq 0$ とすると，$\zeta=h(z):=Bzh_0(z)$ は $D(0,\delta)$ 上の正則関数であり，$\zeta^N=\{h(z)\}^N=Az^Ng(z)=f(z)$ をみたす．さらに $h'(0)=B\neq 0$ が成り立つから，定理 C.7(1) より，必要なら δ をより小さく取り替えることで $\zeta=h(z)$ は $D(0,\delta)$ 上で 1 対 1 となる．

$N\geq 2$ のとき，関数 $w=\zeta^N$ は原点を含む任意に小さな円板上で 1 対 1 ではない（例 2 参照）．よって，$N\geq 2$ のとき，命題 C.8 の条件をみたす $w=f(z)$ は原点を含む任意の領域において 1 対 1 ではない． ∎

注意! 　同様の議論により，有理型関数 $w=g(z)$ の N 位の極 β に対し，ある β 中心の円板で定義された 1 対 1 な正則関数 $\zeta=h(z)$ で $h(\beta)=0$ をみたすものが存在して，$g(z)=(h(z))^{-N}$ すなわち $w=\zeta^{-N}$ と表される．

等角写像とリーマンの写像定理 　領域 D 上で 1 対 1 な正則関数 $f(z)$ は，D 上で $f'(z)\neq 0$ をみたす（$f'(\alpha)=0$ となる点があれば，命題 C.8 に矛盾する）．よっ

て，第 2 章 2.4 節のような考察から，関数 $f(z)$ は局所的に拡大と回転によって近似される．すなわち，ある点で交差する 2 曲線の交差角は，その像においても保たれる．このような性質を正則関数の「等角性」という．

一般に，領域 D 上で 1 対 1 な正則関数を D 上の**等角写像**もしくは**単葉関数**という．つぎの「リーマンの写像定理」は，複素関数論においてもっとも重要な定理の 1 つである[*4]．

> **定理 C.9（リーマンの写像定理）**
> D を $\mathbb{C}$ 全体ではない単連結領域とする．任意の $\alpha \in D$ に対し，単位円板 $\mathbb{D}$ 上の等角写像 $f(z)$ で，$f(0) = \alpha$，$f'(0) > 0$，$f(\mathbb{D}) = D$ をみたすものがただ 1 つ存在する．

つぎの図は，左端に描かれた単位円板上の等角写像で，正三角形，正方形，星型を像とするものを数値計算したものである．

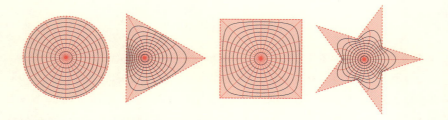

[*4] 証明は小平邦彦 著『複素解析』（岩波書店），第 5 章を参照せよ．

章末問題の解答

1.1 **(1)** $-1+i$. **(2)** $5-3i$. **(3)** $-4+7i$. **(4)** $(-8-i)/13$ (図示は略).

1.2 $z=a+bi$, $w=c+di$ とおくと, **(1)** $\overline{(\overline{z})}=\overline{a-bi}=a+bi=z$. **(2)** 略. **(3)** $\overline{z\cdot w}=\overline{(ac-bd)+(ad+bc)i}=(ac-bd)-(ad+bc)i=(a-bi)(c-di)=\overline{z}\cdot\overline{w}$. **(4)** 略. **(5)** (右辺) $=\{(a+bi)+(a-bi)\}/2=a=\operatorname{Re}z$. **(6)(7)** 略.

1.3 **(1)** $|(1+i)^5|=|1+i|^5=(\sqrt{2})^5=4\sqrt{2}$. **(2)** $|-2i(2+i)(2+4i)(1+i)|=2\cdot\sqrt{5}\cdot 2\sqrt{5}\cdot\sqrt{2}=20\sqrt{2}$. **(3)** $|(3+4i)(1-i)/(2-i)|=|3+4i||1-i|/|2-i|=5\sqrt{2}/\sqrt{5}=\sqrt{10}$.

1.4 $zw=0 \iff |z||w|=|zw|=0 \iff |z|=0$ もしくは $|w|=0 \iff z=0$ もしくは $w=0$.

1.5 $z=\alpha$ を解に持つので, $a\alpha^3+b\alpha^2+c\alpha+d=0$. a,b,c,d が実数なので, 両辺の共役を取って公式 1.2 を用いると $\overline{a\alpha^3+b\alpha^2+c\alpha+d}=\overline{0} \iff a\overline{\alpha}^3+b\overline{\alpha}^2+c\overline{\alpha}+d=0$. よって $\overline{\alpha}$ も方程式の解となる.

1.6 **(1)** $\cos(-\theta)=\cos\theta$, $\sin(-\theta)=-\sin\theta$ より $\overline{z}=r(\cos\theta-i\sin\theta)=r\{\cos(-\theta)+i\sin(-\theta)\}$. **(2)** $z\overline{z}=|z|^2=r^2$ より $1/z=\overline{z}/r^2=(1/r)\{\cos(-\theta)+i\sin(-\theta)\}$.

1.7 $z=r(\cos\theta+i\sin\theta)\neq 0$ とおく. $n=0$ のとき, $z^0=1=r^0(\cos 0+i\sin 0)$ が成り立つので公式 1.4 は正しい. k が 0 以上の整数のとき $z^k=r^k(\cos k\theta+i\sin k\theta)$ が成り立つと仮定すると, 式 (1.4) と同様の計算 (もしくは公式 1.3) より, $z^{k+1}=z\cdot z^k=r\cdot r^k\{\cos(\theta+k\theta)+i\sin(\theta+k\theta)\}=r^{k+1}\{\cos(k+1)\theta+i\sin(k+1)\theta\}$. よって $n=k+1$ のときも公式 1.4 が成り立つ. 章末問題 1.6(2) より $z^{-1}=r^{-1}\{\cos(-\theta)+i\sin(-\theta)\}$ が成り立つから, m が自然数のとき $z^{-m}=(z^{-1})^m=r^{-m}\{\cos(-m\theta)+i\sin(-m\theta)\}$.

1.8 $z=2\{\cos(\pi/3)+i\sin(\pi/3)\}$. あとはド・モアブルの公式 (公式 1.4) より $z^2=4\{\cos(2\pi/3)+i\sin(2\pi/3)\}$, $z^3=8(\cos\pi+i\sin\pi)$, $z^4=16\{\cos(4\pi/3)+i\sin(4\pi/3)\}$.

1.9 接点の 1 つを α とすると, $z,0,\alpha$ を頂点とする三角形と $\alpha,0,w$ を頂点とする三角形は相似. 辺の比を比べると, $|z|:1=1:|w|$ となるから, $|w|=1/|z|$. よって $|\overline{w}|=1/|z|$. また, $\arg w=\arg z$ より $\arg\overline{w}=-\arg z$. 章末問題 1.6(1) より, $\overline{w}=1/z$ が成り立つ.

1.10 $0,\alpha,\beta$ が正三角形の頂点 $\iff 0\neq|\alpha|=|\beta|$ かつ $\arg\alpha-\arg\beta=\pm\pi/3 \iff |\alpha/\beta|=1$ かつ $\arg(\alpha/\beta)=\pm\pi/3 \iff \alpha/\beta=\cos(\pm\pi/3)+i\sin(\pm\pi/3)=(1\pm\sqrt{3}i)/2$. 一方, $\alpha^2-\alpha\beta+\beta^2=0 \iff (\alpha/\beta)^2-(\alpha/\beta)+1=0 \iff \alpha/\beta=(1\pm\sqrt{3}i)/2$.

1.11 $|z+1|:|z-2|=3:1$ より $3|z-2|=|z+1|$. 両辺を 2 乗して $9(z-2)\overline{(z-2)}=(z+1)\overline{(z+1)} \iff 8z\overline{z}-19z-19\overline{z}+35=0 \iff (z-19/8)(\overline{z}-19/8)=(9/8)^2 \iff$

$|z - 19/8| = 9/8$. よって，z の軌跡は中心 $19/8$，半径 $9/8$ の円となる．

1.12 (1) $e^{2+(\pi/4)i} = e^2\{\cos(\pi/4) + i\sin(\pi/4)\} = e^2(1+i)/\sqrt{2}$． (2) $e^{-3+\pi i} = e^{-3}(\cos\pi + i\sin\pi) = -1/e^3$． (3) $e^{\log 3 - (3\pi/2)i} = 3\{\cos(-3\pi/2) + i\sin(-3\pi/2)\} = 3i$．

1.13 (1) $z = x + yi$ とおくと，$\overline{e^z} = \overline{e^x(\cos y + i\sin y)} = e^x(\cos y - i\sin y) = e^x\{\cos(-y) + i\sin(-y)\} = e^{x-yi} = e^{\overline{z}}$． (2) 公式 1.2 と指数法則（定理 1.6）より，$\overline{e^{z+w}} = e^{\overline{z+w}} = e^{\overline{z}+\overline{w}} = e^{\overline{z}} \cdot e^{\overline{w}} = \overline{e^z} \cdot \overline{e^w}$．

1.14 (1) $z = re^{\theta i}$ ($r > 0$, $0 \leq \theta < 2\pi$) とおくと，$z^4 = r^4 e^{4\theta i}$．一方，$16i = 16 e^{\pi i/2 + 2n\pi i}$ ($n \in \mathbb{Z}$) をみたすから，絶対値と偏角を比較して $r = 2$, $\theta = \pi/8 + (\pi/2)n$ ($n = 0, 1, 2, 3$). ゆえに，$z = 2e^{\pi i/8}, 2e^{5\pi i/8}, 2e^{9\pi i/8}, 2e^{13\pi i/8}$（図は略）． (2) $z^5 - 1 = (z-1)(z^4 + z^3 + z^2 + z + 1)$ であるから，求める解は方程式 $z^5 = 1$ の $z = 1$ 以外の解である．例題 1.3 と同様にして計算すると，$z = e^{2m\pi i/5}$ ($m = 1, 2, 3, 4$). すなわち $e^{2\pi i/5}, e^{4\pi i/5}, e^{6\pi i/5}, e^{8\pi i/5}$（図は略）．

1.15 $z = Re^{ti}$ ($R > 0$, t は実数) とおくと，$z^N = R^N e^{Nti}$．一方，$A = re^{\theta i + 2n\pi i}$ ($n \in \mathbb{Z}$) であるから，絶対値と偏角を比較して $R = r^{1/N}$, $t = \theta/N + (2\pi/N)n$ ($n \in \mathbb{Z}$). 任意の整数 n は $n = k + mN$（ただし $0 \leq k \leq N-1$ かつ $m \in \mathbb{Z}$）の形で一意的に表現できるから，$t = \theta/N + (2\pi/N)(k + mN) = \theta/N + 2\pi k/N + 2m\pi$．よって $z = r^{1/N} e^{(\theta/N + 2\pi k/N + 2m\pi)i} = r^{1/N} e^{\theta i/N + 2\pi ki/N} = \alpha\omega^k$ ($k = 0, 1, \cdots, N-1$).

[別解] $k = 0, 1, \cdots, N-1$ のとき，$(\alpha\omega^k)^N = \alpha^N \omega^{kN} = A(\omega^N)^k = A \cdot 1^k = A$．よって方程式 $z^N = A$ に対し N 個の異なる解が得られた．代数学の基本定理（定理 3.18）より，N 次方程式 $z^N = A$ の複素数解はこの N 個に限る．

1.16 (1) 原点以外の境界含む (2) 境界含む   **1.17** 原点の周辺のみ図示

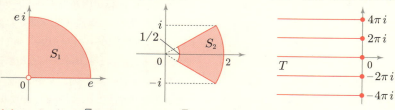

1.18 (1) $z = \log(1 + \sqrt{3}i) \iff e^z = 1 + \sqrt{3}i = 2e^{\pi i/3} = e^{\log 2} \cdot e^{(1/3 + 2m)\pi i}$ ($m \in \mathbb{Z}$) $\iff z = \log 2 + (1/3 + 2m)\pi i$ ($m \in \mathbb{Z}$). (2) $z = \log(-2) \iff e^z = -2 = 2e^{\pi i} = e^{\log 2} \cdot e^{(1 + 2m)\pi i}$ ($m \in \mathbb{Z}$) $\iff z = \log 2 + (1 + 2m)\pi i$ ($m \in \mathbb{Z}$). (3) $z = \log i \iff e^z = i = e^{\pi i/2} = e^{(1/2 + 2m)\pi i}$ ($m \in \mathbb{Z}$) $\iff z = (1/2 + 2m)\pi i$ ($m \in \mathbb{Z}$). (4) $z = \log e \iff e^z = e = e^1 \cdot e^{2m\pi i}$ ($m \in \mathbb{Z}$) $\iff z = 1 + 2m\pi i$ ($m \in \mathbb{Z}$).

1.19* $A = B = -i$ とすると, $\text{Log}\,A = \text{Log}\,B = -\pi i/2$. しかし, $\text{Log}\,AB = \text{Log}\,(-1) = \pi i$ より, $\text{Log}\,A + \text{Log}\,B = \text{Log}\,AB$ は成り立たない. $\log A + \log B = \log AB$ については, 解釈の仕方がいくつかある. たとえば $e^\alpha = A$, $e^\beta = B$, $e^\gamma = AB$ のとき $\alpha + \beta = \gamma$ か, という問題だとみなしてみる. この場合 $e^{\alpha+\beta} = e^\gamma$ は成立するが, ここから結論できるのは $\alpha + \beta = \gamma + 2m\pi i$ $(m \in \mathbb{Z})$ ということだけであるから, 一般には $\alpha + \beta \neq \gamma$ である. 一方, 複素対数を「集合」とみなせば肯定的な解釈もできる. 集合 $\{\alpha \in \mathbb{C} \mid e^\alpha = A\}$ を $\{\log A\}$, 集合 $\{\alpha + \beta \in \mathbb{C} \mid e^\alpha = A, e^\beta = B\}$ を $\{\log A + \log B\}$ と表すことにすると, $\alpha \in \{\log A\}$, $\beta \in \{\log B\}$ のとき $\alpha + \beta \in \{\log AB\}$ であるから, $\{\log A + \log B\} \subset \{\log AB\}$. 逆に $\gamma \in \{\log AB\}$ のとき, $\alpha \in \{\log A\}$ を選ぶと $\{\log B\}$ の元 $\beta := \gamma - \alpha$ が定まり $\gamma = \alpha + \beta$ と表現できるから, $\{\log AB\} \subset \{\log A + \log B\}$ も成り立つ. よって, 集合としての等式 $\{\log A + \log B\} = \{\log AB\}$ が成り立つ.

1.20 **(1)** $(1 + \sqrt{3}i)^i = e^{i\log(1+\sqrt{3}i)} = e^{i\{\log 2 + (1/3 + 2m)\pi i\}} = e^{-(1/3+2m)\pi + i\log 2}$ $= e^{-(1/3+2m)\pi}\{\cos(\log 2) + i\sin(\log 2)\}$ $(m \in \mathbb{Z})$. **(2)** $(-2)^{1+i} = e^{(1+i)\log(-2)} = e^{(1+i)\{\log 2 + (1+2m)\pi i\}} = e^{\{\log 2 - (1+2m)\pi\} + \{\log 2 + (1+2m)\pi\}i} = 2 \cdot e^{-(1+2m)\pi} \cdot e^{i\log 2} \cdot e^{\pi i}$ $(m \in \mathbb{Z})$. よって $(-2)^{1+i} = -2e^{(2k+1)\pi}\{\cos(\log 2) + i\sin(\log 2)\}$ $(k \in \mathbb{Z})$. **(3)** $i^{1/3} = e^{(1/3)\log i} = e^{(1/3)\cdot(1/2+2m)\pi i} = e^{(1/6 + 2m/3)\pi i}$ $(m \in \mathbb{Z})$. よって $i^{1/3} = e^{\pi i/6}, e^{5\pi i/6}, e^{3\pi i/2} \iff i^{1/3} = (\sqrt{3}+i)/2, (-\sqrt{3}+i)/2, -i$.

1.21 m が 0 のときは $A^0 = e^{0 \cdot \log A} = 1$. $m \in \mathbb{Z}$, $A = re^{i\theta}$ とすると, 複素数べきの意味で $A^m = e^{m\log A} = e^{m(\log r + (\theta + 2k\pi)i)} = e^{m\log r} \cdot e^{(m\theta + 2mk\pi)i}$ $(k \in \mathbb{Z}) = r^m \cdot e^{m\theta i} = (re^{i\theta})^m$. これはふつうの整数乗の意味での A^m と一致する.

1.22 **(1)** $\cos(z+2\pi) = \{e^{i(z+2\pi)} + e^{-i(z+2\pi)}\}/2 = (e^{iz} + e^{-iz})/2 = \cos z$. $\sin(z+2\pi)$ についても同様. **(2)** $\cos^2 z + \sin^2 z = (e^{iz} + e^{-iz})^2/2^2 + (e^{iz} - e^{-iz})^2/(2i)^2 = (e^{2zi} + 2 + e^{-2zi})/4 - (e^{2zi} - 2 + e^{-2zi})/4 = 1$. **(3)** $\cos z \cos w - \sin z \sin w = \{(e^{iz}+e^{-iz})/2\} \cdot \{(e^{iw}+e^{-iw})/2\} - \{(e^{iz}-e^{-iz})/(2i)\} \cdot \{(e^{iw}-e^{-iw})/(2i)\} = \{e^{(z+w)i} + e^{(z-w)i} + e^{-(z-w)i} + e^{-(z+w)i}\}/4 + \{e^{(z+w)i} - e^{(z-w)i} - e^{-(z-w)i} + e^{-(z+w)i}\}/4 = \{e^{(z+w)i} + e^{-(z+w)i}\}/2 = \cos(z+w)$. $\sin(z+w)$ についても同様.

1.23 **(1)** $\cos(\pi/2 - z) = \{e^{i(\pi/2-z)} + e^{-i(\pi/2-z)}\}/2 = (e^{\pi i/2}e^{-iz} + e^{-\pi i/2}e^{iz})/2 = (ie^{-iz} - ie^{iz})/2 = (e^{iz} - e^{-iz})/(2i) = \sin z$. **(2)** (1) で z に $\pi/2 - z$ を代入すればよい. **(3)** 章末問題 1.13 より $\overline{e^z} = e^{\bar{z}}$ であるから, $\overline{\cos z} = \overline{(e^{iz} + e^{-iz})/2} = (e^{-i\bar{z}} + e^{i\bar{z}})/2 = \cos \bar{z}$. **(4)** (3) と同様. **(5)** $\cos z + i\sin z = (e^{iz} + e^{-iz})/2 + i(e^{iz} - e^{-iz})/(2i) = e^{iz}$.

1.24 **(1)** $\sin(\pi/4 + i) = \{e^{(\pi/4+i)i} - e^{-(\pi/4+i)i}\}/(2i) = (e^{-1} \cdot e^{\pi i/4} - e \cdot e^{-\pi i/4})/(2i) = \{e^{-1}(1+i)/\sqrt{2} - e(1-i)/\sqrt{2}\}/(2i) = \{(1+e^2) - (1-e^2)i\}/(2\sqrt{2}e)$. **(2)** 加法定理 (公式 1.12 の (3)) より, $\cos(x + yi) = \cos x \cos(yi) - \sin x \sin(yi) = \cos x \cdot$

$(e^{-y} + e^y)/2 - \sin x \cdot (e^{-y} - e^y)/(2i) = \cos x \cosh y - i \sin x \sinh y$. $\sin(x+yi)$ についても同様.

1.25 (1) $\cos z = 0 \iff (e^{iz} + e^{-iz})/2 = 0 \iff e^{iz} = -e^{-iz} \iff e^{2zi} = -1 = e^{\pi i + 2m\pi i} (m \in \mathbb{Z})$. よって $2zi = \pi i + 2m\pi i \iff z = \left(\dfrac{1}{2} + m\right)\pi$ $(m \in \mathbb{Z})$. (2)(a) $\tan(z+\pi) = \sin(z+\pi)/\cos(z+\pi) = (\sin z \cos \pi + \cos z \sin \pi)/(\cos z \cos \pi - \sin z \sin \pi) = \sin z/\cos z = \tan z$. (b) $i \tan i = i\{(e^{i\cdot i} - e^{-i\cdot i})/(2i)\}/\{(e^{i\cdot i} + e^{-i\cdot i})/2\} = (1 - e^2)/(1 + e^2)$.

1.26 y を正の実数として $z = -yi$ とおくと, $|\cos z| = |e^{iz} + e^{-iz}|/2 = (e^y + e^{-y})/2 \geq e^{y/2}$. また, $|\sin z| = |e^{iz} - e^{-iz}|/2 = (e^y - e^{-y})/2 \geq (e^y - 1)/2$. よって, $y \geq \log(2M+1)$ のとき, $z = -yi$ に対し $|\cos z|, |\sin z| \geq M$ が成り立つ.

2.1 $\alpha \in \partial X$ のとき, どんなに小さな $r > 0$ に対しても円板 $D(\alpha, r)$ は X の内点と外点と含むが, これは $\mathbb{C} - X$ の外点と内点でもあるので, $x \in \partial(\mathbb{C} - X)$. 逆も成り立つので, $\partial X = \partial(\mathbb{C} - X)$.

2.2 $z = 0$ または $w = 0$ のとき, 式 (2.1) は明らかに成り立つので, z と w は 0 でないと仮定する. このとき, $\mathrm{Re}\, z \leq |z|$ が成り立つ (等号成立は z が正の実数のとき) ことに注意すると, $|z+w|^2 = (z+w)\overline{(z+w)} = z\overline{z} + z\overline{w} + w\overline{z} + w\overline{w} = z\overline{z} + 2\mathrm{Re}(z\overline{w}) + w\overline{w} \leq z\overline{z} + 2|z\overline{w}| + w\overline{w} = |z|^2 + 2|z||w| + |w|^2 = (|z| + |w|)^2$. よって $|z+w| \leq |z| + |w|$. 等号成立は $\mathrm{Re}(z\overline{w}) = |z\overline{w}|$ のとき, すなわち $z\overline{w} \neq 0$ が正の実数のときである. これは $\arg z + \arg \overline{w} = 0 \iff \arg z = -\arg \overline{w} = \arg w$ を意味するから, $z = 0$ または $w = 0$ のときと合わせて, z と w が原点から伸びる同じ半直線上にあることが等号が成り立つ必要十分条件である. また, $|z| = |(z+w) - w| \leq |z+w| + |-w|$ より $|z| - |w| \leq |z+w|$.

2.3 $f(1) = A$ とおくと, 複素数 k に対し $f(k \cdot 1) = kf(1)$. よって $f(k) = Ak$.

2.4 (1) $\lim_{z \to 1} \dfrac{f(z) - f(1)}{z-1} = \lim_{z \to 1} \dfrac{zi + z^2 - (i+1)}{z-1} = \lim_{z \to 1} \dfrac{(z-1)i + (z+1)(z-1)}{z-1}$
$= \lim_{z \to 1}\{i + (z+1)\} = 2+i$. (2) $\lim_{z \to 1} \dfrac{f(z) - f(1)}{z-1} = \lim_{z \to 1} \dfrac{1/z^3 - 1}{z-1} = \lim_{z \to 1} \dfrac{1-z^3}{z^3(z-1)}$
$= \lim_{z \to 1} \dfrac{-(z-1)(z^2+z+1)}{z^3(z-1)} = \lim_{z \to 1} \dfrac{-(z^2+z+1)}{z^3} = -3$. (3) 実数 θ を固定し $z - 1 = re^{i\theta}$ $(r > 0)$ とおくと, $r \to 0$ のとき $z \to 1$ である. $z = re^{i\theta} + 1$, $\overline{z} = re^{-i\theta} + 1$ より, $\dfrac{f(z) - f(1)}{z-1} = \dfrac{(z - 2\overline{z}) - (-1)}{z-1} = \dfrac{re^{i\theta} + 1 - 2(re^{-i\theta} + 1) + 1}{re^{i\theta}} = \dfrac{re^{i\theta} - 2re^{-i\theta}}{re^{i\theta}} = 1 - 2e^{-2\theta i}$. この値は θ に依存するので, $z \to 1$ のとき極限 $\lim_{z \to 1} \dfrac{f(z) - f(1)}{z-1}$ は定まらない. したがって, $z = 1$ において微分可能ではない.

2.5 (1) $i + 10z^9$. (2) $-\dfrac{z^2 + i}{(z^2 - i)^2}$. (3) $10z(z^2 - i)^4$.

2.6 (1) $(\sin z)' = \{(e^{iz} - e^{-iz})/(2i)\}' = (ie^{iz} + ie^{-iz})/(2i) = (e^{iz} + e^{-iz})/2 = $

$\cos z$. **(2)** $(\cos z)' = \{(e^{iz} + e^{-iz})/2\}' = (ie^{iz} - ie^{-iz})/2 = -(e^{iz} - e^{-iz})/(2i) = -\sin z$.

2.7 **(1)** $(e^z \sin z)' = (e^z)' \sin z + e^z (\sin z)' = e^z (\sin z + \cos z)$.　**(2)** $(ze^{\cos z})' = e^{\cos z} + ze^{\cos z} \cdot (-\sin z) = e^{\cos z}(1 - z\sin z)$.　**(3)** $(\tan z)' = (\sin z/\cos z)' = (\cos^2 z + \sin^2 z)/\cos^2 z = 1/\cos^2 z$.　**(4)** $\{\cos(z + z^2)\}' = -\sin(z + z^2) \cdot (z + z^2)' = -(1 + 2z)\sin(z + z^2)$.

2.8 **(1)** $z = x + yi$ とすると，$f(z) = (x + yi)^3 = (x^3 - 3xy^2) + (3x^2y - y^3)i$ より，$(u, v) = (x^3 - 3xy^2, 3x^2y - y^3)$．よって $u_x = 3x^2 - 3y^2 = v_y$, $u_y = -6xy = -v_x$．**(2)** $z = x + yi \neq 0$ とすると，$f(z) = 1/(x + yi) = (x - yi)/(x^2 + y^2)$ より，$(u, v) = (x/(x^2 + y^2), -y/(x^2 + y^2))$．よって $u_x = (y^2 - x^2)/(x^2 + y^2)^2 = v_y$, $u_y = -2xy/(x^2 + y^2)^2 = -v_x$．

2.9 **(1)** $f(x + yi) = (2 - 2xy) + (x^2 - y^2)i$ より $(u, v) = (2 - 2xy, x^2 - y^2)$．ヤコビ行列を計算すると，$\begin{pmatrix} u_x & u_y \\ v_x & v_y \end{pmatrix} = \begin{pmatrix} -2y & -2x \\ 2x & -2y \end{pmatrix}$．各成分は連続関数なので，$u, v$ は C^1 級．コーシー・リーマンの方程式もみたすので，定理 2.8 より $f(x + yi)$ は正則．導関数は $f'(z) = u_x + v_x i = -2y + 2xi$（じつは $f(z) = iz^2 + 2$, $f'(z) = 2iz$ である）．
(2) $f(x + yi) = e^{-y}(\cos x + i\sin x)$ より $(u, v) = (e^{-y}\cos x, e^{-y}\sin x)$．ヤコビ行列を計算すると，$\begin{pmatrix} u_x & u_y \\ v_x & v_y \end{pmatrix} = \begin{pmatrix} -e^{-y}\sin x & -e^{-y}\cos x \\ e^{-y}\cos x & -e^{-y}\sin x \end{pmatrix}$．あとは (1) と同様．導関数は $f'(z) = u_x + v_x i = -e^{-y}(\sin x - i\cos x)$（じつは $f(z) = e^{iz}$, $f'(z) = ie^{iz}$ である）．

2.10　$u + vi = f(x + yi)$ とおく．$f(x + yi)$ は正則なので，コーシー・リーマンの方程式より $u_x = 3x^2 - 3y^2 = v_y$ かつ $u_y = -6xy = -v_x$．v_y を y で積分すると，x だけの関数 $g(x)$ を用いて $v = 3x^2y - y^3 + g(x)$ と書ける．さらに x で微分すると，$v_x = 6xy + (d/dx)g(x)$ より $(d/dx)g(x) = 0$．よって $g(x) = C$（実数の定数関数）であり，$v(x, y) = 3x^2y - y^3 + C$．

2.11　$\operatorname{Re} z$, $\operatorname{Im} z$, $|z|$ を $u + vi = f(x + yi)$ の形で表すと，$(u, v) = (x, 0)$, $(u, v) = (0, y)$, $(u, v) = (\sqrt{x^2 + y^2}, 0)$ となる．それぞれヤコビ行列を計算すれば，すべての $z = x + yi$ において式 (2.14) の形になってないことがわかる（ただし，$(u, v) = (\sqrt{x^2 + y^2}, 0)$ は原点において偏微分可能でなく，ヤコビ行列がそもそも存在しない）．

2.12　定理 2.12 を用いる．$f(z) = \bar{z}^2$ を $u + vi = f(x + yi)$ の形で表すと，$(u, v) = (x^2 - y^2, -2xy)$．ヤコビ行列は $\begin{pmatrix} u_x & u_y \\ v_x & v_y \end{pmatrix} = \begin{pmatrix} 2x & -2y \\ -2y & -2x \end{pmatrix}$ となり，各成分は連続関数なので，u, v は C^1 級．よってすべての点において全微分可能である．しかし，ヤコビ行列が式 (2.14) の形になるのは $(x, y) = (0, 0)$ のときのみであるから，$f(z)$ は原点に限って微分

可能である．

2.13 **(1) – (4)** 定理 2.8 を用いる．(1), (2), (3), (4) に対し，ヤコビ行列 $\begin{pmatrix} u_x & u_y \\ v_x & v_y \end{pmatrix}$ は

それぞれ $\begin{pmatrix} 1 & 0 \\ 0 & -1 \end{pmatrix}, \begin{pmatrix} 1 & 0 \\ 0 & 2 \end{pmatrix}, \begin{pmatrix} 2x & 2y \\ 2y & 2x \end{pmatrix}, \begin{pmatrix} e^x \cos y & -e^x \sin y \\ -e^x \sin y & -e^x \cos y \end{pmatrix}$ となり，いずれも任意の領域（開集合）上にコーシー・リーマンの方程式 (2.9) をみたさない点が存在する．

2.14 $u+vi = f(x+yi)$ と表して定理 2.8 を用いる．**(1)** $f(x+yi) = e^{x-yi} = e^x(\cos y - i\sin y)$ より，$(u,v) = (e^x \cos y, -e^x \sin y)$．ヤコビ行列は $\begin{pmatrix} e^x \cos y & -e^x \sin y \\ -e^x \sin y & -e^x \cos y \end{pmatrix}$ となり，これはすべての点でコーシー・リーマンの方程式 (2.9) をみたさない．よって $f(z)$ は任意の領域上で正則でない．**(2)** $f(x+yi) = |x+yi|^2 = x^2+y^2$ より $(u,v) = (x^2+y^2, 0)$．ヤコビ行列は $\begin{pmatrix} 2x & 2y \\ 0 & 0 \end{pmatrix}$．式 (2.9) は原点以外で成り立たない．よって，任意の領域上に式 (2.9) をみたさない点が存在する．**(3)** $f(x+yi) = (x+yi)^2 + (x-yi)^2 = 2(x^2-y^2)$ より $(u,v) = (2(x^2-y^2), 0)$．ヤコビ行列は $\begin{pmatrix} 4x & -4y \\ 0 & 0 \end{pmatrix}$．式 (2.9) は原点以外で成り立たない．

2.15 **(1)** 例題 2.6 と同じ．**(2)** 例題 2.6 と同様．**(3)** $u^2+v^2 = C$（定数）とする．$C = 0$ のときは明らかなので，$C > 0$ と仮定する．$u^2+v^2 = C$ を x と y で偏微分して，$2uu_x + 2vv_x = 0$ かつ $2uu_y + 2vv_y = 0$．コーシー・リーマンの方程式 (2.9) より，$uu_x - vu_y = 0$ かつ $uu_y + vu_x = 0$．$u^2+v^2 = C > 0$ より u_x, u_y について解くことができ，$u_x = u_y = 0$．再び式 (2.9) より，$v_x = v_y = 0$．あとは (1) と同様．

2.16* $u + vi = f(x+yi), u = u(x,y), v = v(x,y)$ とおくと，$f((x+h)+yi) = u(x+h, y) + v(x+h, y)i, f(x+(y+h)i) = u(x, y+h) + v(x, y+h)i$ より $f_x = u_x + v_x i$ かつ $f_y = u_y + v_y i$．よって $f_y = if_x \iff u_y + v_y i = i(u_x + v_x i) \iff (u_y+v_x) + i(v_y - u_x) = 0 \iff u_x = v_y$ かつ $u_y = -v_x$．

2.17* $z = re^{i\theta} = x+yi$ とおくと，$x = r\cos\theta, y = r\sin\theta$ が成り立つ．また，$u+vi = f(x+yi) = U(x,y) + iV(x,y)$ と表現すると，U, V は変数 x, y に対し C^1 級であり，コーシー・リーマンの方程式 (2.9) は $U_x = V_y, U_y = -V_x$ と表現されることに注意する．**(1)** $u = U(x,y) = U(r\cos\theta, r\sin\theta) = u(r,\theta), v = V(x,y) = v(r\cos\theta, r\sin\theta) = v(r,\theta)$ が成り立つから，偏微分の変数変換により $u_r = U_x x_r + U_y y_r = U_x(r\cos\theta, r\sin\theta)\cos\theta + U_y(r\cos\theta, r\sin\theta)\sin\theta$ と計算できるので，u_r は存在する．u_θ, v_r, v_θ も同様．**(2)** (1) の結果と $U_x = V_y, U_y = -V_x$ より，$\begin{pmatrix} u_r & u_\theta \\ v_r & v_\theta \end{pmatrix} = \begin{pmatrix} U_x & U_y \\ V_x & V_y \end{pmatrix} \begin{pmatrix} x_r & x_\theta \\ y_r & y_\theta \end{pmatrix} = \begin{pmatrix} U_x & U_y \\ -U_y & U_x \end{pmatrix} \begin{pmatrix} \cos\theta & -r\sin\theta \\ \sin\theta & r\cos\theta \end{pmatrix}$．成分を比較すれば $u_r = v_\theta/r$ かつ $v_r = -u_\theta/r$ を得る．逆に $u_r = v_\theta/r$ かつ $v_r = -u_\theta/r$ の

章末問題の解答 ——— 219

とき, $\begin{pmatrix} U_x & U_y \\ V_x & V_y \end{pmatrix} = \begin{pmatrix} u_r & u_\theta \\ v_r & v_\theta \end{pmatrix} \begin{pmatrix} x_r & x_\theta \\ y_r & y_\theta \end{pmatrix}^{-1} = \begin{pmatrix} u_r & -rv_r \\ v_r & ru_r \end{pmatrix} \cdot \dfrac{1}{r} \begin{pmatrix} r\cos\theta & r\sin\theta \\ -\sin\theta & \cos\theta \end{pmatrix}$
であり,成分を比較すると $U_x = V_y, U_y = -V_x$ を得る.

3.1* **(1)** $h(z) := \alpha f(z) + \beta g(z)$ とし, $I_1 = \displaystyle\int_C f(z)\,dz$, $I_2 = \displaystyle\int_C g(z)\,dz$, $I_3 = \displaystyle\int_C h(z)\,dz$ とおく.また,曲線 C に対し分割点 $\{z_k = z(t_k)\}_{k=0}^N$ および代表点 $\{z_k^*\}_{k=1}^N$ をとるとき,$f(z), g(z), h(z)$ に対するリーマン和をそれぞれ S_1, S_2, S_3 とおく(このとき,$S_3 = \alpha S_1 + \beta S_2$).定理 3.1 より,任意の $\varepsilon > 0$ に対しある $\delta > 0$ が存在して,分割点 $\{z_k = z(t_k)\}_{k=0}^N$ が式 (3.8) をみたすとき,$|I_j - S_j| < \varepsilon$ $(j = 1, 2, 3)$ が成り立つ.よって三角不等式より,$|I_3 - (\alpha I_1 + \beta I_2)| \leq |I_3 - S_3| + |(\alpha S_1 + \beta S_2) - (\alpha I_1 + \beta I_2)|$
$\leq |I_3 - S_3| + |\alpha||I_1 - S_1| + |\beta||I_2 - S_2| \leq (1 + |\alpha| + |\beta|)\varepsilon$. ε はいくらでも 0 に近くとれるので,$I_3 - (\alpha I_1 + \beta I_2) = 0$.

3.2 $C_1 : z = z(t) = (1+i)t$ のとき $\dot{z}(t) = 1+i$, $C_2 : z = z(t) = t+t^2 i$ のとき $\dot{z}(t) = 1+2ti$ である. **(1)** $\displaystyle\int_{C_1} z^2\,dz = \int_0^1 \{(1+i)t\}^2 \cdot (1+i)\,dt = (1+i)^3 \int_0^1 t^2\,dt = \dfrac{(1+i)^3}{3} = -\dfrac{2}{3} + \dfrac{2}{3}i$. $\displaystyle\int_{C_2} z^2\,dz = \int_0^1 (t+t^2 i)^2 \cdot (1+2ti)\,dt = \int_0^1 (t^2 + 4t^3 i - 5t^4 - 2t^5 i)\,dt = -\dfrac{2}{3} + \dfrac{2}{3}i$. **(2)** $\displaystyle\int_{C_1}(z-1)\,dz = \int_0^1 \{(1+i)t - 1\} \cdot (1+i)\,dt = \int_0^1 (2it - i - 1)\,dt = -1$. $\displaystyle\int_{C_2}(z-1)\,dz = \int_0^1 (t+t^2 i - 1) \cdot (1+2ti)\,dt = \int_0^1 (-2t^3 + 3t^2 i - 2ti + t - 1)\,dt = -1$. **(3)** $\displaystyle\int_{C_1}(\bar{z} - 1)\,dz = \int_0^1 \{(1-i)t - 1\} \cdot (1+i)\,dt = \int_0^1 (2t - 1 - i)\,dt = -i$. $\displaystyle\int_{C_2}(\bar{z} - 1)\,dz = \int_0^1 \{t - t^2 i - 1\} \cdot (1+2ti)\,dt = \int_0^1 (2t^3 + t^2 i - 2ti + t - 1)\,dt = -\dfrac{2}{3}i$. **(4)** $\displaystyle\int_{C_1} \operatorname{Re} z\,dz = \int_0^1 t \cdot (1+i)\,dt = \dfrac{1+i}{2}$. $\displaystyle\int_{C_2} \operatorname{Re} z\,dz = \int_0^1 t \cdot (1+2ti)\,dt = \dfrac{1}{2} + \dfrac{2}{3}i$. **(5)** $\displaystyle\int_{C_1} \bar{z}^2\,dz = \int_0^1 \{(1-i)t\}^2 \cdot (1+i)\,dt = (1-i)^2(1+i)\int_0^1 t^2\,dt = \dfrac{2-2i}{3}$. $\displaystyle\int_{C_2} \bar{z}^2\,dz = \int_0^1 (t - t^2 i)^2 \cdot (1+2ti)\,dt = \int_0^1 (t^2 + 3t^4 - 2t^5 i)\,dt = \dfrac{14}{15} - \dfrac{1}{3}i$.

3.3 $C = C(0, r)$ のとき $z = re^{it}$ $(0 \leq t \leq 2\pi)$ より $\dot{z}(t) = ire^{it}$ である. **(1)** $I_1 = \displaystyle\int_C \bar{z}^m\,dz = \int_0^{2\pi} (re^{-it})^m \cdot ire^{it}\,dt = ir^{m+1} \int_0^{2\pi} e^{t(1-m)i}\,dt$. よって $m \neq 1$ のとき,$I_1 = ir^{m+1} \left[\dfrac{e^{t(1-m)i}}{(1-m)i}\right]_0^{2\pi} = 0$. $m = 1$ のとき $I_1 = ir^2 \displaystyle\int_0^{2\pi} 1 \cdot dt = 2\pi r^2 i$. **(2)** $I_2 = \displaystyle\int_C z^n \bar{z}^m\,dz = \int_0^{2\pi} (re^{it})^n (re^{-it})^m \cdot ire^{it}\,dt = ir^{n+m+1} \int_0^{2\pi} e^{t(n-m+1)i}\,dt$. よって $n - m + 1 \neq 0 \iff m \neq n+1$ のとき $I_2 = ir^{n+m+1} \left[\dfrac{e^{t(n-m+1)i}}{(n-m+1)i}\right]_0^{2\pi} = 0$. $m = n+1$

のとき，$I_2 = ir^{2n+2} \int_0^{2\pi} 1 \cdot dt = 2\pi r^{2n+2} i$．

3.4 例題 3.4(3) と同様に計算すると，$\int_{C_3} \overline{z}^m \, dz = \int_{-1}^0 \{t+(t+1)i\}^m \cdot (1-i) \, dt + \int_0^1 \{t-(t-1)i\}^m \cdot (1+i) \, dt = \int_{-1}^0 \{(1+i)t+i\}^m \cdot (1-i) \, dt + \int_0^1 \{(1-i)t+i\}^m \cdot (1+i) \, dt = \left[\dfrac{1-i}{1+i} \cdot \dfrac{\{(1+i)t+i\}^{m+1}}{m+1}\right]_{-1}^0 + \left[\dfrac{1+i}{1-i} \cdot \dfrac{\{(1-i)t+i\}^{m+1}}{m+1}\right]_0^1 = \dfrac{-i}{m+1}\{i^{m+1}-(-1)^{m+1}\} + \dfrac{i}{m+1}(1-i^{m+1}) = \dfrac{i}{m+1}\{1+(-1)^{m+1}-2i^{m+1}\}$．

3.5 曲線 C の任意の分割点 $\{z_k\}_{k=0}^N$ および代表点 $\{z_k^*\}_{k=1}^N$ に対し，リーマン和は $\sum_{k=1}^N 1 \cdot (z_k - z_{k-1}) = z_N - z_0 = \beta - \alpha$ となる．よって，定理 3.1 で保証される積分値は $\beta - \alpha$ 以外にありえない．

3.6 コーシーの積分定理(定理 3.10)の成立条件を確かめればよい．**(1)(2)(3)** e^z，$\sin z + 3\cos z$，多項式関数 $p(z)$ はいずれも $\mathbb{C}$ 上で正則．単位円 C の内部は $\mathbb{C}$ に含まれるので，定理 3.10 が適用できて積分値は 0．**(4)(5)** $1/(z-5)$ は $\mathbb{C} - \{5\}$ で正則であり，$e^z/(z^2-8)$ は $\mathbb{C} - \{\pm 2\sqrt{2}\}$ で正則．$5, \pm 2\sqrt{2}$ は単位円の外部にあり，いずれも定理 3.10 が適用できる．**(6)** $1/\sin(z+3i)$ は $\mathbb{C}$ から $\sin(z+3i) = 0$ をみたす z を除いた集合上で正則．例題 1.8 より，そのような z は n を整数として $z = n\pi - 3i$ と表される．$z = n\pi - 3i$ はすべて単位円 C の外部にあるので，定理 3.10 が適用できる．

3.7 (1) $\int_C \dfrac{1}{z(z-2i)} \, dz = \int_C \dfrac{i}{2}\left(\dfrac{1}{z} - \dfrac{1}{z-2i}\right) dz$．$0$ は C の内部，$2i$ は C の外部にあるので，公式 3.12 より求める積分値は $\dfrac{i}{2}(2\pi i - 0) = -\pi$．**(2)** (1) と同様に，$\int_C \dfrac{1}{4z^2+1} \, dz = \int_C \dfrac{1}{4i}\left(\dfrac{1}{z-i/2} - \dfrac{1}{z+i/2}\right) dz = \dfrac{1}{4i}(2\pi i - 2\pi i) = 0$．**(3)** (1) と同様に，$\int_C \dfrac{1}{2z^2+3z-2} \, dz = \int_C \dfrac{1}{5}\left(\dfrac{1}{z-1/2} - \dfrac{1}{z+2}\right) dz = \dfrac{1}{5}(2\pi i - 0) = \dfrac{2}{5}\pi i$．

3.8 $I = \int_C \dfrac{1}{z^2+1} \, dz = \int_C \dfrac{1}{2i}\left(\dfrac{1}{z-i} - \dfrac{1}{z+i}\right) dz$．**(1)** $C = C(i,1)$ のとき，i は C の内部，$-i$ は C の外部にあるので，$I = (1/2i)(2\pi i - 0) = \pi$．**(2)** $C = C(-i,1)$ のとき，i は C の外部，$-i$ は C の内部にあるので，$I = (1/2i)(0 - 2\pi i) = -\pi$．**(3)** $C = C(0,2)$ のとき，$\pm i$ はともに C の内部にあるので，$I = (1/2i)(2\pi i - 2\pi i) = 0$．**(4)** $C = C(1,1)$ のとき，$\pm i$ はともに C の外部にあるので，$I = (1/2i)(0-0) = 0$．

3.9 (1) 公式 3.12 より $\int_E \dfrac{1}{z} \, dz = 2\pi i$．**(2)** $\int_E \dfrac{1}{z} dz = \int_0^{2\pi} \dfrac{-a\sin t + ib\cos t}{a\cos t + ib\sin t} \, dt = (-a^2+b^2)\int_0^{2\pi} \dfrac{\sin t \cos t}{a^2\cos^2 t + b^2 \sin^2 t} \, dt + abi \int_0^{2\pi} \dfrac{1}{a^2\cos^2 t + b^2\sin^2 t} \, dt$．(1) と虚部を比較して $\int_0^{2\pi} \dfrac{1}{a^2\cos^2 t + b^2\sin^2 t} \, dt = \dfrac{2\pi}{ab}$．

3.10 **(1)** コーシーの積分公式（定理 3.14)より $\int_C \dfrac{e^z}{z-1}\,dz = 2\pi i e^1 = 2\pi e i$.

(2) $\int_C \dfrac{e^z}{z^2-1}\,dz = \int_C \dfrac{e^z}{(z-1)(z+1)}\,dz$. $C_\pm := C(\pm 1, 1/2)$ とおけば, 定理 3.11 より $\int_C = \int_{C_+} + \int_{C_-}$. 円 C_+ の内部では $\dfrac{e^z}{z+1}$ は正則なので, 定理 3.14 より $\int_{C_+} = 2\pi i \cdot \dfrac{e^1}{1+1} = e\pi i$. 同様に円 C_- の内部では $\dfrac{e^z}{z-1}$ は正則なので, $\int_{C_-} = 2\pi i \cdot \dfrac{e^{-1}}{-1-1} = -\dfrac{\pi i}{e}$. よって $\int_C = \left(e - \dfrac{1}{e}\right)\pi i$. **(3)** C の内部で $\dfrac{\sin z}{z+\pi}$ は正則であるから, 定理 3.14 より $\int_C \dfrac{\sin z}{(z-\pi/2)(z+\pi)}\,dz = 2\pi i \dfrac{\sin(\pi/2)}{\pi/2 + \pi} = \dfrac{4i}{3}$.

3.11* 式 (3.27) 右辺の積分を $I_n(\alpha)$ と表す. $n \geq 1$ に対し等式 $f^{(n)}(\alpha) = I_n(\alpha)$ を仮定し, $f^{(n+1)}(\alpha) = I_{n+1}(\alpha)$, すなわち, $\beta \to \alpha$ のとき $\dfrac{f^{(n)}(\beta) - f^{(n)}(\alpha)}{\beta - \alpha} \to I_{n+1}(\alpha)$ を示す(数学的帰納法). ここでは $Q(\beta) := \dfrac{f^{(n)}(\beta) - f^{(n)}(\alpha)}{\beta - \alpha} - I_{n+1}(\alpha)$ とおき, $|Q(\beta)| \to 0$ $(\beta \to \alpha)$ を示す. 定理 3.11 より, $r > 0$ を十分に小さくとって, 円 $C = C(\alpha, r)$ の場合に証明すれば十分である(定理 3.14 の証明参照). また, $\beta \to \alpha$ より $|\beta - \alpha| \leq r/2$ は成り立つとしてよい. $z \in C$ に対し $A := z - \alpha$, $B := z - \beta$ とおくと, $|A - B| = |\beta - \alpha| \leq r/2$ および $|A| = r$ より, 三角不等式 $|A| - |B - A| \leq |A + (B - A)| \leq |A| + |B - A| \iff r/2 \leq |B| \leq 3r/2$ が成り立つことに注意しておく. 数学的帰納法の仮定より $Q(\beta)$ を積分で書き直すと, $Q(\beta) = \dfrac{n!}{2\pi i}\int_C \left\{ \dfrac{1}{A-B}\left(\dfrac{1}{B^{n+1}} - \dfrac{1}{A^{n+1}}\right) - \dfrac{n+1}{A^{n+2}}\right\} f(z)\,dz$. 括弧 { } の中身を整理すると, $\dfrac{\sum_{k=0}^n A^k B^{n-k}}{B^{n+1}A^{n+1}} - \dfrac{n+1}{A^{n+2}} = \dfrac{A\left(\sum_{k=0}^n A^k B^{n-k}\right) - (n+1)B^{n+1}}{A^{n+2}B^{n+1}}$. さらに分子だけ整理すると, $\sum_{k=0}^n \left(A^{k+1}B^{n-k} - B^{n+1}\right) = \sum_{k=0}^n B^{n-k}\left(A^{k+1} - B^{k+1}\right) = (A-B)\sum_{k=0}^n B^{n-k}\left(\sum_{j=0}^k A^j B^{k-j}\right)$. この部分の絶対値は, 三角不等式より $|A-B|\sum_{k=0}^n |B|^{n-k}\left(\sum_{j=0}^k |A|^j |B|^{k-j}\right)$ 以下である. 円 C 上での $|f(z)|$ の最大値を M とすると, $M\ell$ 不等式(公式 3.3)より $|Q(\beta)| \leq \dfrac{n!}{2\pi} \cdot \dfrac{|\beta - \alpha|\sum_{k=0}^n (3r/2)^{n-k}\left(\sum_{j=0}^k r^j (3r/2)^{k-j}\right)}{r^{n+2}(r/2)^{n+1}}$. $M \cdot 2\pi r = K|\beta - \alpha|$ (ただし K は n, r, M の式で表される定数)であるから, $\beta \to \alpha$ のとき $|Q(\beta)| \to 0$.

3.12 定理 3.15 (n 階導関数の積分公式)を用いる. **(1)** 0 は C の内部にあるので, $f(z) = e^z$, $\alpha = 0$, $n = 3$ として式 (3.27) を適用すると, $f^{(3)}(0) = \dfrac{3!}{2\pi i}\int_C \dfrac{e^z}{z^4}\,dz$. $f^{(3)}(z) = e^z$ より, $\int_C \dfrac{e^z}{z^4}\,dz = \dfrac{2\pi i}{3!}e^0 = \dfrac{\pi i}{3}$. **(2)** -3 は C の外部にあり, 1 は C の内部にある. よって $f(z) = \dfrac{z+1}{z+3}$, $\alpha = 1$ として式 (3.28) を適用すると, $f'(1) = \dfrac{1!}{2\pi i}\int_C \dfrac{f(z)}{(z-1)^2}\,dz$. $f'(z) = \dfrac{2}{(z+3)^2}$ より, $\int_C \dfrac{z+1}{(z-1)^2(z+3)}\,dz = \dfrac{2\pi i}{1!}f'(1) =$

$\frac{\pi i}{4}$. **(3)** $\int_C \frac{e^{-iz}}{(3z-\pi)^2}\,dz = \frac{1}{9}\int_C \frac{e^{-iz}}{(z-\pi/3)^2}\,dz$. $\frac{\pi}{3}$ は C の内部にあるので,$f(z) = e^{-iz}, \alpha = \frac{\pi}{3}$ として式 (3.28) を適用すると,$f'\left(\frac{\pi}{3}\right) = \frac{1!}{2\pi i}\int_C \frac{e^{-iz}}{(z-\pi/3)^2}\,dz$. $f'(z) = -ie^{-iz}$ より,求める積分値は $\frac{1}{9}\cdot 2\pi i \cdot (-ie^{-i\cdot(\pi/3)}) = \frac{\pi(1-\sqrt{3}\,i)}{9}$.

3.13 被積分関数 $\frac{1}{z^2(z-1)(z+2)}$ の分母が 0 となる点 ($z=0, 1, -2$) が C の内部か外部かに応じて定理 3.15 を使い分ける. **(1)** $C = C(0, 1/2)$ のとき, 0 は C の内部にあり, $1, -2$ は C の外部にある. $f(z) = \frac{1}{(z-1)(z+2)}$ とおいて式 (3.28) を適用すれば, $f'(0) = \frac{1!}{2\pi i}\int_C \frac{f(z)}{z^2}\,dz = \frac{1}{2\pi i}I$. $f'(z) = \frac{-2z-1}{(z^2+z-2)^2}$ より, $I = 2\pi i \cdot f'(0) = 2\pi i \cdot \frac{-1}{4} = -\frac{\pi i}{2}$. **(2)** $C = C(0, 3/2)$ のとき, $0, 1$ は C の内部にあり, -2 は C の外部にある. いま $C_0 = C(0, 1/3), C_1 = C(1, 1/3)$ とおけば, 定理 3.11 より $\int_C = \int_{C_0} + \int_{C_1}$. C_0 での積分は (1) より $-\frac{\pi i}{2}$. また C_1 での積分は, $g(z) = \frac{1}{z^2(z+2)}$ とおいてコーシーの積分公式 (定理 3.14) を適用することで $\int_{C_1} = 2\pi i \cdot g(1) = \frac{2\pi i}{3}$. よって求める積分は $I = -\frac{\pi i}{2} + \frac{2\pi i}{3} = \frac{\pi i}{6}$. **(3)** $C = C(2, 3/2)$ のとき, 1 は C の内部にあり, $0, -2$ は C の外部にある. よって (2) と同様に $g(z) = \frac{1}{z^2(z+2)}$ とおいて定理 3.14 を適用することで $I = \int_C = 2\pi i \cdot g(1) = \frac{2\pi i}{3}$. **(4)** $C = C(0, 3)$ のとき, $0, 1, -2$ はすべて C の内部にある. よって $C_{-2} = C(-2, 1/3)$ とおけば, $\int_C = \int_{C_0} + \int_{C_1} + \int_{C_{-2}}$. $h(z) = \frac{1}{z^2(z-1)}$ とおいて定理 3.14 を適用すれば, $\int_{C_{-2}} = 2\pi i \cdot h(-2) = 2\pi i \cdot \left(-\frac{1}{12}\right) = -\frac{\pi i}{6}$. (2) の結果とあわせて, $I = \frac{\pi i}{6} - \frac{\pi i}{6} = 0$.

3.14 定理 3.14 の式 (3.24) の右辺を円 $C = C(\alpha, r)$ のパラメーター表示 $z = \alpha + re^{it}$ ($0 \le t \le 2\pi$) によって表現すると, $\dot{z}(t) = ire^{it}$ より $f(\alpha) = \frac{1}{2\pi i}\int_C \frac{f(\alpha + re^{it})}{re^{it}} \cdot ire^{it}\,dt = \frac{1}{2\pi}\int_0^{2\pi} f(\alpha + re^{it})\,dt$.

4.1 例題 4.1 と同様. **(1)** $1/(z+3) = (1/3)\cdot 1/(1+z/3) = (1/3)\bigl(1-(z/3)+(z^2/3^2)-(z^3/3^3)+(z^4/3^4)-\cdots\bigr) = 1/3 - z/9 + z^2/27 - z^3/81 + z^4/243 - \cdots$ (ただし, $|z| < 3$). **(2)** $e^w = 1 + w + w^2/2! + \cdots$ より $w = -z^2$ を代入して $e^{-z^2} = 1 + (-z^2) + (-z^2)^2/2! + \cdots = 1 - z^2 + z^4/2 + \cdots$. **(3)** $\cos z/(z-1) = -(\cos z)\cdot 1/(1-z) = -(1 - z^2/2! + z^4/4! - \cdots)(1 + z + z^2 + z^3 + z^4 + \cdots) = -1 - z - z^2/2 - z^3/2 - 13z^4/24 + \cdots$ (ただし, $|z| < 1$). 級数の積については付録 B, 命題 B.6 を参照せよ.

4.2 **(1)** $f(z)=\dfrac{1}{1-(-z^2)}=\sum_{n=0}^{\infty}(-z^2)^n=\sum_{n=0}^{\infty}(-1)^n z^{2n}$ (ただし, $|z|<1$). **(2)** $f(z)=\dfrac{1}{(z-i)(z+i)}=\dfrac{1}{2i}\left(\dfrac{1}{z-i}-\dfrac{1}{z+i}\right)$. $w=z-2i$ とおくと, $\dfrac{1}{z-i}=\dfrac{1}{w+i}=\dfrac{1}{i}\dfrac{1}{1+w/i}=\dfrac{1}{i}\sum_{n=0}^{\infty}\left(-\dfrac{w}{i}\right)^n=\dfrac{1}{i}\sum_{n=0}^{\infty}(iw)^n=\sum_{n=0}^{\infty}i^{n-1}w^n$ (ただし $|w|<1$). 同様にして $\dfrac{1}{z+i}=\dfrac{1}{w+3i}=\sum_{n=0}^{\infty}\dfrac{i^{n-1}w^n}{3^{n+1}}$ (ただし $|w|<3$). よって $|w|<1$, すなわち $|z-2i|<1$ のとき, $f(z)=\dfrac{1}{2i}\sum_{n=0}^{\infty}\left(1-\dfrac{1}{3^{n+1}}\right)i^{n-1}w^n=\sum_{n=0}^{\infty}\left(\dfrac{1}{3^{n+1}}-1\right)\dfrac{i^n}{2}(z-2i)^n$. **(3)** (2) と同様の方法を用いる. $w=z-1$ とおくと, $\dfrac{1}{z-i}=\dfrac{1}{w+(1-i)}=\dfrac{1}{1-i}\cdot\dfrac{1}{1+w/(1-i)}=\sum_{n=0}^{\infty}\dfrac{(-1)^n w^n}{(1-i)^{n+1}}$ (ただし $|w|<|1-i|=\sqrt{2}$). 同様にして $\dfrac{1}{z+i}=\dfrac{1}{w+(1+i)}=\sum_{n=0}^{\infty}\dfrac{(-1)^n w^n}{(1+i)^{n+1}}$ (ただし $|w|<|1+i|=\sqrt{2}$). よって $|w|<\sqrt{2}$, すなわち $|z-1|<\sqrt{2}$ のとき, $f(z)=\dfrac{1}{2i}\sum_{n=0}^{\infty}\left\{\dfrac{(-1)^n}{(1-i)^{n+1}}-\dfrac{(-1)^n}{(1+i)^{n+1}}\right\}w^n=\sum_{n=0}^{\infty}\left\{\dfrac{1}{(1-i)^{n+1}}-\dfrac{1}{(1+i)^{n+1}}\right\}\dfrac{(-1)^n w^n}{2i}$. ここで $w=z-1$ を代入して終えてもよいが, さらに計算できる. $1\pm i=\sqrt{2}e^{\pm\pi i/4}$ より, $\left(\dfrac{1}{(1-i)^{n+1}}-\dfrac{1}{(1+i)^{n+1}}\right)\dfrac{1}{2i}=\dfrac{1}{2^{(n+1)/2}}\dfrac{e^{(n+1)\pi i/4}-e^{-(n+1)\pi i/4}}{2i}=\dfrac{1}{2^{(n+1)/2}}\sin\dfrac{(n+1)\pi}{4}$. よって $f(z)=\sum_{n=0}^{\infty}\left\{\dfrac{(-1)^n}{2^{(n+1)/2}}\sin\dfrac{(n+1)\pi}{4}\right\}(z-1)^n$.

4.3 定理 3.15 と $M\ell$ 不等式 (公式 3.3) より, $\left|\dfrac{f^{(n)}(\alpha)}{n!}\right|=\left|\dfrac{1}{2\pi i}\int_{C(\alpha,r)}\dfrac{f(z)}{(z-\alpha)^{n+1}}dz\right|\leq\dfrac{1}{2\pi}\cdot\dfrac{M}{r^{n+1}}\cdot 2\pi r=\dfrac{M}{r^n}$.

4.4 $f(z)$ の原点を中心とするテイラー展開を $f(z)=\sum_{n=0}^{\infty}A_n z^n$, $|f(z)|$ の円 $C(0,r)$ 上での最大値を $M(r)$ とする. $n\geq N$ のとき, 章末問題 4.3 より $|A_n|\leq M(r)/r^n=(M(r)/r^N)\cdot(r^N/r^n)\to 0$ $(r\to\infty)$ であるから, $A_n=0$ でなくてはならない. よって $f(z)=A_0+A_1 z+\cdots+A_{N-1}z^{N-1}$.

4.5 **(1)** $f(z)=\dfrac{1}{z}\cdot\dfrac{-1}{1-z}=-\dfrac{1}{z}(1+z+z^2+\cdots)=-\dfrac{1}{z}-1-z-z^2-\cdots$. **(2)** $f(z)=\dfrac{1}{z^2}\cdot\dfrac{1}{1-(1/z)}=\dfrac{1}{z^2}\sum_{n=0}^{\infty}\left(\dfrac{1}{z}\right)^n=\dfrac{1}{z^2}+\dfrac{1}{z^3}+\dfrac{1}{z^4}+\cdots$. **(3)** $f(z)=\dfrac{1}{z-1}-\dfrac{1}{z}$. $w=z-i$ とおくと, $\dfrac{1}{z-1}=\dfrac{1}{w+i-1}=\dfrac{1}{i-1}\cdot\dfrac{1}{1+w/(i-1)}=$

$$\frac{1}{i-1}\sum_{n=0}^{\infty}\left(-\frac{w}{i-1}\right)^n = \sum_{n=0}^{\infty}\frac{(-1)^n}{(i-1)^{n+1}}w^n.$$ ただし $\left|\frac{w}{i-1}\right| < 1 \iff |z-i| < \sqrt{2}$.

また, $\frac{1}{z} = \frac{1}{w+i} = \frac{1}{w}\cdot\frac{1}{1+(i/w)} = \frac{1}{w}\sum_{n=0}^{\infty}\left(\frac{-i}{w}\right)^n = \sum_{n=0}^{\infty}\frac{(-i)^n}{w^{n+1}}$. ただし $\left|\frac{i}{w}\right| < 1 \iff |z-i| > 1$. よって $1 < |z-i| < \sqrt{2}$ のとき, $f(z) = -\sum_{n=0}^{\infty}\frac{(-i)^n}{(z-i)^{n+1}} + \sum_{n=0}^{\infty}\frac{(-1)^n}{(i-1)^{n+1}}(z-i)^n$.

4.6 **(1)** $f(z) = \frac{z}{z^2+z-2} = \frac{1}{3}\left(\frac{1}{z-1}+\frac{2}{z+2}\right) = \frac{1}{3}\left(-\frac{1}{1-z}+\frac{1}{1+z/2}\right)$. $|z| < 1$ のとき $\left|\frac{z}{2}\right| < 1$ であるから, $f(z) = \frac{1}{3}\left\{-\sum_{n=0}^{\infty}z^n + \sum_{n=0}^{\infty}\left(-\frac{z}{2}\right)^n\right\} = -\frac{1}{3}\sum_{n=0}^{\infty}\left\{1-\left(-\frac{1}{2}\right)^n\right\}z^n$. **(2)** $f(z) = \frac{1}{3}\left(\frac{1}{z}\frac{1}{1-1/z}+\frac{1}{1+z/2}\right)$. $1 < |z| < 2$ より $\left|\frac{1}{z}\right| < 1$ かつ $\left|\frac{z}{2}\right| < 1$. よって, $f(z) = \frac{1}{3}\left\{\frac{1}{z}\sum_{n=0}^{\infty}\left(\frac{1}{z}\right)^n + \sum_{n=0}^{\infty}\left(-\frac{z}{2}\right)^n\right\} = \frac{1}{3}\left\{\sum_{n=1}^{\infty}\frac{1}{z^n}+\sum_{n=0}^{\infty}\left(-\frac{1}{2}\right)^n z^n\right\}$. **(3)** $f(z) = \frac{1}{3}\left(\frac{1}{z}\frac{1}{1-1/z}+\frac{2}{z}\frac{1}{1+2/z}\right)$. $|z| > 2$ より $\left|\frac{1}{z}\right| < 1$ かつ $\left|\frac{2}{z}\right| < 1$. よって, $f(z) = \frac{1}{3}\left\{\frac{1}{z}\sum_{n=0}^{\infty}\left(\frac{1}{z}\right)^n + \frac{2}{z}\sum_{n=0}^{\infty}\left(-\frac{2}{z}\right)^n\right\} = \frac{1}{3}\sum_{n=1}^{\infty}\left\{1-(-2)^n\right\}\frac{1}{z^n}$.

4.7* $f(z)$ の $D = \{z \in \mathbb{C} \mid 0 < |z-\alpha| < R\}$ 上でのローラン展開を $\sum_{n=-\infty}^{\infty}A_n(z-\alpha)^n$ とおき, D 上で $|f(z)| \le M$ と仮定する. $0 < r < R$ のとき式 (4.8) と $M\ell$ 不等式 (公式 3.3)より, 任意の自然数 m に対し $|A_{-m}| = \frac{1}{2\pi}\left|\int_{C(\alpha,r)}f(z)(z-\alpha)^{m-1}dz\right| \le \frac{1}{2\pi}\cdot Mr^{m-1}\cdot 2\pi r = Mr^m$. いま r は 0 にいくらでも近くとれるので, $A_{-m} = 0$. すなわち, α は $f(z)$ の除去可能な特異点である.

4.8* $\beta \in D = D(\alpha, R) - \{\alpha\}$ に対し, $g(\beta) := f(\beta)$ と定義する (これは D 上正則). α が除去可能な特異点であることから, α を中心とする $f(z)$ のローラン展開は主要部をもたない. 定理 4.5 の証明 (式 (4.10))より, $r := R/2$, $C := C(\alpha, r)$ とおくとき, $0 < |\beta-\alpha| < r$ となる β に対し $f(\beta) = \frac{1}{2\pi i}\int_C \frac{f(z)}{z-\beta}dz \,(= g(\beta))$ が成り立つ. そこで, $g(\alpha) := \frac{1}{2\pi i}\int_C \frac{f(z)}{z-\alpha}dz$ とおき, $g'(\alpha)$ が存在すること, $g'(z)$ が α において連続であることを示せば, 求める正則関数 $g(z)$ が得られる. $\frac{g(\beta)-g(\alpha)}{\beta-\alpha} = \frac{1}{(\beta-\alpha)\cdot 2\pi i}\int_C\left(\frac{1}{z-\beta}-\frac{1}{z-\alpha}\right)f(z)\,dz = \frac{1}{2\pi i}\int_C \frac{f(z)}{(z-\beta)(z-\alpha)}dz$ であるから, 定理 3.15 と同様の議論により $\beta \to \alpha$ のときの極限として $g'(\alpha)$ が存在し, その値が $\frac{1}{2\pi i}\int_C \frac{f(z)}{(z-\alpha)^2}dz$ となることがわかる. 同様の議論によ

り，$\beta \in D(\alpha, r/2)$ のとき $g'(\beta) = \dfrac{1}{2\pi i} \displaystyle\int_C \dfrac{f(z)}{(z-\beta)^2} dz$ が示される．また，$0 < |\beta - \alpha| < r/2 = R/4$ のとき，$z \in C$ ならば $|z - \alpha| = r$ かつ $r/2 \leq |z - \beta| \leq 3r/2$．$|f(z)|$ の C 上での最大値を M すると，やはり定理 3.15 および章末問題 3.11 と同様にして，$|g'(\beta) - g'(\alpha)| = \left|\dfrac{1}{2\pi i} \displaystyle\int_C \dfrac{(\beta-\alpha)\{(z-\alpha) + (z-\beta)\}f(z)}{(z-\alpha)^2(z-\beta)^2} dz \right| \leq \dfrac{1}{2\pi} \cdot \dfrac{|\beta - \alpha|(r + 3r/2) M}{r^2 \cdot (r/2)^2} \cdot 2\pi r = K|\beta - \alpha|$（ただし，$K = 10M/r^2$ は定数）と書けるので，$\beta \to \alpha$ のとき $g'(\beta) \to g'(\alpha)$．ゆえに，$g'(z)$ は α において連続．

4.9[*] $f(z)$ のローラン展開を $\sum_{n=-k}^{\infty} A_n(z-\alpha)^n$（ただし，$A_{-k} \neq 0$）と表す．いま，主要部を $P(z) := \sum_{n=-k}^{-1} A_n(z-\alpha)^n$ とおくと，これは $D = D(\alpha, r) - \{\alpha\}$ 上で正則なので，関数 $g(z) := f(z) - P(z)$ も D 上で正則である．定理 4.5 の証明（式 (4.10)）より，$|\beta - \alpha| < r < R$ となる r を固定し $C = C(\alpha, r)$ とおくとき，$g(\beta) = \dfrac{1}{2\pi i} \displaystyle\int_C \dfrac{f(z)}{z - \beta} dz$ である．そこで，$g(\alpha) := \dfrac{1}{2\pi i} \displaystyle\int_C \dfrac{f(z)}{z - \alpha} dz$ とすれば，章末問題 4.8 と同様の議論により $g(z)$ が $D(\alpha, r)$ にまで正則関数として拡張できる（よって α は $g(z)$ の除去可能な特異点である）ことがわかる．$(z-\alpha)^k P(z) = \sum_{n=-k}^{-1} A_n(z-\alpha)^{k+n}$ は多項式であり正則であるから，$h(z) := \sum_{n=-k}^{-1} A_n(z-\alpha)^{k+n} + (z-\alpha)^k g(z)$ とおけばこれは $D(\alpha, r)$ 上の正則関数であり，D 上では $h(z) = (z-\alpha)^k f(z)$．とくに，$h(\alpha) = A_{-k} \neq 0$ をみたす．

4.10[*] 章末問題 4.9 より，ある穴あき円板 $D = D(\alpha, r) - \{\alpha\}$ に対し，$z \in D$ のとき $h(z) = (z-\alpha)^k f(z)$ をみたす $D(\alpha, r)$ 上の正則関数 $h(z)$ が存在する．このとき，$C = C(\alpha, r/2)$ とすると，$\operatorname{Res}(f(z), \alpha) = \dfrac{1}{2\pi i} \displaystyle\int_C f(z) dz = \dfrac{1}{2\pi i} \displaystyle\int_C \dfrac{h(z)}{(z-\alpha)^k} dz = \dfrac{1}{(k-1)!} h^{(k-1)}(\alpha)$．$D$ 上では $h^{(k-1)}(z) = \{(z-\alpha)^k f(z)\}^{(k-1)}$ であり，$h^{(k-1)}(z) \to h^{(k-1)}(\alpha)$ $(z \to \alpha)$ が成り立つから，式 (4.17) を得る．

4.11[*] 公式 4.9 の仮定のもと，正則関数 $g(z)$ はある半径 r の円板 $D(\alpha, r)$ 上でテイラー展開できる．それを $g(z) = \sum_{n=0}^{\infty} A_n(z-\alpha)^n$ とすると，$D(\alpha, r) - \{\alpha\}$ 上で $g(z)/(z-\alpha)^k = \sum_{n=0}^{\infty} A_n(z-\alpha)^{n-k}$ が成り立つ．ローラン展開の一意性（命題 4.6）より，これは関数 $g(z)/(z-\alpha)^k$ のローラン展開であるから，α は除去可能特異点もしくは k 次以下の極．

つぎに公式 4.10 の仮定のもと，$H(z) := h(z)/(z-\alpha)$ とおく．これはある十分に小さな穴あき円板 $D := D(\alpha, r) - \{\alpha\}$ 上で正則である（命題 2.7）．$h(\alpha) = 0$ より，$z \to \alpha$ のとき $H(z) = (h(z) - h(\alpha))/(z-\alpha) \to h'(\alpha) \neq 0$ が成り立つから，D 上の正則関数 $F(z) := g(z)/H(z)$ は有界である．リーマンの定理（章末問題 4.7）より，α は $F(z)$ の除去可能な特異点である．章末問題 4.8 より，この $F(z)$ は円板 $D(\alpha, r)$ 上の正則関数に拡張できる（これも $F(z)$ と表す）．そこでのテイラー展開を $F(z) = \sum_{n=0}^{\infty} B_n(z-\alpha)^n$ とおけば，穴あき円板 D 上で $g(z)/h(z) = F(z)/(z-\alpha) = \sum_{n=0}^{\infty} B_n(z-\alpha)^{n-1}$ であり，これはローラン展開である（命題 4.6）．-1 次の係数は $B_0 = F(\alpha)$ だが，拡張された関数 $F(z)$ の点 α

での連続性より $F(\alpha) = \lim_{z\to\alpha} g(z)/H(z) = g(\alpha)/h'(\alpha) \neq 0$. よって，$\alpha$ は $g(z)/h(z)$ の 1 位の極である．

4.12 **(1)** $\dfrac{e^z}{z-\pi i}$ の孤立特異点は 1 位の極 $z = \pi i$ のみ．$\alpha = \pi i, g(z) = e^z, k = 1$ として公式 4.9 を適用すると，$\operatorname{Res}\left(\dfrac{e^z}{z-\pi i}, \pi\right) = g(\pi i) = -1$．〔別解〕 $t = z - \pi i$ とおくと，$e^z/(z-\pi i) = e^{t+\pi i}/t = -e^t/t = -1/t - 1 - \cdots$ (ローラン展開)．t^{-1} の係数が求める留数．**(2)** $\dfrac{2z^2+1}{(z-1)^2}$ の孤立特異点は 2 位の極 $z = 1$ のみ．公式 4.9 を $\alpha = 1, g(z) = 2z^2+1, k = 2$ として適用すれば，$\operatorname{Res}\left(\dfrac{2z^2+1}{(z-1)^2}, 1\right) = \dfrac{1}{1!}g'(1) = 4$．〔別解〕 $t = z - 1$ とおくと，$(2z^2+1)/(z-1)^2 = \{2(t+1)^2+1\}/t^2 = 3/t^2 + 4/t + 2$．この t^{-1} の係数が求める留数．**(3)** $f(z) = z^2\exp(-1/z)$ の孤立特異点は真性特異点の $z = 0$ のみ．ローラン展開は $f(z) = z^2\left(1 - \dfrac{1}{z} + \dfrac{1}{2!z^2} - \dfrac{1}{3!z^3} + \dfrac{1}{4!z^4} - \cdots\right)$ となるので，z^{-1} の係数を求めて $\operatorname{Res}(f(z), 0) = -\dfrac{1}{6}$．**(4)** (3) と同様に $z = 0$ のみが孤立特異点（真性特異点）．$f(z) = z^2\left(\dfrac{1}{z} - \dfrac{1}{3!z^3} + \dfrac{1}{5!z^5} - \cdots\right)$ より，z^{-1} の係数を求めて $\operatorname{Res}(f(z), 0) = -\dfrac{1}{6}$．**(5)** $f(z) = \dfrac{1}{e^z - 1}$ の孤立特異点は $z = 2n\pi i\ (n \in \mathbb{Z})$ で与えられる (例題 1.2)．定理 4.7 より，$2\pi i \operatorname{Res}(f(z), 2n\pi i)$ は $f(z)$ の $2n\pi i$ を中心とする円に沿った積分で表現できるが，周期性 $f(z) = f(z+2\pi i)$ より，この値は n によらず同じ値となる．よって $z = 0$ での留数を計算すれば十分．$g(z) = 1, h(z) = e^z - 1$ として公式 4.10 を適用すれば，$\operatorname{Res}(f(z), 0) = g(0)/h'(0) = 1$．よって $\operatorname{Res}(f(z), 2n\pi i) = 1\ (n \in \mathbb{Z})$．

4.13 **(1)** $C(0,1)$ の内部にある $1/\sin z$ の孤立特異点は $z = 0$ のみ．$g(z) = 1, h(z) = \sin z$ として公式 4.10 を適用すれば，$\operatorname{Res}\left(\dfrac{1}{\sin z}, 0\right) = \dfrac{1}{h'(0)} = 1$．よって留数定理 (定理 4.8) より，$\displaystyle\int_{C(0,1)} \dfrac{1}{\sin z}\, dz = 2\pi i \cdot \operatorname{Res}\left(\dfrac{1}{\sin z}, 0\right) = 2\pi i$．**(2)** $C(0,3)$ の内部にある $f(z) = \dfrac{z}{(z-1)(z+2)}$ の孤立特異点は $z = 1, -2$ である．公式 4.9 において $\alpha = 1, g(z) = \dfrac{z}{z+2}, k = 1$ とすれば，$\operatorname{Res}(f(z), 1) = g(1) = \dfrac{1}{3}$．$\alpha = -2, g(z) = \dfrac{z}{z-1}, k = 1$ とすれば，$\operatorname{Res}(f(z), -2) = g(-2) = \dfrac{2}{3}$．定理 4.8 より，$\displaystyle\int_{C(0,3)} f(z)\, dz = 2\pi i \cdot \{\operatorname{Res}(f(z), 1) + \operatorname{Res}(f(z), -2)\} = 2\pi i\left(\dfrac{1}{3} + \dfrac{2}{3}\right) = 2\pi i$．**(3)** $C(0,2)$ の内部にある $f(z) = \dfrac{e^z}{(z-1)(z-3)}$ の孤立特異点は $z = 1$ のみ．$\alpha = 1, g(z) = \dfrac{e^z}{z-3}, k = 1$ として公式 4.9 を適用すれば，$\operatorname{Res}(f(z), 1) = g(1) = \dfrac{e}{-2}$．定理 4.8 より，$\displaystyle\int_{C(0,2)} f(z)\, dz = 2\pi i \cdot \operatorname{Res}(f(z), 1) = 2\pi i \cdot \dfrac{e}{-2} = -e\pi i$．**(4)** $C(1,2)$ の内部にある $f(z) = \dfrac{1}{z^2(z^2-4)} = \dfrac{1}{z^2(z-2)(z+2)}$ の孤立特異点は $z = 0, 2$．公式 4.9 において $\alpha = 0, g(z) = \dfrac{1}{z^2-4}, k = 2$ とすれば，

$\mathrm{Res}(f(z), 0) = \dfrac{1}{1!} g'(0) = 0$. $\alpha = 2$, $g(z) = \dfrac{1}{z^2(z+2)}$, $k=1$ とすれば, $\mathrm{Res}(f(z), 2) = g(2) = \dfrac{1}{16}$. 定理 4.8 より, $\displaystyle\int_{C(1,2)} f(z)\,dz = 2\pi i \cdot \{\mathrm{Res}(f(z), 0) + \mathrm{Res}(f(z), 2)\} = 2\pi i \cdot \left(0 + \dfrac{1}{16}\right) = \dfrac{\pi i}{8}$. **(5)** $f(z) = \dfrac{e^z}{z^2(z^2-4)}$ とおく. (4) と同様にして, $\displaystyle\int_{C(1,2)} f(z)\,dz = 2\pi i \cdot \{\mathrm{Res}(f(z), 0) + \mathrm{Res}(f(z), 2)\} = 2\pi i \cdot \left(-\dfrac{1}{4} + \dfrac{e^2}{16}\right) = \dfrac{\pi i}{2}\left(\dfrac{e^2}{4} - 1\right)$. **(6)** $C(i, 1)$ の内部にある $f(z) = \dfrac{1}{z^4 - 1}$ の孤立特異点は $z = i$ のみ. $g(z) = 1$, $h(z) = z^4 - 1$ として公式 4.10 を適用すれば, $\mathrm{Res}(f(z), i) = \dfrac{1}{h'(i)} = \dfrac{1}{4i^3}$. 定理 4.8 より, $\displaystyle\int_{C(i,1)} f(z)\,dz = 2\pi i \cdot \mathrm{Res}(f(z), i) = 2\pi i \cdot \dfrac{1}{4i^3} = -\dfrac{\pi}{2}$.

4.14 **(1)** $1/(e^z - 1)^2 = (z + z^2/2 + O(z^3))^{-2} = (1/z^2)(1 + z/2 + O(z^2))^{-2} = (1/z^2)(1 - z + O(z^2)) = 1/z^2 - 1/z + O(z^0)$. よって求める留数は -1. **(2)** $1/\sin^3 z = (z - z^3/3! + O(z^5))^{-3} = (1/z^3)(1 - z^2/6 + O(z^4))^{-3} = (1/z^3)(1 + z^2/2 + O(z^4)) = 1/z^3 + 1/(2z) + O(z)$. よって求める留数は $1/2$. **(3)** $e^z/(1 - \cos z) = (1 + z + O(z^2)) \cdot (z^2/2! + O(z^4))^{-1} = (1 + z + O(z^2)) \cdot (2/z^2)(1 + O(z^2)) = 2/z^2 + 2/z + O(z^0)$. よって求める留数は 2.

4.15 $C = C(0, 1)$ は単位円を反時計回りに 1 周する曲線とする. **(1)** 周期性より $I := \displaystyle\int_0^{2\pi} \dfrac{1 + \sin\theta}{3 + \cos\theta}\,d\theta = \int_{-\pi}^{\pi} \dfrac{1 + \sin\theta}{3 + \cos\theta}\,d\theta$. 奇関数 $\dfrac{\sin\theta}{3 + \cos\theta}$ は積分に寄与しないので, $I = \displaystyle\int_{-\pi}^{\pi} \dfrac{1}{3 + \cos\theta}$. 公式 4.11 より, $I = \displaystyle\int_C \dfrac{1}{3 + (z + z^{-1})/2} \cdot \dfrac{1}{iz}\,dz = \dfrac{2}{i} \int_C \dfrac{1}{z^2 + 6z + 1}\,dz$. いま $z^2 + 6z + 1 = (z - \alpha_+)(z - \alpha_-)$, $\alpha_\pm = -3 \pm 2\sqrt{2}$ とすれば, 単位円の内部にあるのは α_+ のみなので, $I = \dfrac{2}{i} \cdot 2\pi i \, \mathrm{Res}\left(\dfrac{1}{(z - \alpha_+)(z - \alpha_-)}, \alpha_+\right) = 4\pi \cdot \dfrac{1}{\alpha_+ - \alpha_-} = \dfrac{\pi}{\sqrt{2}}$. **(2)** 公式 4.11 より $\displaystyle\int_0^{2\pi} \dfrac{1}{(5 + 4\cos\theta)^2}\,d\theta = \int_C \dfrac{1}{(5 + 4(z + z^{-1})/2)^2} \cdot \dfrac{1}{iz}\,dz = \dfrac{1}{i}\int_C \dfrac{z}{(2z+1)^2(z+2)^2}\,dz = \dfrac{1}{i} \cdot 2\pi i \, \mathrm{Res}\left(\dfrac{z}{(2z+1)^2(z+2)^2}, -\dfrac{1}{2}\right) = 2\pi \cdot \dfrac{5}{27} = \dfrac{10\pi}{27}$. **(3)** 公式 4.11 より $\displaystyle\int_0^{2\pi} \dfrac{\cos\theta}{1 + 2\alpha\cos\theta + \alpha^2}\,d\theta = \int_C \dfrac{(z + z^{-1})/2}{1 + 2\alpha(z + z^{-1})/2 + \alpha^2} \cdot \dfrac{1}{iz}\,dz = \dfrac{1}{2i}\int_C \dfrac{z^2 + 1}{z(\alpha z + 1)(z + \alpha)}\,dz$. 被積分関数を $f(z)$ とすると, 求める積分は $\dfrac{1}{2i} \cdot 2\pi i \{\mathrm{Res}(f(z), 0) + \mathrm{Res}(f(z), -\alpha)\} = \pi\left\{\dfrac{1}{\alpha} - \dfrac{\alpha^2 + 1}{\alpha(1 - \alpha^2)}\right\} = \dfrac{2\alpha\pi}{\alpha^2 - 1}$.

4.16 例題 4.5 および例題 4.6 の類題である. **(1)** $f(z) = 1/(z^6 + a^6)$ とし, $R > |a|$ に対し例題 4.5 と同じ積分路 $C = J_R + H_R$ をとる. C に含まれる $f(z)$ の孤立特異点は $\alpha = ae^{\pi i/6}, \beta = ae^{\pi i/2}, \gamma = ae^{5\pi i/6}$ であり, 公式 4.10 よりそれぞれにおける $f(z)$ の留数は $1/(6\alpha^5), 1/(6\beta^5), 1/(6\gamma^5)$. よって $\displaystyle\int_C f(z)\,dz = 2\pi i \left\{\dfrac{1}{6\alpha^5} + \dfrac{1}{6\beta^5} + \dfrac{1}{6\gamma^5}\right\} = \dfrac{2\pi}{3a^5}$.

例題 4.5 と同様に, $z \in H_R$ のとき $|f(z)| \leq \dfrac{1}{R^6-a^6}$ より $\left|\int_{H_R}\right| \to 0 \ (R \to \infty)$ を示すことができ, 求める積分値は $\displaystyle\lim_{R\to\infty}\int_{J_R} = \lim_{R\to\infty}\left(\int_C - \int_{H_R}\right) = \dfrac{2\pi}{3a^5}$. **(2)** $f(z) = \dfrac{z^4}{(z^2+a^2)^4} = \dfrac{z^4}{(z+ia)^4(z-ia)^4}$ とし, $R > |a|$ に対し例題 4.5 と同じ積分路 $C = J_R + H_R$ をとる. C に含まれる $f(z)$ の孤立特異点は ia のみ (4 位の極)である. $\alpha = ia$, $g(z) = \dfrac{z^4}{(z+ia)^4}$, $k=4$ として公式 4.9 を適用すれば留数が $-\dfrac{i}{32a^3}$ と計算でき, $\displaystyle\int_C f(z)\,dz = 2\pi i \cdot \dfrac{-i}{32a^3} = \dfrac{\pi}{16a^3}$. 例題 4.5 と同様に, $z \in H_R$ のとき $|f(z)| \leq \dfrac{R^4}{(R^2-a^2)^4}$ より $\left|\int_{H_R}\right| \to 0 \ (R \to \infty)$ がわかるので, 求める積分値は $\dfrac{\pi}{16a^3}$. **(3)** $f(z) = \dfrac{1}{(z^2-2z+2)^2} = \dfrac{1}{\{z-(1+i)\}^2\{z-(1-i)\}^2}$ とおき, $R>3$ に対し例題 4.5 と同じ積分路 $C = J_R + H_R$ をとると, $\displaystyle\int_C f(z)\,dz = 2\pi i \cdot \mathrm{Res}(f(z),1+i) = 2\pi i \cdot \dfrac{-2}{(2i)^3} = \dfrac{\pi}{2}$. 例題 4.5 と同様に, $z \in H_R$ のとき $|f(z)| \leq \dfrac{1}{(R^2-2R-2)^2}$ より $\left|\int_{H_R}\right| \to 0 \ (R \to \infty)$ が示されるので, 求める積分値は $\dfrac{\pi}{2}$. **(4)** $f(z) = e^{iz}/(1+z^2)^2$ とおき, 積分路は例題 4.5 と同じ $C = J_R + H_R$ をとる. あとの議論は(極の位数が 2 に増えるが)例題 4.6 とほぼ同じ. $\left|\int_{H_R}\right| \to 0 \ (R \to \infty)$ は $|f(z)| \leq \dfrac{1}{(R^2-1)^2} \ (z \in H_R)$ を用いて確認する. $\mathrm{Res}(f(z),i) = -\dfrac{i}{2e}$, 求める積分値は $\dfrac{\pi}{e}$. **(5)** $f(z) = ze^{iz}/(1+z^2)^2$ とおき, 積分路は例題 4.5 と同じ $C = J_R + H_R$ をとる. $\displaystyle\int_{J_R} = \int_{-R}^{R} \dfrac{x\cos x}{(1+x^2)^2}\,dx + i\int_{-R}^{R} \dfrac{x\sin x}{(1+x^2)^2}\,dx$ であり, 実部は奇関数の積分なので 0. よって $\displaystyle\lim_{R\to\infty}\mathrm{Im}\int_{J_R} = \mathrm{Im}\left(\int_C - \int_{H_R}\right)$ を求めればよい. あとの計算は例題 4.6 や (4) とほぼ同じ. $\left|\int_{H_R}\right| \to 0 \ (R \to \infty)$ は $|f(z)| \leq \dfrac{R\cdot 1}{(R^2-1)^2} \ (z \in H_R)$ を用いて確認する. $\mathrm{Res}(f(z),i) = 1/(4e)$, 求める積分値は $\pi/(2e)$. **(6)** $f(z) = z^2 e^{iaz}/(1+z^2)^2$ とおき, 積分路も例題 4.5 と同じ $C = J_R + H_R$ をとる. あとの議論は(極の位数が 2 に増えることを除くと)例題 4.6 や (4) とほぼ同じである. $\left|\int_{H_R}\right| \to 0 \ (R \to \infty)$ は $z \in H_R$ のとき $|e^{iaz}| = e^{-\mathrm{Im}(az)} \leq 1$ および $|f(z)| \leq \dfrac{R^2 \cdot 1}{(R^2-1)^2}$ を用いて確認する. $\mathrm{Res}(f(z),i) = (a-1)i/(4e^a)$, 求める積分値は $(1-a)\pi/(2e^a)$.

4.17 複素平面上で始点 α と終点 β を結ぶ線分を $[\alpha,\beta]$ で表し, そのパラメーター表示を $z(t) = \alpha + (\beta-\alpha)t \ (0 \leq t \leq 1)$ とする. 関数 $f(z) = e^{iz^2}$ と $R>1$ に対し, 閉曲線 $C = [0,R] + [R,R(1+i)] + [R(1+i),0]$ による積分を考える. $f(z)$ は複素平面上で正則なので, 定理 3.10 より $\displaystyle\int_C f(z)\,dz = 0$, すなわち $\displaystyle\int_{[0,R]} + \int_{[R,R(1+i)]} + \int_{[R(1+i),0]} = 0$.

いま $\int_{[0,R]} = \int_0^R e^{ix^2}dx = \int_0^R (\cos x^2 + i\sin x^2)dx$ と書けるから, $\lim_{R\to\infty}\int_{[0,R]} =$
$\lim_{R\to\infty}\left\{-\int_{[R,R(1+i)]} - \int_{[R(1+i),0]}\right\} = \dfrac{\sqrt{\pi}}{2\sqrt{2}}(1+i)$ を示せばよい. $\int_{[R,R(1+i)]} =$
$\int_0^1 e^{i\{R+(Ri)t\}^2} \cdot Ri\,dt = Ri\int_0^1 e^{iR^2(1-t^2)-2R^2t}\,dt$. 公式 3.7 より, $\left|\int_{[R,R(1+i)]}\right| \le$
$R\int_0^1 e^{-2R^2t}\,dt = \dfrac{1-e^{-2R^2}}{2R} \to 0\ (R\to\infty)$. つぎに, $-\int_{[R(1+i),0]} = \int_{[0,R(1+i)]} =$
$\int_0^1 e^{i\{R(1+i)t\}^2} \cdot R(1+i)\,dt = R(1+i)\int_0^1 e^{-2R^2t^2}\,dt$. $s = \sqrt{2}Rt$ と変数変換すると,
$-\int_{[R(1+i),0]} = (1+i)\int_0^{\sqrt{2}R} e^{-s^2}\dfrac{ds}{\sqrt{2}} \to \dfrac{\sqrt{\pi}}{2\sqrt{2}}(1+i)\ (R\to\infty)$.

5.1 $G(z) := F_1(z) - F_2(z)$ とおくと, $G'(z) = F_1'(z) - F_2'(z) = f(z) - f(z) = 0$. 命題 2.10 より, $G(z)$ は定数関数. 式 (5.3) で与えられる $F(z)$ は明らかに $F(\alpha) = A$ をみたす $f(z)$ の原始関数である. ほかにも $F_2(\alpha) = A$ をみたす $f(z)$ の原始関数 $F_2(z)$ があれば, $F(\alpha) - F_2(\alpha) = A - A = 0$ より, $F(z) - F_2(z)$ は D 上で恒等的に 0 (定数関数). よって $F(z) = F_2(z)$ が成り立つ.

5.2 $h(z) := f(z) - g(z)$ とおくと, これは n 次以下の多項式である. $h(\alpha_k) = 0\ (k = 1,\cdots,n+1)$ より, 因数定理を繰り返し用いることで
$$h(z) = (z-\alpha_1)(z-\alpha_2)\cdots(z-\alpha_{n+1})Q(z)$$
(ただし $Q(z)$ は多項式)の形で書ける. $Q(z)$ 以外の部分は $n+1$ 次式になっているから, 両辺で次数のつじつまがあうためには $Q(z) = 0$(定数関数)しかありえない.

5.3 もしそのように「黄身」が飛び出したと仮定すると, 適当な 1 次関数 $g(z) = e^{i\theta}z + B$ (回転と平行移動)を用いて, $g(f(z))$ が「黄身」の部分で最大絶対値をとるようにできるが, $g(f(z))$ は正則であり,「黄身」の部分に E の境界点はないので, 定理 5.11 に矛盾.

5.4 $z = S(w) := rw + \alpha$ とおけば $S(\mathbb{D}) = D(\alpha,r)$ かつ $S(0) = \alpha$ であり, $z = T(w) := (w - f(\alpha))/R$ とおけば $T(D(f(\alpha),R)) = \mathbb{D}$ かつ $T(f(\alpha)) = 0$ であるから, $F(w) := T(f(S(w))) = (f(rw+\alpha) - f(\alpha))/R$ は $F(\mathbb{D}) \subset \mathbb{D}$ かつ $F(0) = 0$ をみたす. よってシュワルツの補題(定理 5.12)より $|F'(0)| = |T'(f(\alpha)) \cdot f'(\alpha) \cdot S'(0)| \le 1 \iff (1/R) \cdot |f'(\alpha)| \cdot r \le 1$ となり, $|f'(\alpha)| \le R/r$ を得る.

5.5* 複素数 α が正則関数 $f(z)$ の位数 k の零点であるとき, α を中心とするローラン展開は $f(z) = \displaystyle\sum_{n=-\infty}^{\infty} A_n(z-\alpha)^n$ (ただし, $n < k$ のとき $A_n = 0$, $A_k \ne 0$)の形である. いま, 関数 $g(z) := f(z)/(z-\alpha)^k$ はある穴あき円板 $D(\alpha,r) - \{\alpha\}$ において正則であり, そこでのローラン展開を $g(z) = \displaystyle\sum_{n=-\infty}^{\infty} B_n(z-\alpha)^n$, $C = C(\alpha,r/2)$ とおくとき, 任意の

整数 n に対し $B_n = \dfrac{1}{2\pi i}\displaystyle\int_C \dfrac{g(z)}{(z-\alpha)^{n+1}}\,dz = \dfrac{1}{2\pi i}\displaystyle\int_C \dfrac{f(z)}{(z-\alpha)^{n+k+1}}\,dz = A_{n+k}$ が成り立つ.とくに $n<0$ のとき $B_n=0$ であるから,α は $g(z)$ の除去可能な特異点である.章末問題 4.8 より,$g(z)$ は円板 $D(\alpha,r)$ 上の正則関数として拡張でき,$D(\alpha,r)$ 上 $f(z)=(z-\alpha)^k g(z)$ かつ $g(\alpha)=B_0=A_k\neq 0$ が成り立つ.逆に $D(\alpha,r)$ 上の $g(\alpha)\neq 0$ をみたす正則関数 $g(z)$ が存在し $f(z)=(z-\alpha)^k g(z)$ と書けるとき,$0\leq j\leq k-1$ に対し $(z-\alpha)^{k-j-1}g(z)$ は $D(\alpha,r)$ 上正則であり,定理 3.15 および定理 3.10 より,$f^{(j)}(\alpha)=\dfrac{j!}{2\pi i}\displaystyle\int_C \dfrac{f(z)}{(z-\alpha)^{j+1}}\,dz = \dfrac{j!}{2\pi i}\displaystyle\int_C (z-\alpha)^{k-j-1}g(z)\,dz = 0$. 同様にして $f^{(k)}(\alpha)=\dfrac{k!}{2\pi i}\displaystyle\int_C \dfrac{g(z)}{z-\alpha}\,dz = k!\,g(\alpha) \neq 0$. よって α は $f(z)$ の位数 k の零点である.位数 k の極の場合も $g(z)=(z-\alpha)^k f(z)$ に対して零点の場合と同様の議論を行えばよい.

5.6* 有理型関数 $f(z), g(z)$ はともに恒等的に 0 ではなく,$h(z)$ は $f(z)+g(z)$, $f(z)g(z)$, $f(z)/g(z)$ のいずれかとする.$\alpha\in D$ のとき,章末問題 5.5 より,ある整数 k,l と十分に小さな正の数 r,円板 $D(\alpha,r)$ 上で正則かつ零点をもたない関数 $F(z), G(z)$ が存在し,$f(z)=(z-\alpha)^k F(z)$, $g(z)=(z-\alpha)^l G(z)$ と表される.このとき,$h(z)$ は $(z-\alpha)^m H(z)$ (m は整数,$H(z)$ は $D(\alpha,r)$ 上正則)の形で表されるので,$D(\alpha,r)$ 上で正則であるか,α は $h(z)$ の除去可能な特異点もしくは極である.除去可能な特異点の場合は $D(\alpha,r)$ まで正則に拡張できる(章末問題 4.8)ので,$h(z)$ は D 上の有理型関数となる.$f(z), g(z)$ のうちいずれかが恒等的に 0 の場合も同様である.

5.7* 章末問題 5.5 より,ほぼ明らか.

5.8* α に収束するすべての点列 $\{z_n\}_{n=1}^\infty$ に対し $f(z_n)$ が A に収束しないならば,ある $r>0$ と $M>0$ が存在し,$0<|z-\alpha|<r$ のとき $|f(z)-A|\geq M$ が成り立つ.このとき $|1/(f(z)-A)|\leq 1/M$ であるから,関数 $g(z):=1/(f(z)-A)$ は穴あき円板 $D(\alpha,r)-\{\alpha\}$ 上で正則かつ有界.章末問題 4.7 より,α は $g(z)$ の除去可能な特異点であり,章末問題 4.8 より,$g(z)$ は $D(\alpha,r)$ 上の正則関数に拡張できる(それも $g(z)$ と表す).章末問題 5.5 より,ある $k\geq 0$ と $D(\alpha,r)$ 上の正則関数 $h(z)$ で $h(\alpha)\neq 0$ をみたすものが存在し,$g(z)=(z-\alpha)^k h(z)$ と表される ($g(\alpha)\neq 0$ のときは $k=0$, $h(z)=g(z)$ とおく).すなわち,$f(z)=A+(z-\alpha)^{-k}\bigl(1/h(z)\bigr)$. ここで,十分に小さな r' に対し $D(\alpha,r')$ 上 $h(z)\neq 0$ であるから,そこで $1/h(z)$ は正則であり,テイラー展開 $\sum_{n=0}^\infty B_n(z-\alpha)^n$ を持つから,$f(z)=A+\sum_{n=0}^\infty B_n(z-\alpha)^{n-k}$. これは $f(z)$ の α を中心とするローラン展開だが(命題 4.6),主要部は高々 k 項しかなく,α が真性特異点であったことに矛盾する.

5.9 $f(z)=z^2+az+b$ とおくと,これは複素平面上で正則であり,$\displaystyle\int_{C(0,1)} \dfrac{2z+a}{z^2+az+b}\,dz$ は $f(z)$ の単位円の内部にある零点の数に $2\pi i$ をかけたものである.これが $2\pi i$ ということは,$f(z)$ が単位円の内部に 1 つだけ解をもつということである.一方,$f(\alpha)=0$ ならば

$f(\overline{\alpha}) = 0$ であるから，α が単位円の内部にあれば $\overline{\alpha}$ もそうである．よって虚数解はもてない．すなわち，方程式 $f(z) = 0$ が $-1 < \alpha < 1$ をみたす実数解を 1 つだけ持つような実数 (a, b) の全体を求めればよい．よって $\{(a,b) \in \mathbb{R}^2 \mid (1+a+b)(1-a-b) < 0\}$ (図は略).

5.10 $f(z) = 1$ (定数関数)，$g(z) = z^3 - 4z^2$ とおくと，$C(0, 1/3)$ 上 $|z^3 - 4z^2| \leq |z|^3 + 4|z|^2 = 1/27 + 4/9 = 13/27 < 1$．ルーシェの定理(定理 5.15)より，$C(0, 1/3)$ の内部にある $f(z)+g(z) = z^3 - 4z^2+1$ の零点の数は $f(z)$ のそれと等しい．よって解の数は 0 個(もしくは，三角不等式より $|z| \leq 1/3$ のとき $|z^3 - 4z^2+1| \geq 1 - |z^3 - 4z^2| \geq 1 - 13/27 > 0$)．同様に，単位円 $C(0, 1)$ 上では $|-4z^2| = 4$，$|z^3 + 1| \leq |z|^3 + 1 = 2$．ルーシェの定理より，単位円板内の $z^3 - 4z^2+1$ の重複度込みでの零点の個数は $-4z^2$ のそれと同じ．よって 2 個．

5.11 $|z| = 1$ のとき，$|z^2| = 1$，$|az+b| \leq |a|+|b| < 1$．ルーシェの定理(定理 5.15)より，単位円板内の z^2+az+b の重複度込みでの零点の個数は z^2 のそれと同じ．よって z^2+az+b は重複度込みで 2 個の零点をすべて単位円板内にもつ．

5.12* 偏角の原理(定理 5.13)の証明に修正を加える．各零点 α_n が位数 k_n をもつとき，円板 $D_n = D(\alpha_n, r)$ と $C_n = C(\alpha_n, r/2)$ を定理 5.13 の証明と同様にとる．また，D_n 上の正則関数 $g(z)$ で $g(\alpha_n) \neq 0$ となるものが存在し，$f(z) = (z - \alpha_n)^{k_n} g(z)$ と表される．このとき，$F(z)f'(z)/f(z) = k_n F(z)/(z-\alpha_n) + F(z)g'(z)/g(z)$ が成り立つ．r が十分に小さいとき，$F(z)g'(z)/g(z)$ は D_n 上で正則関数となるので，定理 3.14 と定理 3.10 より，
$$\frac{1}{2\pi i} \int_{C_n} F(z) \frac{f'(z)}{f(z)} dz = k_n F(\alpha_n) + 0 = k_n F(\alpha_n).$$

5.13* 以下，$f(z) = z^n + a_{n-1}z^{n-1} + \cdots + a_1 z + a_0$ とする ($a_n = 1$ としても一般性を失わない)．**(1)** 三角不等式より $|f(z)| \geq |z^n|\{1 - |a_{n-1}/z + \cdots + a_1/z^{n-1} + a_0/z^n|\}$．十分に大きな $R > 0$ に対し，$|z| \geq R$ のとき $|a_{n-1}/z + \cdots + a_0/z^n| \leq |a_{n-1}|R + \cdots + |a_0|/R^n \leq 1/2$ が成り立つので，$|f(z)| \geq |z^n|(1 - 1/2) \geq R^n/2$．いま $f(z)$ に零点が存在しないと仮定する．$g(z) = 1/f(z)$ とおくとき，これは複素平面上で正則である．最大値原理(定理 5.10)より $D(0, R)$ 上で $|g(z)| \leq 2/R^n$ が成り立つが，R は任意に大きくとれるから，$|g(z)| = 0$ (定数)である．矛盾．**(2)** (1) と同じ R に対し，$|z| = R$ のとき $|z^n| > |z^n|/2 \geq |a_{n-1}z^{n-1} + \cdots + a_0|$ が成り立つ．ルーシェの定理(定理 5.15)より，$f(z)$ の $D(0, R)$ 内の(重複度込みの)零点の個数は z^n のそれと同じ n 個である．

索　引

ア　行

穴あき円板　33
穴あき平面　33
アニュラス　33
位数　159
一様収束　191, 196
一様に絶対収束　198
一様連続　187
一価関数　22
1 対 1　208
一致の定理　151
n 階導関数　96
n 階導関数の積分公式　97
N 乗根　14
$M\ell$ 不等式　75
円　31
円環領域　33
円板　31
オイラーの公式　10

カ　行

開集合　32
外点　31
外部　87
各点収束　191
加法定理　25
関数列　190

幾何級数　106
基本領域　19
逆関数定理　208
級数　106, 181
境界　32
境界点　31
共役複素数　5
極　121
極形式　6, 12
極限（関数の）　38, 186
極限（数列の）　105, 178
極限関数　191
曲線　67, 68
虚軸　2
虚数単位　2
虚部　2
区分的に滑らか　72
グリーンの定理　91
原始関数　147
原点　2
広義一様収束　192
広義一様に絶対収束　198
コーシー・アダマールの公式　203
コーシーの積分公式　94
コーシーの積分定理　88
コーシー・リーマンの方程式　54

コーシー列　179
孤立点　34
孤立特異点　120
コンパクト一様収束　192
コンパクト集合　34

サ　行

最大値原理　154
三角関数　25
三角不等式　35
C^1 級　54, 174
C^1 級ベクトル値関数　175
時刻　68
時刻の分割（点）　71
指数関数　11
実関数　37
実軸　2
実数列　178
実部　2
始点　68
C^2 級　174
周期　12
集積点　35
収束（関数の）　38, 186
収束（級数の）　106, 181
収束（数列の）　105, 178
収束半径　202
終点　68

主値　22
主要部　120
シュワルツの補題　157
純虚数　2
除去可能な特異点　121
真性特異点　121
整関数　100
正則　50
積分　73
積分路　73
絶対収束　182
零点　153
線積分(実平面上の)　177
全微分可能　174
線分　68
像　15, 37
速度　70

タ　行

対数　19
代数学の基本定理　101
多価関数　22
多項式関数　37
単位円　31
単位円板　31
単純閉曲線　87
端点　68
単連結　142
値域　37
重複度　159
調和関数　59
定義域　37
テイラー展開　109

導関数　44
ド・モアヴルの公式　8

ナ　行

内点　31
内部　87
長さ(曲線の)　72
長さ(複素数の)　5
滑らかな曲線　70, 177

ハ　行

発散(級数の)　106, 181
発散(数列の)　105
パラメーターの取り替え　79
パラメーター表示　68
被積分関数　73
微分可能　44, 80
微分係数　44
微分積分学の基本定理　82
比例関数　43
複素数　2
複素数べき　22
複素線積分　73
複素対数　19
複素平面　2
不定積分　147
部分列　185
フルヴィッツの定理　195
分割(点)　72
閉曲線　87
平均値の性質　104
閉集合　32

平面ベクトル　2
べき級数　108, 201
偏角　6
偏角の原理　160
偏導関数　174
偏微分可能　174
補集合　31

マ行・ヤ行・ラ行・ワ行

マクローリン展開　110
向き　69
無限遠点　168
メビウス変換　169
モレラの定理　144
ヤコビ行列　176
有界　34, 100
有理関数　37
有理型　158
リーマン球面　168
リーマンの写像定理　212
リーマンのゼータ関数　200
リーマン和　73
留数　122
留数定理　124
リューヴィルの定理　100
領域　34
ルーシェの定理　165
零点　153
連結　33
連続　40, 173, 187
ローラン展開　113
ワイエルシュトラスの定理　194

著者略歴

川平　友規（かわひら　ともき）
一橋大学大学院経済学研究科情報数理部門教授．博士（数理科学）．
専門は複素解析，複素力学系理論．
著書に，『レクチャーズ オン *Mathematica*』（プレアデス出版），
『微分積分―1変数と2変数』（日本評論社）がある．

入門複素関数

　　　　　　　　　　　2019年 2月 1日　第1版1刷発行
　　　　　　　　　　　2024年 3月 5日　第3版1刷発行

検印 省略	著作者	川　平　友　規
	発行者	吉　野　和　浩
定価はカバーに表 示してあります．	発行所	東京都千代田区四番町 8-1 電　話　03-3262-9166（代） 郵便番号　102-0081 株式会社　裳　華　房
	印刷所	三美印刷株式会社
	製本所	株式会社　松　岳　社

一般社団法人
自然科学書協会会員

JCOPY〈出版者著作権管理機構 委託出版物〉
本書の無断複製は著作権法上での例外を除き禁じ
られています．複製される場合は，そのつど事前
に，出版者著作権管理機構（電話03-5244-5088，
FAX 03-5244-5089，e-mail: info@jcopy.or.jp）の許諾
を得てください．

ISBN 978-4-7853-1579-5

© 川平友規, 2019　　Printed in Japan